W0256037

Robuste Regelung

Tomas Hrycej

Robuste Regelung

Ein Leitfaden für sicherheitskritische Anwendungen

Tomas Hrycej
Lorch, Deutschland

Ergänzendes Material finden Sie auf http://extras.springer.com

ISBN 978-3-662-54167-8 ISBN 978-3-662-54168-5 (eBook)
https://doi.org/10.1007/978-3-662-54168-5

Die Deutsche Nationalbibliothek verzeichnet diese Publikation in der Deutschen National-bibliografie; detaillierte bibliografische Daten sind im Internet über http://dnb.d-nb.de abrufbar.

Springer Vieweg

Gedruckt auf säurefreiem und chlorfrei gebleichtem Papier

Springer Vieweg ist Teil von Springer Nature
Die eingetragene Gesellschaft ist Springer-Verlag GmbH Deutschland
Die Anschrift der Gesellschaft ist: Heidelberger Platz 3, 14197 Berlin, Germany

Inhaltsverzeichnis

1 Einführung

Zusammenfassung

Die Ausrichtung dieses Werks auf die robuste Regelung im Kontext von sicherheitskritischen Anwendungen wird erklärt sowie die Abfolge einzelner Kapitel vorgestellt. Da sich das Buch vor allem an Entwicklungsingenieure in der Industrie richtet, werden einige Spezifika festgelegt, die dieser Zielgruppe gerecht werden. Das Wichtigste ist die kompakte Darstellung der Problematik, bei der ein tragender, typischer Ansatz erklärt wird. Für sein Verständnis sind die Grundlagen der Systembeschreibung ausreichend. Es wird darauf geachtet, dass die dargestellten Prinzipien ohne weitere Literatursuche verständlich dargestellt werden, soweit es für deren Anwendung erforderlich ist. Es wird auf verbreitete Entwicklungsumgebungen wie *Matlab* und das dazu weitgehend kompatible Freeware-Paket *Octave* sowie auf die dort zuverlässig implementierten Methoden verwiesen.

Die Bedeutung der Regelung hat mit dem Einzug automatischer Funktionen in die Produktwelt enorm zugenommen. Automatische Funktionen beinhalten immer ein hohes Maß an Autonomie, und daraus wiederum ergibt sich die Notwendigkeit, nicht nur mit Unvorhergesehenem umzugehen, sondern auch zu gewährleisten, dass die Funktionsfähigkeit des Gesamtsystems in definierten Grenzen erhalten bleibt.

Die Regelung ist ein Ansatz, um Unvorhergesehenes zu beherrschen. Das Mittel, mit dem man Information über Abweichungen vom erwarteten Zustand erhält, ist die sensorische Rückkopplung. Die sensorische Information wird genutzt, um geeignete kompensatorische Maßnahmen zu ergreifen. Die Eigenschaft der Regelung, auch mit einem sich gelegentlich oder ständig verändernden System funktionstüchtig zu bleiben, wird Robustheit genannt. Jede Regelung ist bis zu einem gewissen Grad robust. Für einen gezielten Entwurf des Regelkreises ist es wichtig, diese Eigenschaft zu quantifizieren. Nur dann kann man sie mit Erwartungen über die Variabilität des zu regelnden Systems vergleichen und

T. Hrycej, *Robuste Regelung*,
https://doi.org/10.1007/978-3-662-54168-5_1

entsprechende Anforderungen formulieren. Diese Quantifizierung – das Leitthema des Gebiets der *robusten Regelung* – wird nicht bei jedem Reglerentwurfsverfahren automatisch berücksichtigt.

Die Robustheit der Regelung war Gegenstand umfangreicher mathematischer Untersuchungen, z. B. [1–3]. Sie hat inzwischen einen erheblichen Reifegrad erreicht. Daher dürfte ihrem Einsatz in der industriellen Praxis nichts im Wege stehen. In der Realität ist jedoch der flächendeckende Durchbruch ausgeblieben. Die industrielle Welt wird auch weiterhin vom betagten, aus dem Jahr 1922 stammenden PID-Regler beherrscht. Seine Attraktivität durch einfache, verständliche Parametrierung ist unumstritten, ebenso wie seine Eignung, mit nicht allzu komplexen Regelstrecken gut funktionierende Regelkreise zu bilden. Bei sicherheitskritischen Anwendungen wird jedoch ein grundsätzliches Problem offenbar. Bei solchen Anwendungen ist es keine Option, sondern ein Muss, sich Gedanken zu machen, ob sie unter allen denkbaren Umständen funktionieren. Bei hoch automatisiertem Fahren, bei Steer-by-Wire sowie bei vielen anderen modernen automobilen Applikationen besteht eine Zertifizierungspflicht nach strengen Maßstäben (ISO-Normvorgaben nach Kriterien des Bewertungssystems ASIL, Stufe D). Es muss nachgewiesen werden, dass keine potenziell auftretenden realen Umstände (Fertigungstoleranzen der Komponenten, Fahrbahneinflüsse, Seitenwind usw.) zu einem unbeherrschbaren Zustand führen. Einen Teil der Antworten bietet die Theorie der robusten Regelung.

Unter den Entwicklungsingenieuren ist jedoch die Vorstellung verbreitet, dass es sich bei der robusten Regelung um ein mathematisch extrem anspruchsvolles Gebiet handelt. Oft kennt man aus der näheren oder ferneren Umgebung Fälle, bei denen die robuste Regelung nicht den Erwartungen entsprochen hat. Dafür sind oft zwei Hauptgründe verantwortlich. Zum einen ist der Eindruck entstanden, zu Überlegungen über die Reglerrobustheit gehöre untrennbar die entsprechende robuste Entwurfsmethode. Dazu zählt als bekanntestes Beispiel die H_∞-Regelung („H-Infinity" bzw. „H-unendlich"), deren Theorie tatsächlich nicht trivial ist. In Wirklichkeit kann man jedoch jede Reglerstruktur, selbstverständlich auch den PID-Regler, einer Robustheitsuntersuchung unterziehen und ihre Robustheit den Anforderungen anpassen. Zum anderen ist auch der robuste Entwurf nicht auf die H_∞-Methode beschränkt – es geht auch deutlich einfacher. Darüber hinaus hat die Grundform der H_∞-Methode einen stabilen Stand erreicht und ist jedermann über die entsprechende *Matlab*-Funktion zugänglich.

Um eine weitere Verbreitung der robusten Regelung zu fördern, ist das Ziel dieses Buchs, die Substanz der robusten Regelung kompakt darzustellen und damit allen Entwicklungsingenieuren mit einem gewissen Hintergrund in Regelungstheorie zugänglich zu machen. Wen die vollständige theoretische Darstellung interessiert, dem stehen heute genügend umfangreiche Monographien zur Auswahl: Ein exzellentes Beispiel ist das Werk von Skogestad und Postlethwaite [2], dessen Lektüre eine gewisse mathematische Versiertheit erfordert. Die im vorliegenden Buch vorausgesetzten Kenntnisse der Regelungstheorie umfassen hingegen nicht viel mehr als das Verständnis einer Systembeschreibung. Ein System kann durch ein Modell beschrieben werden, dessen zwei wichtigste Formen die

Zustandsdarstellung und die Darstellung als Übertragungsfunktion sind. Diese Grundlagen werden in Abschn. 2.1 erklärt.

Für die genannte Zielgruppe der Entwicklungsingenieure ist ein Aspekt besonders zu beachten: Der Entwicklungsingenieur wird in seinem anspruchsvollen Berufsleben kaum Zeit finden, eine Enzyklopädie zu studieren, die sämtliche denkbaren Fälle abdeckt. Nicht nur der schiere Umfang wird ihn daran hindern, sondern auch die Notwendigkeit, das für ihn Relevante zu selektieren und im Gesamtkontext in derartiger Tiefe zu verstehen, um es korrekt auf seinen Spezialfall anwenden zu können. Das für ihn geeignete Buch sollte also diese Auswahl bereits vornehmen und die Darstellung auf die für die Anwendung wichtigen Aspekte beschränken. Für ein solches Vorhaben muss die Abdeckungsbreite reduziert werden. Diese Reduktion kann nicht restlos objektiv sein und wird es nicht jedem recht machen können. Trotzdem wollen wir versuchen, hierfür stichhaltige Auswahlargumente zu sammeln. Die Übersicht der abgedeckten Bandbreite wird in Abschn. 2.3 gegeben. Von dieser Beschränkung sollen alle diejenigen profitieren, deren Anwendungen typisch für die industrielle Welt sind.

Die robuste Regelung kann allein mit der Kenntnis der grundlegenden mathematischen Systembeschreibung angegangen werden. Dazu ist ein Verständnis dafür wichtig, welche Eigenschaften ein Regelkreis besitzt und wie sie quantifiziert und spezifiziert werden können. Diese Eigenschaften lassen sich mit den Begriffen Robustheit und Performanz zusammenfassen und werden in Kap. 3 erklärt.

Um eine Brücke zu den sicherheitskritischen Anwendungen zu schlagen, sollte auf die Konzepte der funktionalen Sicherheit eingegangen werden. Ein Leser, der sich mit solchen Anwendungen befasst, wird darüber detailliert informiert sein. In Kap. 4 werden nur die für die Regelung wichtigen Aspekte der funktionalen Sicherheit zusammengefasst und interpretiert.

Ein zentrales Thema dieses Buchs ist die quantitative Beschreibung der Robustheit. Das Konzept wird in Kap. 5 beschrieben. Die Robustheit steht in einem bestimmten Verhältnis zur anderen wichtigen Charakteristik des Regelkreises, der Performanz. Diese beiden Eigenschaften stehen manchmal im Zielkonflikt, manchmal ergänzen sie sich gegenseitig. Diese Interaktion wird in Kap. 6 dargestellt.

Während diese beiden Charakteristiken für alle Anwendungen nützlich sind, haben andere Aspekte besonderen Bezug zur funktionalen Sicherheit. Sie werden in Kap. 7 diskutiert.

In den meisten Übersichtswerken über robuste Regelung wird von modellhaften Systemen gesprochen, d. h. Systemen, die bereits als mathematisches Modell vorliegen. Diese Modelle werden mit Hilfe verschiedener Methoden erstellt. Eine empfehlenswerte Methode ist der Abgleich mit Messdaten. Es wird also davon ausgegangen, dass aus den Messdaten zuerst ein Modell mit „ausreichender Präzision" gewonnen wird, welches dann in die theoretischen Berechnungen einfließt. Die Präzisionsmängel werden im gesamten weiteren Vorgehen mitgeführt und können die Ergebnisse verzerren. Dabei wird oft verschwiegen oder zumindest nicht darauf hingewiesen, dass die Robustheits- und Performanzanalyse direkt auf den gemessenen Frequenzgängen basieren kann, und zwar ohne den Genauigkeitsverlust durch die Modellanpassung. Diese Vorgehensweise wird in Kap. 8 beschrieben.

Während die Robustheits- und Performanzanalyse den Modellierungsschritt nicht erfordert, ist die Verfügbarkeit eines Regelstreckenmodells die Voraussetzung für die meisten Reglerentwurfsverfahren. Wie Modelle aus den Messdaten gewonnen werden, wie ihre Qualität beurteilt werden kann und welche Konsequenzen diese Qualität für die Robustheitsanalyse hat, ist das Thema von Kap. 9.

Eine Arbeitsteilung, z. B. zwischen dem Systemlieferanten (OEM) und den Zulieferern, macht auch vor den sicherheitskritischen Anwendungen nicht Halt. Das bringt ein Problem mit sich, dessen Tragweite manchmal – zumindest in frühen Projektphasen – leicht unterschätzt wird: Wie wird die funktionale Sicherheit des Gesamtsystems durch entsprechend sichere Komponenten gewährleistet? Obwohl hierzu wegen einer unendlichen Vielfalt der möglichen Strukturen keine fertige Lösung angeboten werden kann, werden einige wichtige Aspekte in Kap. 10 zusammengetragen und an einem Beispiel erläutert.

Eine der methodischen Festlegungen in diesem Buch ist die weitgehende Verwendung der Frequenzbereichsdarstellung der Systeme und deren Eigenschaften. Diese Festlegung wird in Abschn. 2.3.4 begründet. Dennoch ist für viele Anwendungen die alternative Darstellung im Zeitbereich die natürliche Form und daher attraktiv. Für die Überlegungen zur Robustheit und Performanz ist jedoch der Frequenzbereich deutlich aussagekräftiger. Trotzdem ist ein in Kap. 11 unternommener Ausflug in die Welt der Zeitbereichsspezifikationen nützlich. Es wird gezeigt, auf welche Weise sie möglich sind, aber auch welche Nachteile diese Vorgehensweise mit sich bringt.

Die industrielle Dominanz des PID-Reglers wurde bereits oben erwähnt, genauso wie die Tatsache, dass die Robustheits- und Performanzanalysen für beliebig entstandene Regler, d. h. auch für den PID-Regler, uneingeschränkt möglich sind. Um diese Tatsache zu unterstreichen, wird sich Kap. 12 dieser populären Reglerstruktur widmen.

Die Unabhängigkeit der Robustheitsanalyse von der Reglerstruktur und -entwurfsmethode sollte nicht von der Möglichkeit ablenken, die Regler nach konkreten Robustheitsspezifikationen gezielt zu entwerfen. Bei einigen Reglerkonzepten ist das nur durch Versuch und Irrtum bzw. persönliche Erfahrung möglich. Es sind jedoch Ansätze verfügbar, bei denen der Weg von der Spezifikation zum Regler weitgehend algorithmisch abgedeckt ist. Der bekannte H_∞-Ansatz ist die Universalmethode, jedoch nicht die einfachste Methode. Eine Alternative wird in Kap. 13 aufgezeigt.

Auch beim sorgfältigsten Reglerentwurf werden im Feldeinsatz mit hoher Wahrscheinlichkeit unerwartete Probleme auftreten. Zu den verheerendsten gehören Stabilitätsprobleme. Sie zeichnen sich manchmal durch akustische oder haptische Auffälligkeiten aus, die auch einem Laien nicht entgehen. Da sie vornehmlich bei Vorstandsvorführungen auftreten, gehören sie zu den Erlebnissen, auf die die meisten Entwicklungsingenieure gerne verzichten würden. Welche Abhilfe man bei einem solchen Verhaltensmuster ergreifen kann, wird in Kap. 14 skizziert.

In Anbetracht der Zielgruppe dieses Buchs wurden bei der Darstellung der Methoden einige Prinzipien verfolgt, die von den üblichen Gepflogenheiten bei wissenschaftlichtechnischen Werken abweichen. Obwohl der eine oder andere Entwicklungsingenieur mathematische Formeln (z. B. zugunsten von Flussdiagrammen) gerne aus seinem Blickfeld verbannen würde, ist dieses Ziel leider unerfüllbar geblieben. Es wird aber versucht, die mathematische Darstellung mit genügend Text verständlich und nachvollziehbar zu machen. Auf rigorose Theoremdarstellung wurde verzichtet – sie wird in den Literaturreferenzen zur Genüge gefunden.

Auch mit Literaturangaben wird sparsam umgegangen. Das trägt der Tatsache Rechnung, dass ein Entwicklungsingenieur kaum die Zeit und Notwendigkeit hat, die Aussagen in der Originalliteratur zu überprüfen. Falls er an weiteren Details interessiert ist, wird er sich eher an ein einziges enzyklopädisches Werk halten. Diese Rolle wurde hier dem Buch von Skogestad und Postlethwaite [2] zugewiesen – nach der Ansicht des Autors zu Recht. Hier sind alle Begriffe in ausreichender wissenschaftlicher Rigorosität erklärt und weiter gehende Referenzen gegeben.

Um die Verbindung zu praktischen Berechnungen zu wahren, wurden alle Beispiele und Abbildungen mit dem Freeware-Softwarepaket *Octave* durchgerechnet und daher in einheitlicher Darstellung geplottet. *Octave* ist weitgehend mit *Matlab* kompatibel, sodass analoge Berechnungen mit *Matlab* möglich sind.

Die durchgehende Verwendung von *Octave* brachte mit sich, dass bei vielen Abbildungen voreingestellte, englische Achsbeschriftungen erscheinen, beispielsweise „Gain" statt „Verstärkung". Dasselbe gilt für einige Plot-Überschriften, wie „Bode Diagram" statt „Bode-Diagramm" oder „Singular Values" statt „Amplitude". Diese Schönheitsfehler werden jedoch der Verständlichkeit der Abbildungen sicherlich keinen Abbruch tun.

Um nach der Lektüre jedes Kapitels den Überblick nicht zu verlieren, wird im abschließenden Abschnitt die empfohlene Vorgehensweise des Kapitels als Abfolge der einzelnen Schritte detailliert zusammengefasst.

Literatur

1. Ackermann, J.: Robuste Regelung – Analyse und Entwurf von linearen Regelungssystemen mit unsicheren physikalischen Parametern. Springer, Berlin (1993)
2. Skogestad, S., Postlethwaite, I.: Multivariable Feedback Control. Wiley, New York (2005)
3. Zhou, K., Doyle, J., Glover, K.: Robust and Optimal Control. Prentice Hall, Englewood Cliffs (1995)

Systeme und deren Beschreibung

2

Zusammenfassung

Der Ausgangspunkt für die Überlegungen zur robusten Regelung ist die Beschreibung des zu regelnden Systems. Obwohl davon ausgegangen wird, dass ein Entwickler von Regelungen mit den Grundlagen der Systembeschreibung vertraut ist, werden die wichtigen Ansätze, die Zustandsraum- und die Übertragungsfunktionsdarstellung kurz zusammengefasst. Der Fokus liegt auf dem essenziellen Begriff des Frequenzgangs, der in der robusten Regelung eine tragende Rolle spielt. Für die Lösung einer Anwendungsaufgabe ist die Wahl des Detaillierungsgrads des Modells wichtig. Ein zu detailliertes hat ebenso wie ein vereinfachtes Modell Vorteile und Nachteile. Es wird gezeigt, welche Vereinfachungen durch die Linearisierung des Streckenmodells vorgenommen werden und wie sie durch Robustheit und Performanz des Regelkreises abgedeckt bzw. kompensiert werden. Eine wichtige Eigenschaft einer Regelstrecke ist ihre Stabilität. Stabile Regelstrecken überwiegen in den industriellen Anwendungen bei weitem, und deren methodische Behandlung ist deutlich einfacher als diejenige von instabilen Strecken. Damit wird der Fokus dieses Buchs auf stabile Regelstrecken begründet.

Das Ziel dieses Buchs ist die Erklärung der Konzepte robuster Regelung mit einem Instrumentarium, welches sich auf das Notwendige beschränkt. Zu diesem Instrumentarium gehören der Begriff eines Systems und seine Beschreibung. Eine ausführliche Darstellung der Systeme kann man in jedem Einführungsbuch über Regelungstechnik finden. Neben unserer Hauptreferenz, dem Buch von Skogestad und Postlethwaite [2], kann die bekannte Monografie von Föllinger [1] genannt werden, wo dieser Thematik viel Raum gewidmet wird, weshalb hier auf eine Wiederholung in größerem Umfang verzichtet wird. Was nun folgt, ist eine Übersicht der Begriffe, die in den weiteren Kapiteln verwendet

T. Hrycej, *Robuste Regelung*,
https://doi.org/10.1007/978-3-662-54168-5_2

werden. In Abschn. 2.3 werden dann die Festlegungen der Methoden erklärt, die in diesem Buch fokussiert verfolgt werden, um deren Vielfalt zu reduzieren.

2.1 Grundlagen der Systembeschreibung

Unter einem System versteht man ein (z. B. physikalisches oder technisches) Gebilde mit einer oder mehreren Eingangsgrößen und einer oder mehreren Ausgangsgrößen (Abb. 2.1).

Eingangsgrößen (Input) sind solche, die von der Umgebung heraus auf das System, unabhängig von den systeminternen Zuständen, einwirken. Es können Größen sein, mit denen man das System gezielt manipulieren will (Stellgrößen), oder unbeabsichtigte Einflüsse (Störgrößen).

Ausgangsgrößen (Output) sind diejenigen, durch die das System auf die Umgebung wirkt oder wirken kann. Deren Auswahl ist gewissermaßen subjektiv. Oft handelt es sich um Größen, die man misst oder messen könnte. Die Entscheidung, ob man eine Messung tatsächlich durchführt oder nicht, hängt von der Anwendung ab – als Ausgangsgrößen definiert man solche, die für die Anwendung relevant sind.

Bei gewissen Systembeschreibungen werden auch innere Zustände des Systems betrachtet (oft als Skalar oder Vektor x bezeichnet). Diese Zustände ergeben sich aus der formalen, mathematischen Beschreibung des Systems – sie repräsentieren alles, was man zur Berechnung des dynamischen Verhaltens der Ausgangsgrößen bei gegebenen Eingangsgrößen braucht.

Die analytische Beschreibung eines Systems geht typischerweise von einer Formulierung mit Differenzialgleichungen aus. So ist das Verhalten eines Feder-Dämpfer-Massen-Systems, auf welches an der Masse eine externe Kraft u (Abb. 2.2) wirkt, durch folgende Gleichung beschrieben:

$$m\ddot{y} + d\dot{y} + cy = u \tag{2.1}$$

mit Masse m, Dämpfungskonstante d und Steifigkeitskoeffizient der Feder c. Die Dämpfungskonstante legt fest, welche Kraft entgegen der Bewegungsrichtung proportional zur Bewegungsgeschwindigkeit wirkt. Es handelt sich also um eine Art Bremskraft, die oft mit Reibungsphänomenen oder deren Linearisierungen zusammenhängt. Der Steifigkeitskoeffizient bestimmt, wie stark eine Kraft entgegen dem zurückgelegten Weg (z. B. dem Ausschlag eines Pendels), gemessen von einer Nullposition, wirkt. Die Masse beschreibt die Trägheit des Systems: Hier handelt es sich um eine zur Beschleunigung proportionale Kraft. Die Ausgangsgröße y entspricht hier der Position der Masse.

Abb. 2.1 System F mit Eingang u und Ausgang y

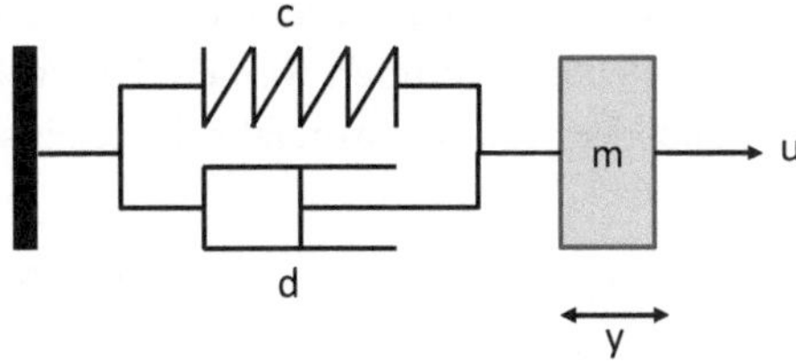

Abb. 2.2 Ein Feder-Dämpfer-Massen-System

Es handelt sich um eine Differenzialgleichung 2. Ordnung, die in zwei Gleichungen 1. Ordnung umgewandelt werden kann:

$$\begin{aligned} m\dot{x}_1 + dx_1 + cx_2 &= u \\ \dot{x}_2 &= x_1 \end{aligned} \tag{2.2}$$

bzw. nach Umformung

$$\begin{aligned} \dot{x}_1 &= -\frac{d}{m}x_1 - \frac{c}{m}x_2 + \frac{1}{m}u \\ \dot{x}_2 &= x_1 \end{aligned} \tag{2.3}$$

Hier kommen bereits die inneren Zustände ins Spiel: die Position der Masse x_2 sowie deren Bewegungsgeschwindigkeit x_1. Der Zustand x_2 ist gleichzeitig der Ausgang y. Diese Zuordnung ist in diesem Fall willkürlich, es hätte auch die Positionsgeschwindigkeit x_1 als Ausgang gewählt werden können. Da nur die Größe y die Ausgangsgröße des Modells ist, kann das Modell in folgende Matrixform gebracht werden:

$$\begin{aligned} \dot{x} &= \begin{bmatrix} \dot{x}_1 \\ \dot{x}_2 \end{bmatrix} = \begin{bmatrix} -\frac{d}{m} & -\frac{c}{m} \\ 1 & 0 \end{bmatrix} \begin{bmatrix} x_1 \\ x_2 \end{bmatrix} + \begin{bmatrix} \frac{1}{m} \\ 0 \end{bmatrix} u = Ax + Bu \\ y &= \begin{bmatrix} 0 & 1 \end{bmatrix} \begin{bmatrix} x_1 \\ x_2 \end{bmatrix} + 0u = Cx + Du \end{aligned} \tag{2.4}$$

Diese Form der Systembeschreibung heißt Zustandsdarstellung, da zwischen dem Input u und dem Output y der „unsichtbare" (da nicht gemessene) Zustand x liegt.

Die Tatsache, dass in unserem Beispiel nur einer der beiden Zustände, die Position x_2, als messbar dargestellt wurde, suggeriert die Möglichkeit, dass beide gemessen werden. In unserem Fall entspricht der andere Zustand x_1 der Positionsgeschwindigkeit und wird automatisch mitgemessen. Daher wäre die Entscheidung, auch x_1 zu einer Ausgangsgröße zu machen, eine reine Formsache. Die Messbarkeit der einzelnen Zustandsgrößen hängt jedoch im Allgemeinen nicht miteinander zusammen. In einem anderen Beispiel könnte es sich um Positionen von zwei verschiedenen Massen oder Komponenten handeln. Dann wäre der Ausgang y ein Vektor. Natürlich könnte auch der Eingang u ein Vektor sein. In der Zustandsdarstellung wären die Matrizen A, B, C und D entsprechend dimensioniert.

Die Gl. 2.1 kann auch durch die Laplace-Transformation vom Zeitbereich in den Bildbereich transformiert werden. Die Ableitung wird durch den s-Operator ersetzt (wobei wir ohne Verwechslungsgefahr die Kleinschreibung der Variablen beibehalten):

$$ms^2y + dsy + cy = u \tag{2.5}$$

Diese Gleichung kann man wie jede andere behandeln, daher lässt sich auch der Ausgang y auf einer Seite isolieren:

$$y = F(s)u = \frac{1}{ms^2 + ds + c}u \tag{2.6}$$

Hiermit ist die Funktion F beschrieben:

$$\frac{y}{u} = F(s) = \frac{1}{ms^2 + ds + c} \tag{2.7}$$

Sie ist die *Übertragungsfunktion* des Systems und wird in diesem Buch sehr häufig verwendet. Es ist daher wichtig, sich an ihren Anblick zu gewöhnen. Die unschätzbaren Vorteile dieser Darstellung werden bald offensichtlich werden.

Octave und *Matlab* bieten für diese Darstellung ein sehr anschauliches Mittel. Abgesehen von der Möglichkeit, mit der Funktion *tf()* die Koeffizienten des Zählers und des Nenners der Übertragungsfunktion vorzugeben, kann man den Operator s selbst als z. B. *sx = tf(,s')* darstellen und mit ihm Übertragungsfunktionen wie Gl. 2.7 in direkter optischer Anlehnung als *1/(m*sx^2+d*sx+c)* abbilden.

Auch die Zustandsdarstellung eines Systems kann direkt in den Bildbereich transformiert werden. Das System von Differenzialgleichungen (zusammen mit der algebraischen Output-Gleichung)

$$\begin{aligned}\dot{x} &= Ax + Bu \\ y &= Cx + Du\end{aligned} \tag{2.8}$$

wird in

$$\begin{aligned}sx &= Ax + Bu \\ y &= Cx + Du\end{aligned} \tag{2.9}$$

transformiert. Sie kann wie jedes Gleichungssystem nach der Variablen s aufgelöst werden:

$$\begin{aligned}(sI - A)x &= Bu\\ x &= (sI - A)^{-1}Bu\\ y &= \left(C(sI - A)^{-1}B + D\right)u\end{aligned} \tag{2.10}$$

Die Übertragungsfunktion ist dann

$$F(s) = \left(C(sI - A)^{-1}B + D\right). \tag{2.11}$$

Die Darstellungen Gl. 2.4 und 2.7 im Einzelnen sowie Gl. 2.8 und 2.11 im Allgemeinen sind als Beschreibungen eines Systemmodells vollkommen gleichwertig. Die Übertragungsfunktion bildet zusätzlich eine Brücke zu einem weiteren nützlichen Konzept, dem Frequenzgang. Den Frequenzgang zu Gl. 2.7 gewinnt man durch das Einsetzen der Frequenz ω im Bogenmaß, multipliziert mit der imaginären Einheit für den Operator s:

$$F(i\omega) = \frac{1}{m(i\omega)^2 + di\omega + c} = \frac{1}{mi^2(i2\pi f)^2 + di2\pi f + c} \tag{2.12}$$

Der zweite Ausdruck verwendet die Frequenz f in Hz.

Der Frequenzgang ist stabilen Regelstrecken eindeutig zugeordnet. Er ordnet jeder Frequenz eine komplexe Zahl zu. Diese Zahl beschreibt vollständig, wie die Ausgangsgröße auf eine Sinusanregung einer Eingangsgröße reagiert. Die Reaktion der Ausgangsgröße ist bei linearen Systemen ebenfalls ein Sinusverlauf. Die Amplitude der Ausgangsgröße steht zur Amplitude der Eingangsgröße im Verhältnis des Betrags der dieser Frequenz entsprechenden komplexen Zahl.

Legen wir in unserem Feder-Dämpfer-Massen-System die Parameter auf

- Masse $m = 1$,
- Dämpfungskoeffizient $d = 0{,}5$ und
- Steifigkeitskoeffizient $c = 1$

fest, erhalten wir für die Frequenz 0,5 rad/s die komplexe Zahl 1/(-0,25 + 0,25i + 1) = 1,2-0,4i. Die grafische Darstellung zeigt Abb. 2.3. Die Länge des dargestellten Vektors entspricht dem Betrag dieser komplexen Zahl, also 1,265. Er stimmt mit der Verstärkung der Strecke bei dieser Frequenz überein – die Amplitude des Sinus-Ausgangssignals ist 1,265-mal größer als diejenige des Eingangssignals. Der Winkel zur X-Achse ist -0,32 rad oder -18,4°. Das Ausgangssignal hat also bei dieser Frequenz einen Verzug von 18,4° hinter dem Eingangssignal. Beide Signale sehen dann wie in Abb. 2.4 aus (*u*: Eingang, *y*: Ausgang).

Beide Informationen, Verstärkung und Phase, werden üblicherweise in Abhängigkeit von der Frequenz im bekannten Bode-Diagramm, welches in *Matlab* als Funktion *bode()*

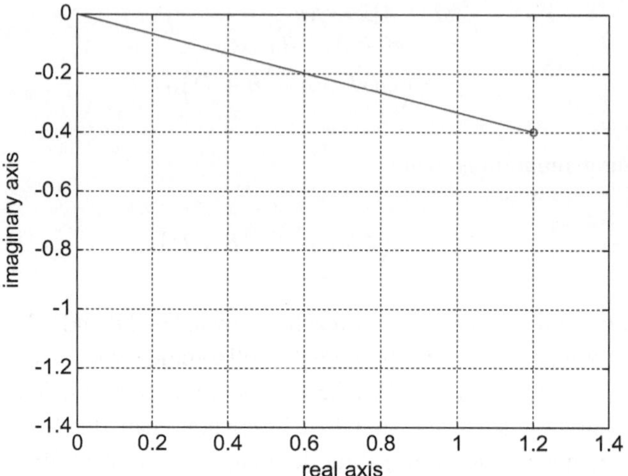

Abb. 2.3 Übertragung des Feder-Dämpfer-Massen-Systems bei einer Frequenz von 0,5 rad/s

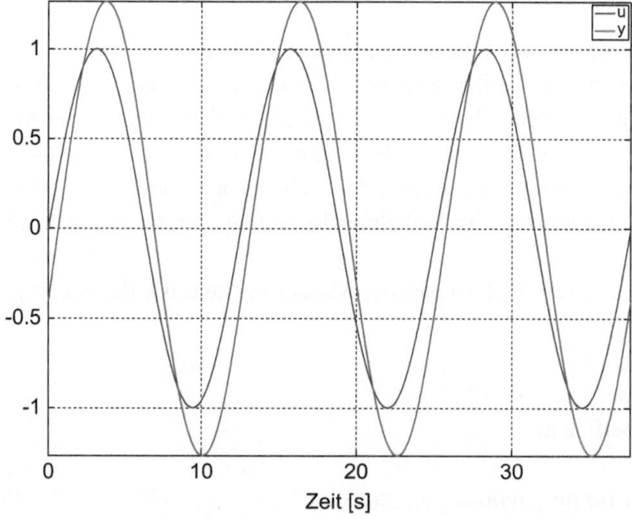

Abb. 2.4 Eingangs- und Ausgangssignal (0,5 rad/s) eines Feder-Dämpfer-Massen-Systems

hinterlegt ist, dargestellt. Für das beispielhafte Feder-Dämpfer-Massen-System ist es in Abb. 2.5 gezeigt. Die Werte der Verstärkung und Phase für 0,5 rad/s sind hier abzulesen.

Bei einem mehrdimensionalen System (einem System mit mehreren Eingangs- oder Ausgangsgrößen) entspricht die Übertragung bei gegebener Frequenz einer Matrix der komplexen Zahlen mit analoger Interpretation. Jedes komplexe Matrixelement beschreibt die Amplitude und Phase der Übertragung von einer der Input-Variablen zu einer Output-Variablen.

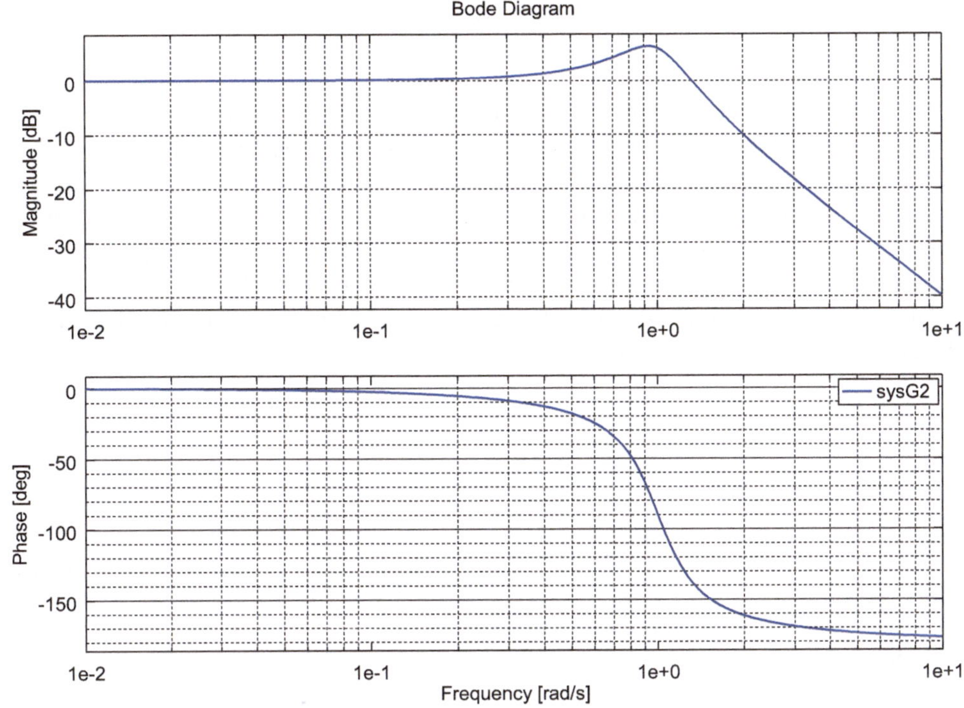

Abb. 2.5 Bode-Diagramm eines Feder-Dämpfer-Massen-Systems

2.1.1 Zeitdiskrete Systembeschreibung

Der physikalischen Beschreibung eines Systems liegt üblicherweise die Vorstellung einer kontinuierlichen Zeit zugrunde. In der kontinuierlichen Zeit ist auch der Begriff einer Ableitung verankert. Es ist die Veränderung einer Variablen in unendlich kurzer Zeit. Auf digitaler Rechentechnik implementierte Regelungen finden jedoch in einem diskreten Zeittakt statt. Die Werte einzelner Variablen werden zu diskreten Zeitpunkten gemessen, und die Stellgrößen werden zu diskreten Zeitpunkten berechnet. Aus diesen Werten können Ableitungen nur mit begrenzter Genauigkeit berechnet werden. Es gibt einige Ansätze, wie man annähernd äquivalente Darstellungen eines physikalischen Modells in kontinuierlicher und diskreter Zeit erhalten kann. Computerbasierte Entwicklungssysteme wie *Matlab* bieten hierzu eine automatische Umrechnung mit Wahl der Umrechnungsmethode. Hier sollte nur die einfachste und am leichtesten nachvollziehbare Methode erwähnt werden: die Integration nach Euler. Sie approximiert die Ableitung der Funktion $y(t)$ im Zeitpunkt t durch folgenden Ausdruck:

$$\frac{dy(t)}{dt} = \frac{y_t - y_{t-\Delta t}}{\Delta t} \tag{2.13}$$

Es ist offensichtlich, dass durch die Verkürzung des Zeitschritts Δt in Richtung null der Definition einer Ableitung gefolgt würde. Für reale, endlich große Zeitschritte ist der Fehler klar erkennbar: Es handelt sich um eine Art durchschnittliche Ableitung aus dem Intervall $<t\text{-}\Delta t, t>$ und nicht um die Ableitung im Zeitpunkt t. Diese Approximation ist also nur bei einem kurzen Abtastschritt gut. Was „kurz" bedeutet, hängt von den typischen Zeitmaßstäben ab, in denen das System interessante Reaktionen aufweist.

Die konkrete Ausführung der Transformation in die zeitdiskrete Form ist einfach. Die kontinuierliche Systemgleichung

$$\dot{x} = Ax + Bu \tag{2.14}$$

wird durch

$$\frac{x_{k+1} - x_k}{\Delta t} = Ax_k + Bu_k \tag{2.15}$$

oder äquivalent

$$x_{k+1} = x_k + \Delta t A x_k + \Delta t B u_k = (I + \Delta t A)x_k + \Delta t B u_k \tag{2.16}$$

ersetzt.

Die zeitdiskrete Systembeschreibung ist also:

$$\begin{aligned} x_{k+1} &= (I + \Delta t A)x_k + \Delta t B u_k \\ y_k &= Cx_k + Du_k \end{aligned} \tag{2.17}$$

Für zeitdiskrete Systeme existiert auch eine Darstellung im Bildbereich. Anstelle der Laplace-Transformation wird hier die z-Transformation verwendet. So wie der s-Operator im zeitkontinuierlichen Bereich eine Ableitung abbildet, bildet der z-Operator im zeitdiskreten Bereich einen Zeitschritt in Richtung zukünftiger Zeit ab. Eine Verzögerung um einen Zeitschritt ist entsprechend durch seinen Kehrwert $1/z$ dargestellt. Eine numerische Approximation nach Gl. 2.15 kann also mit

$$\frac{1 - \frac{1}{z}}{\Delta t} = \frac{z - 1}{z\Delta t}$$

ausgedrückt werden.

Das Feder-Dämpfer-Massen-System aus Gl. 2.7 kann also zeitdiskret mit

$$\frac{1}{m\left(\frac{z-1}{z\Delta t}\right)^2 + d\left(\frac{z-1}{z\Delta t}\right) + c} \tag{2.18}$$

angenähert werden.

Auch für den z-Operator gibt es in *Octave* und *Matlab* eine direkte Repräsentation *tf(,z')*. Mit Hilfe von

- *zx = tf(,z',dt)* und
- *dzx = ((zx-1)/(zx*dt))*

kann die Übertragungsfunktion Gl. 2.18 als *1/(m*dzx^2+d*dzx+c)* angelegt werden.

Aus dieser Darstellung kann, wie bei zeitkontinuierlichen Systemen, ein Frequenzgang ermittelt werden. Für den Operator z wird diesmal der Ausdruck

$$z \Leftarrow e^{i\omega\Delta t} \tag{2.19}$$

mit entsprechender Frequenz eingesetzt.

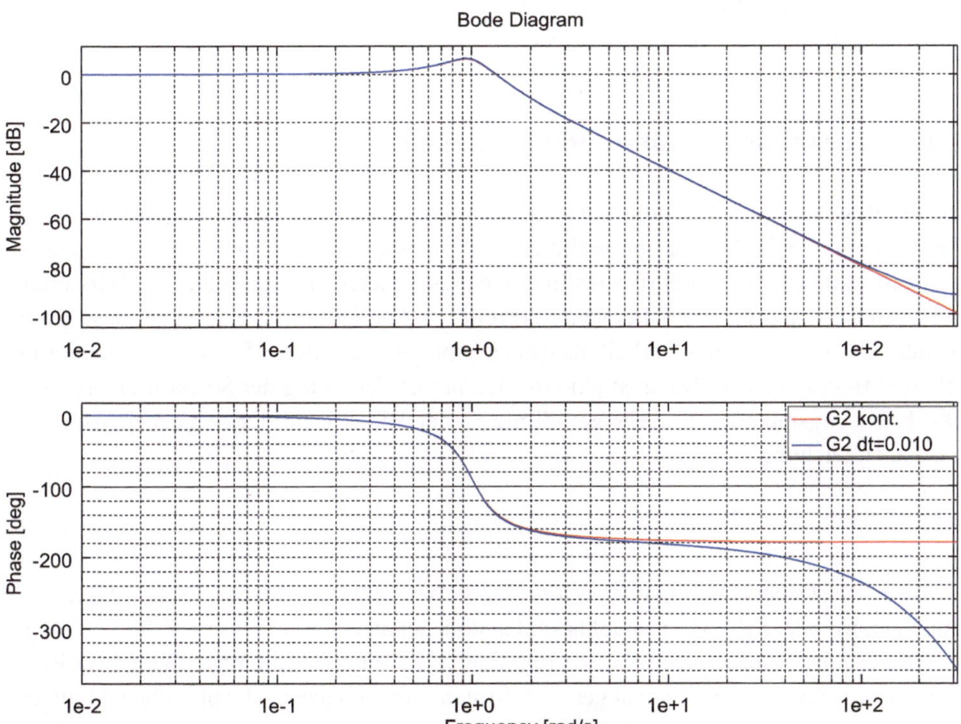

Abb. 2.6 Vergleich des zeitkontinuierlichen und zeitdiskreten Frequenzgangs des Feder-Dämpfer-Massen-Systems

Für das Feder-Dämpfer-Massen-System sieht der Frequenzgang des zeitkontinuierlichen Systems und seiner zeitdiskreten Approximation (mit Abtastschritt 0,01 s) wie in Abb. 2.6 aus. Ab einer Frequenz von 10 rad/s kann man eine Abweichung in der Phase beobachten. Ob diese Abweichung für die Anwendung nachteilig ist, muss je nach Anwendungsziel bewertet und ggf. in den Robustheitsanforderungen berücksichtigt werden.

Ein zeitdiskretes und ein zeitkontinuierliches Modell ein und derselben Regelstrecke können sich also je nach Umrechnungsmethode unterscheiden. Ein objektiver Vergleich ist jedoch immer über den Frequenzgang möglich. Es ist schwierig zu entscheiden, welches Modell das „richtige" ist. Die reale Regelstrecke hat einen gewissen Frequenzgang, der gemessen werden kann (Kap. 8). Der Modellfrequenzgang sollte so gut wie möglich mit dem gemessenen übereinstimmen. Die Entscheidung zwischen einem zeitkontinuierlichen und einem zeitdiskreten Modell ist vor allem zweckgebunden. Zeitkontinuierliche Modelle haben einen direkten Bezug zu physikalischen Modellen, die mittels Differenzialgleichungen formuliert sind, und sind daher transparenter. Zeitdiskrete Modelle werden benötigt, falls sie zum Entwurf zeitdiskreter Regler (und das sind, genau genommen, alle digitalen Regler) verwendet werden sollen. Andererseits sind die Methoden in regelungstechnischen Softwarepaketen oft nur für den zeitkontinuierlichen Fall implementiert, und die Transformation in die diskrete Zeit erfolgt als letzter Schritt. Dieser Schritt kann in der praktischen Berechnung oft die entscheidende Ungenauigkeit bedeuten. Der Frequenzgang ist ein Verbindungsglied zwischen beiden Welten und sollte zur Kontrolle der Zwischenergebnisse immer wieder verwendet werden.

2.2 Zusammenschalten von Systemen

In der Regelung werden üblicherweise mehrere Systeme zusammengeschaltet. Eine Konfiguration, mit der wir im Weiteren viel zu tun haben werden, ist die Rückkopplungsstruktur (Abb. 5.1). Strukturbilder wie dieses bieten eine anschauliche Darstellung der Verschaltung und sind daher sehr verbreitet und beliebt. Ihr Nachteil ist, dass sie zur quantitativen Analyse des Verhaltens des zusammengeschalteten Systems keinen unmittelbaren Beitrag leisten. Dazu ist eine formelmäßige Erfassung der Struktur erforderlich. Die Erfassungsmethode ist sehr geradlinig. Jeder Block (wie derjenige von Abb. 2.1) wird als Gleichung

$$y_i = G_i u_i \tag{2.20}$$

beschrieben. Dabei sind u_i und y_i der Input bzw. Output dieses Blocks. Eventuelle Summations- oder Subtraktionspunkte sind in üblicher algebraischer Form (z. B. $z_1 = y_1 + y_2$) zu formulieren. Wollen wir die Übertragungen zu einer bestimmten Output-Variablen berechnen, müssen alle Gleichungen des Systems mit üblichen algebraischen Methoden aufgelöst werden. Eine einfache Rückkopplungsstruktur mit einem einzigen Systemblock F ist diejenige aus Abb. 2.7.

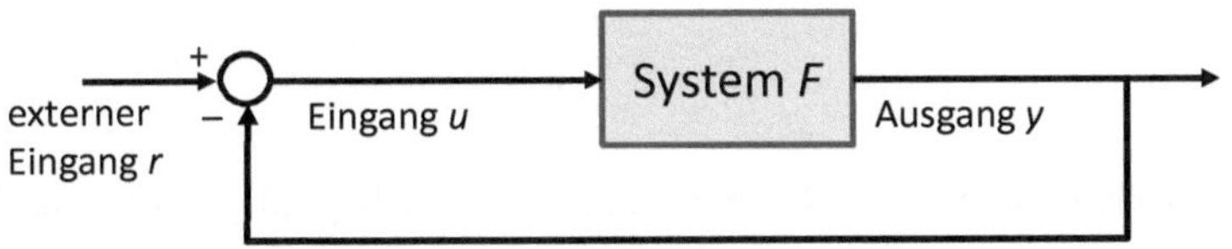

Abb. 2.7 Einfache Rückkopplungsstruktur

Sie enthält einen Block, dessen Übertragung durch

$$y = Fu \tag{2.21}$$

beschrieben ist. Dies sieht wie eine Gleichung mit zwei Variablen aus und ist auch eine: Dass hier die Signale u und y sowie das System F auftreten, ist kein Ausflug in die höhere Operatormathematik, sondern stellt nur die Tatsache dar, dass

- für jede gegebene Frequenz ω
- ein Sinussignal u mit einer bestimmten Amplitude und Phase
- zusammen mit einer bestimmten System-Frequenzübertragung $F(i\ \omega)$ mit bestimmter Verstärkung und Phasenverschiebung
- ein Sinussignal y mit einer bestimmten Amplitude und Phase ergibt.

Es handelt sich also für jede Frequenz ω um eine Gleichung aus drei komplexen Zahlen u, y und F, von welchen F eine feste Konstante ist. Da die gleiche Gleichung für alle Frequenzen gilt, beschreibt sie die gesamte Übertragung des Systems.

Die negative Rückkopplung seines Ausgangs y zu seinem Eingang u geschieht über eine Summation mit einer externen Größe r:

$$u = r - y \tag{2.22}$$

Um die Übertragung dieses Schaltkreises von der externen Größe r zum Ausgang y zu erhalten, müssen die Gleichungen Gl. 2.21 und 2.22 algebraisch nach r aufgelöst werden. Das ist in diesem Fall recht einfach. Durch Einsetzen von Gl. 2.22 in Gl. 2.21 erhalten wir

$$y = Fu = F(r - y) = Fr - Fy. \tag{2.23}$$

Mit Termen aus y auf einer Seite ist es

$$y + Fy = Fr. \tag{2.24}$$

Nun kommt es darauf an, ob das System F ein Eingrößen- oder ein Mehrgrößensystem ist. Im ersteren Fall handelt es sich bei F um einen komplexen Skalar, d. h. um eine komplexe Zahl. In der skalaren Algebra ist die Lösung

$$y = \frac{F}{1+F} r. \tag{2.25}$$

Bei Mehrgrößensystemen ist F eine komplexe Matrix und y und r sind komplexe Vektoren. Die Lösung ist in diesem Fach genauso einfach:

$$y = (I + F)^{-1} F r \tag{2.26}$$

mit entsprechend dimensionierter Einheitsmatrix I. Wichtig ist, dass hier die Multiplikation mit der Inversen von I+F von links erfolgt, da in der Matrixwelt keine Kommutativität herrscht. Diese Tatsache wird auch bei der Diskussion der Robustheit diverse Auswirkungen haben und muss daher immer im Hinterkopf behalten werden.

Trotzdem ist die Auflösung solcher Gleichungssysteme in der Regel recht einfach – in komplexeren Fällen kann man Softwarepakete für Computeralgebra heranziehen (z. B. *Maple*).

Diese einfache Vorgehensweise verdanken wird der Laplace-Transformation, die ein System differenzialer Gleichungen wie Gl. 2.8 in ein System algebraischer Gleichungen der Form Gl. 2.20 überführt.

Den Unterschied zwischen der sonst absolut gleichwertigen Behandlung im Zeit- und Bildbereich können wir anhand zweier Subsysteme illustrieren. Der Ausgang des ersten ist der Eingang des zweiten.

$$\begin{aligned} \dot{x}_1 &= A_1 x_1 + B_1 u_1 \\ y_1 &= C_1 x_1 + D_1 u_1 \\ \dot{x}_2 &= A_2 x_2 + B_2 u_2 \\ y_2 &= C_2 x_2 + D_2 u_2 \\ u_2 &= y_1 \end{aligned} \tag{2.27}$$

Nach Einsetzen erhalten wir

$$\begin{aligned} \dot{x}_1 &= A_1 x_1 + B_1 u_1 \\ \dot{x}_2 &= A_2 x_2 + B_2 C_1 x_1 + B_2 D_1 u_1 \\ y_2 &= C_2 x_2 + D_2 C_1 x_1 + D_2 D_1 u_1 \end{aligned} \tag{2.28}$$

In Matrixform ist es

$$\begin{aligned} \begin{bmatrix} \dot{x}_1 \\ \dot{x}_2 \end{bmatrix} &= \begin{bmatrix} A_1 & 0 \\ B_2 C_1 & A_2 \end{bmatrix} \begin{bmatrix} x_1 \\ x_2 \end{bmatrix} + \begin{bmatrix} B_1 \\ B_2 D_1 \\ \end{bmatrix} u_1 \\ y_2 &= \begin{bmatrix} D_2 C_1 & C_2 \end{bmatrix} \begin{bmatrix} x_1 \\ x_2 \end{bmatrix} + D_2 D_1 u_1 \end{aligned} \tag{2.29}$$

Dieses nicht ganz triviale Verfahren stellt den identischen Sachverhalt dar wie die einfache Systemverkettung durch Multiplikation im Bildbereich:

$$y_2 = G_2 G_1 u_1 \tag{2.30}$$

Diese einfache algebraische Ausdrucksweise gilt nicht nur für die allgemeinen Übertragungsfunktionen (mit Argument s), sondern auch für ihren Spezialfall, die Frequenzgänge (mit Argument $i\omega$). Wie oben erklärt, ordnet ein Frequenzgang jeder Frequenz eine komplexe Zahl zu, die die Verstärkung und die Phase des Subsystems beschreibt. Die Übertragung der Verkettung entspricht dem Produkt beider komplexen Zahlen. Ist die Verstärkung von Subsystem G_1 gleich 2 und seine Phase 30° ($G_1 = 1{,}73 + i$) und diejenige von Subsystem G_2 gleich 3 und dessen Phase 45° ($G_2 = 2{,}12 + i{*}2{,}12$), verstärkt die Verkettung mit Faktor $2 \times 3 = 6$ mit Phase $30° + 45° = 75°$ ($G_2G_1 = 1{,}55 + i{*}5{,}79$). Sollten beide Subsysteme komplexer, z. B. in einem Feedbacksystem mit Übertragungsfunktion

$$\frac{1}{1 + G_2 G_1} \tag{2.31}$$

zusammengeschaltet werden, wird die Übertragung entsprechend diesem Term berechnet, d. h. $1/(1+G_1G_2) = 0{,}06 - i{*}0{,}14$. Bei Berechnung des gesamten Frequenzgangs wird dieser komplexzahlige Term für jede Frequenz ausgewertet.

Das Besondere an diesem Ansatz ist, dass der Frequenzgang nicht nur einem mathematisch beschriebenen Systemmodell zugeordnet werden kann, sondern sich alternativ auch durch Versuchsmessungen direkt bestimmen lässt, ohne dass ein Modell existiert. Mit diesem Verfahren werden wir uns in Abschn. 8.1 befassen.

2.3 Auswahl der relevanten Methoden

In Kap. 1 wurde das Thema angeschnitten, dass es insbesondere für industrielle Anwender von Vorteil ist, die Methodenwelt einzuschränken. Eine hundertprozentige Abdeckung sämtlicher Regelungsprobleme erreicht man nur mit der großen Vielfalt aller bisher erfundenen Regelungsmethoden. Eine neunzigprozentige Abdeckung kann man wahrscheinlich (das ist nur eine unverbindliche Schätzung!) mit nur einem Prozent aller Methoden erreichen – die Auswahl muss nur richtig sein. Ohne diesem hohen Anspruch wirklich gerecht werden zu können, werden in diesem Abschnitt einige Punkte zusammengetragen, wie sich die Methodenvielfalt und -komplexität bereits durch die Auswahl der Systemdarstellung reduzieren lässt. Teilweise handelt sich um Empfehlungen, wie man sich das Leben leichter machen kann, ohne das Ziel zu verfehlen, teilweise sind es auch Festlegungen, welche Methoden im Rest des Buchs weiterverfolgt werden.

2.3.1 Ein- und Mehrgrößensysteme

Die Systeme der realen Welt sind oft hoch dimensional. Für einen Reglerentwickler spielen einerseits die messbaren Größen und andererseits die Stellgrößen eine bestimmende Rolle. Hier fangen die Einschränkungen an. Obwohl in einigen Bereichen (Luftfahrt, Prozessindustrie) mehrdimensionale Stellvektoren nichts Ungewöhnliches sind, deckt die Eingrößenregelung den überwiegenden Anteil von industriellen Anwendungen ab. Die aus Kostengründen erzwungene begrenzte Anzahl an Sensoren setzt der Dimensionalität ebenfalls Grenzen. Die meisten Regelungen werden also für SISO-Systeme (Single Input, Single Output) entworfen. Daher sind die Beispiele, die im Buch durchgehend verwendet werden, SISO-Systeme. Die Konzepte für die MIMO-Systeme (Multiple Input, Multiple Output) sind meistens eine direkte Analogie zu denjenigen für SISO. Aus Gründen der Anschaulichkeit werden daher die SISO-Systeme dargestellt und auf Verallgemeinerungen hingewiesen. Dass die realen Systeme eine höhere Dimensionalität aufweisen als die für den Reglerentwurf verwendeten Modelle, hat Auswirkungen auf die Robustheitsanforderungen. Der Regler muss robust sein nicht nur gegenüber der Variationen der realen Regelstrecke selbst, sondern auch gegenüber den Abweichungen zwischen der realen, höher dimensionalen Strecke und der vereinfachten Modellstrecke.

Nehmen wird beispielsweise an, das Feder-Dämpfer-Massen-System aus Abb. 2.2 und Gl. 2.1 mit auf eine einzige Masse wirkender Kraft ist in Wirklichkeit strukturierter. Die Masse ist zweigeteilt mit einer nicht vollständig steifen Verbindung dazwischen (Abb. 2.8). Das kann z. B. der Fall sein, wenn die Kraft durch einen Motor mit eigener Masse m_1 ausgeübt wird und über ein Getriebe mit Masse m_2 und Steifigkeit c_1 weitergeleitet wird. Die Steifigkeit des restlichen Systems ist c_2.

Das Modell setzt sich aus einer Bewegungsgleichung für die Masse, auf die die Kraft wirkt,

$$m_1\ddot{y}_1 + d_1(\dot{y}_1 - \dot{y}_2) + c_1(y_1 - y_2) = u \tag{2.32}$$

und einer Bewegungsgleichung für die mittlere Masse, auf die keine externe Kraft wirkt,

$$m_2\ddot{y}_2 + d_1(\dot{y}_2 - \dot{y}_1) + d_2\dot{y}_2 + c_1(y_2 - y_1) + c_2y_2 = 0 \tag{2.33}$$

zusammen.

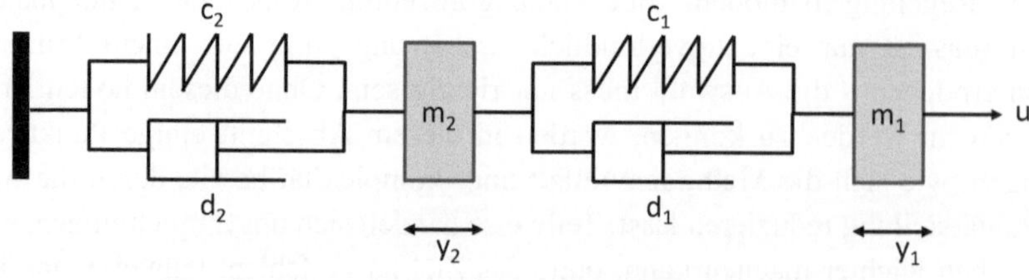

Abb. 2.8 Verkettung zweier Feder-Dämpfer-Massen-Systeme

Nach Umformung und Substitution der Zustandsvariablen x erhalten wird das Gleichungssystem

$$\begin{aligned}
\dot{x}_1 &= -\frac{d_1}{m_1}x_1 - \frac{c_1}{m_1}x_2 + \frac{c_1}{m_1}x_4 + \frac{1}{m_1}u \\
\dot{x}_3 &= -\frac{d_1 + d_2}{m_2}x_3 + \frac{d_1}{m_2}x_1 - \frac{c_1 + c_2}{m_2}x_4 + \frac{c_1}{m_2}x_2 \\
\dot{x}_2 &= x_1 \\
\dot{x}_4 &= x_3
\end{aligned} \tag{2.34}$$

oder in Matrixform:

$$\begin{aligned}
\dot{x} = \begin{bmatrix} \dot{x}_1 \\ \dot{x}_2 \\ \dot{x}_3 \\ \dot{x}_4 \end{bmatrix} &= \begin{bmatrix} -\frac{d_1}{m_1} & -\frac{c_1}{m_1} & 0 & \frac{c_1}{m_1} \\ 1 & 0 & 0 & 0 \\ \frac{d_1}{m_2} & \frac{c_1}{m_2} & -\frac{d_1 + d_2}{m_2} & -\frac{c_1 + c_2}{m_2} \\ 0 & 0 & 1 & 0 \end{bmatrix} \begin{bmatrix} x_1 \\ x_2 \\ x_3 \\ x_4 \end{bmatrix} + \begin{bmatrix} \frac{1}{m_1} \\ 0 \\ 0 \\ 0 \end{bmatrix} u = Ax + Bu \\
y = \begin{bmatrix} 0 & 1 & 0 & 0 \end{bmatrix} & \begin{bmatrix} x_1 \\ x_2 \\ x_3 \\ x_4 \end{bmatrix} + 0u = Cx + Du
\end{aligned} \tag{2.35}$$

Das System von Gl. 2.35 bedeutet eine deutliche Komplexitätssteigerung gegenüber dem System mit einer Masse von Gl. 2.1. Diese Komplexitätssteigerung wird den Entwickler etwas kosten: mehr Messaufwand für die Bestimmung der zusätzlichen Parameter und wahrscheinlich einen komplexeren Regler höherer Ordnung. Daher wird die Frage im Raum stehen, ob die Investition in diesen Zusatzaufwand als verbesserte Qualität der Regelung zurückgezahlt wird. Es ist intuitiv klar, dass dies nur dann der Fall sein wird, wenn sich das regelungsrelevante Verhalten beider Modelle deutlich unterscheidet.

Die Frequenzgänge einiger Varianten werden in Abb. 2.9 und 2.10 dem ursprünglichen System mit einer Masse gegenübergestellt. Um die Vergleichbarkeit zu wahren, werden folgende Beziehungen eingehalten.

Die Masse m wird in zwei Massen aufgeteilt:

$$m = m_1 + m_2 \tag{2.36}$$

Die Steifigkeiten werden so gewählt, dass die Gesamtsteifigkeit identisch mit der ursprünglichen bleibt:

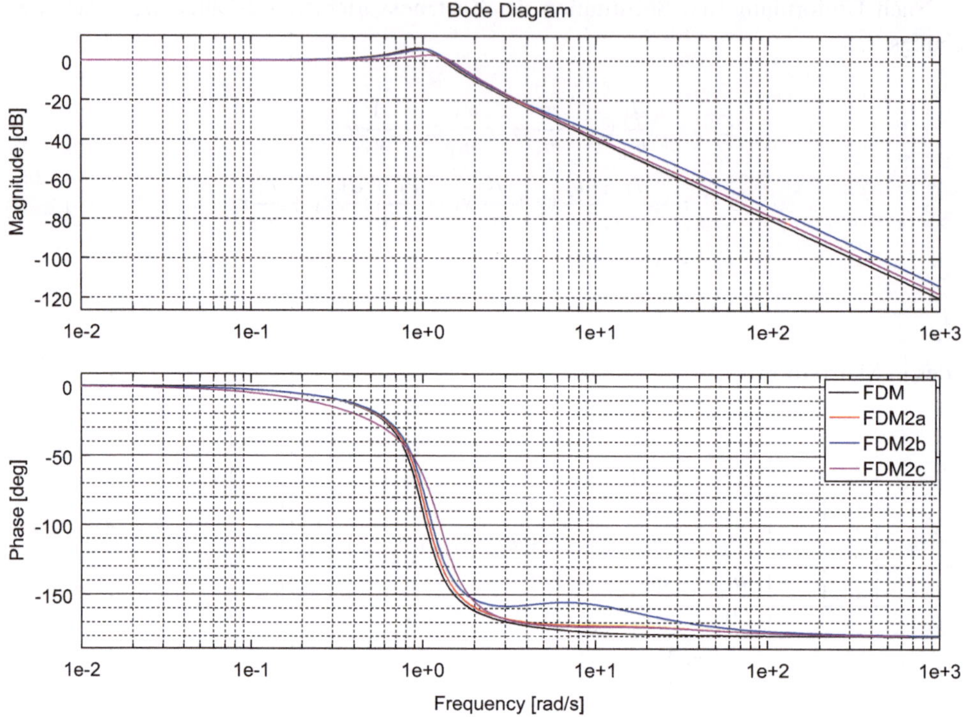

Abb. 2.9 Regelstrecken mit versteckter höherer Ordnung – Position Masse 1

$$\frac{1}{c} = \frac{1}{c_1} + \frac{1}{c_2} \tag{2.37}$$

Analog gilt für die Dämpfungen:

$$\frac{1}{d} = \frac{1}{d_1} + \frac{1}{d_2} \tag{2.38}$$

Die Varianten sind wie folgt bezeichnet:

- Variante FDMa: m = (0,80, 0,20) d = (3,00, 0,60) c = (6,00, 1,20)
- Variante FDMb: m = (0,50, 0,50) d = (3,00, 0,60) c = (6,00, 1,20)
- Variante FDMc: m = (0,50, 0,50) d = (3,00, 0,60) c = (2,00, 2,00)

Offensichtlich ist der Unterschied bei der Übertragung von der Kraft zur Position der Motormasse minimal, solange die Getriebemasse deutlich geringer als die Motormasse ist und die Antriebsanbindung relativ steif ist. Durch steigende Getriebemasse wird das höher

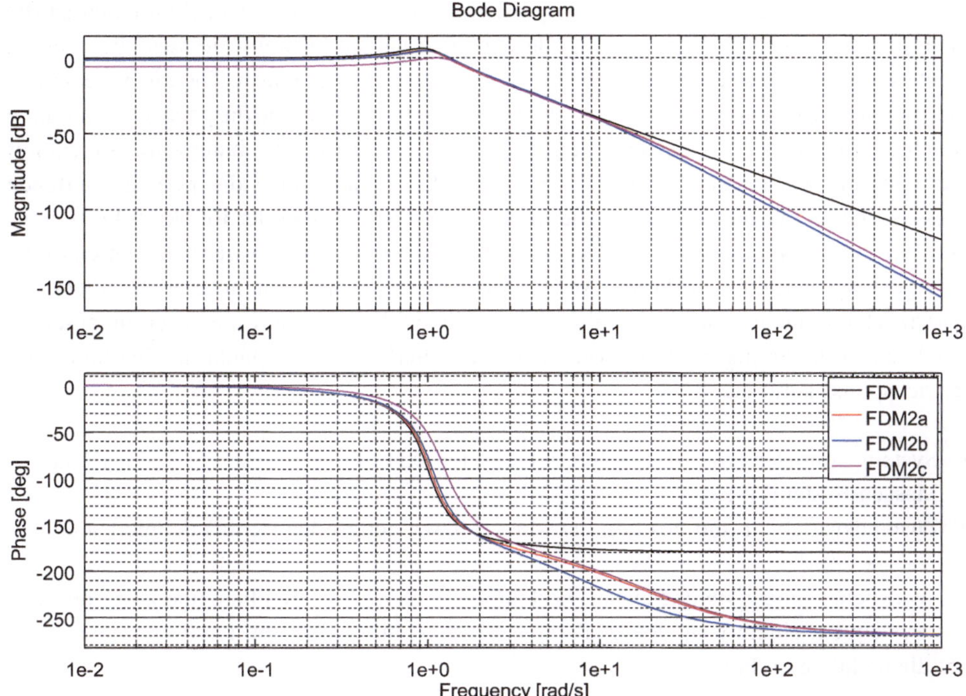

Abb. 2.10 Regelstrecken mit versteckter höherer Ordnung – Position Masse 2

frequente Verhalten modifiziert. Sinkende Antriebssteifigkeit bewirkt eine Verschiebung der Hauptresonanzfrequenz.

Deutlicher ist der Unterschied bei der Übertragung zur Position des Getriebes. Hier weist bereits auch die relativ steife Variante mit kleiner Getriebemasse einen deutlichen Phasenverzug bei mittleren Frequenzen auf.

Ob diese Unterschiede groß oder klein sind, kann fundiert nur entschieden werden, wenn ihre Konsequenzen für die erwarteten Eigenschaften des Regelkreises quantitativ bekannt sind. Die Bewertungsmethodik dafür wird in Kap. 5 und 6 erklärt. Sie wird uns erlauben, den empfehlenswerten wirtschaftlichen Weg der Vereinfachung immer dann einzuschlagen, wenn die negativen Folgen unerheblich sind.

2.3.2 Lineare vs. nicht lineare Systeme

Die reale Welt ist nicht linear. Die Nichtlinearitäten sind insbesondere bei der Prozesssteuerung vielfältig, auf Gebieten wie der Mechatronik sind hingegen nur einige wenige dominant. Eine besondere Rolle spielt die Reibung und die Losen. Es gibt umfangreiche Theoriegebiete, die sich mit nicht linearen Systemen und deren Regelung befassen.

Zum Nachteil des Regelungstechnikers leiden sie an zwei Problemen. Zum einen ist die nicht lineare Theorie deutlich weniger durchgängig als die lineare – sie bietet bei weitem nicht die Aussagekraft über das Verhalten der Systeme, die die lineare Theorie bietet. Noch viel wichtiger ist jedoch, dass der Einsatz der nicht linearen Theorie die genaue quantitative Kenntnis der Nichtlinearitäten erfordern würde. Im Falle der Gleitreibung wäre es nicht nur die Kenntnis des genauen Betrags der Reibkraft, sondern auch die perfekte laufende Messung der Bewegungsrichtung (die ihrerseits das Vorzeichen der Reibkraft bestimmt). Obwohl eine Kompensation der Reibung an sich sehr einfach wäre, führt bereits eine geringe Ungenauigkeit in diesen Angaben zur Gefahr von nicht linearen Oszillationen (Grenzzyklen). Daher wird in den allermeisten Fällen der Weg der Linearisierung beschritten. Die Linearisierung wird in jeweils einem definierten Betriebspunkt durchgeführt. Der Betriebspunkt kann durch

- Systemparameter (wie Masse, Steifigkeit oder Dämpfung in unserem Feder-Dämpfer-Massen-System) oder
- Zustandsvariablen (die Position der Masse) bzw. Stellgrößen (Kraft) definiert sein.

Ein wirklicher Linearisierungsbedarf besteht lediglich im letzteren Fall, und zwar nur, falls das System bei einem festgelegten Parametersatz nichtlinear bleibt. Die Systemgleichung hat die nichtlineare Form

$$\dot{x} = f(x, u). \tag{2.39}$$

Sie kann durch Ableitung (Bildung von Jacobi-Matrizen) in die lineare Gestalt

$$\dot{x} = \frac{\partial f}{\partial x} x + \frac{\partial f}{\partial u} u = Ax + Bu \tag{2.40}$$

überführt werden.

Eine typische Nichtlinearität ist die mechanische Steifigkeit. Der dritte Term cy in Gl. 2.1 ist in Wirklichkeit eine nichtlineare Funktion der Position y:

$$m\ddot{y} + d\dot{y} + c(y) = u \tag{2.41}$$

Diese Funktion kann einen Verlauf wie die blaue Kurve in Abb. 2.11 haben. Sie kann in einem Betriebspunkt, definiert durch einen Positionswert y_0, linearisiert werden:

$$m\ddot{y} + d\dot{y} + \frac{dc(y_0)}{dy} y = u, \tag{2.42}$$

wie es für die Werte $y_0 = 0$ (Variante A) und $y_0 = 0{,}75$ (Variante B) gezeigt wird.

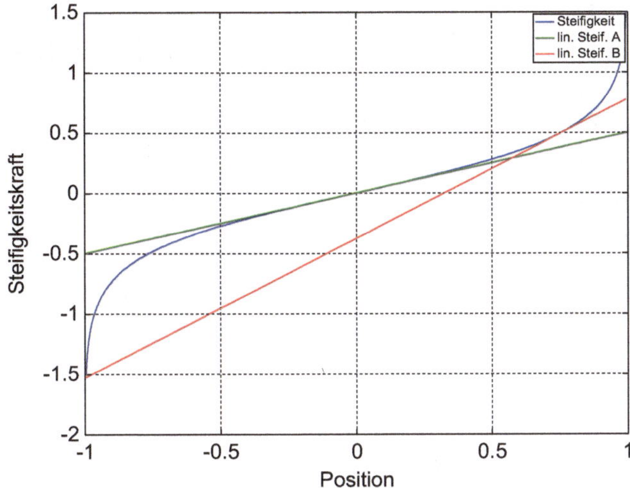

Abb. 2.11 Beziehung zwischen Steifigkeit und ihrer Linearisierung

Wir haben es also bei den verschiedenen Linearisierungen mit unterschiedlichen Parametrierungen des Modells zu tun. Der Regler muss also im Stande sein, verschiedene Regelstrecken in gewissem Umfang gleich gut zu regeln. Genau das ist die Definition der Eigenschaft „Robustheit", wie sie in Abschn. 3.1 und noch ausführlicher in Kap. 5 diskutiert wird. Beim Reglerentwurf sind die Linearisierungen in solchen verschiedenen Betriebspunkten durch spezifizierte Robustheit abzudecken.

Ein anderes Beispiel für Nichtlinearität in Zustandsvariablen ist die mechanische Reibung mit sprunghaftem Anstieg auf einen konstanten Gleitreibungsbetrag, der lediglich in Abhängigkeit von der Bewegungsrichtung das Vorzeichen wechselt. (Das ist die einfachste modellhafte Vorstellung der Reibung, Erweiterungen wie die Unterscheidung von Haft- und Gleitreibung sowie Hysterese-Phänomene sind möglich.)

Die lineare Ausdrucksweise erlaubt jedoch nur eine Reibkraft, die proportional zur Bewegungsgeschwindigkeit ist. Die Beziehung zwischen beiden ist in Abb. 2.12 dargestellt.

In diesem Fall ist die Linearisierung als Ableitung nicht zielführend: Wir erhalten nur die Werte 0 und ∞. Die (mit gewissen Risiken behaftete) korrekte Vorgehensweise ist die Bildung einer „mittleren Ableitung" über einen gewissen Bereich. Die Breite dieses Bereichs könnte beispielsweise der Amplitude der kleinsten spürbaren Oszillation entsprechen. Offenbar sind jedoch mehrere Linearisierungen, z. B. die in Abb. 2.12 gezeigten Fälle A und B, denkbar. Linearisierung A entspricht dem Betriebspunkt mit Bewegungsgeschwindigkeit 5, wobei die lineare Reibkraft bei dieser Geschwindigkeit mit dem Gleitreibungsbetrag übereinstimmt. Der Fall B entspricht dem Betriebspunkt mit Geschwindigkeit 10. Die Robustheit soll ein ausreichendes Spektrum von kritischen Betriebspunkten abdecken (z. B. Betriebspunkte, bei denen Oszillationsgefahr besteht oder bei

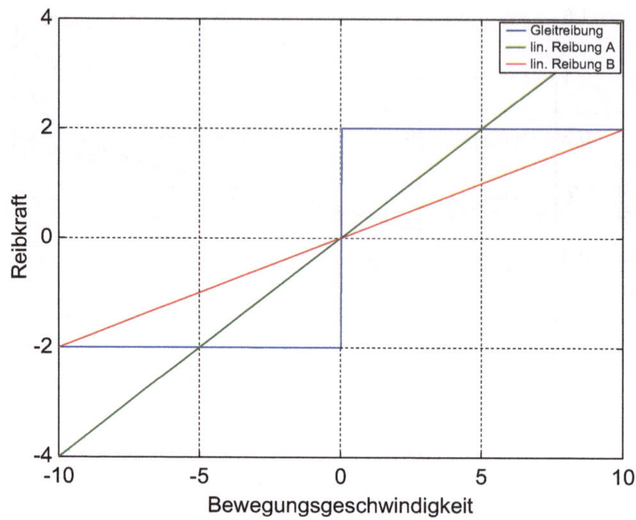

Abb. 2.12 Beziehung zwischen Gleitreibung und ihrer Linearisierung

denen Oszillation beobachtet wurde). Da wir jedoch hier keine wirkliche Linearisierung durchführen konnten, bleibt beim Wechsel der Bewegungsrichtung die sprunghafte Störung durch die ansetzende Reibung. Diese Störung kann durch den Regler mit entsprechender Leistungsfähigkeit abgeschwächt werden. Die Anforderungen dazu betreffen nicht die Robustheit, sondern die *Reglerperformanz.*

Als Fazit dieses Abschnitts können wir festhalten, dass die im Weiteren diskutierte Methodik der robusten Regelung auf linearen Modellen basieren wird. Die Nichtlinearitäten werden durch die Reglereigenschaften Robustheit und Performanz abgedeckt.

2.3.3 Stabile vs. instabile Systeme

Mit Stabilität ist, grob gesagt, die Eigenschaft eines Systems gemeint, nur endliche Zustände anzunehmen. Im engeren Sinne ist die Stabilität die Tendenz eines Systems, nach einer erfolgten Anregung zu einem stationären Zustand zu konvergieren. Instabilität hingegen bedeutet, sich von jedem Zustand unbegrenzt zu entfernen, d. h. zu divergieren.

Die Systeme, die man auf der Erde vorfindet, sind praktisch ausnahmslos sogenannte dissipative Systeme. Das bedeutet beispielsweise, dass die mechanischen Energieformen, die mit Körperbewegungen zu tun haben, immer in einem gewissen Ausmaß in Wärme umgewandelt werden. Das kann insbesondere mit Reibung zusammenhängen. Da die Summe aller Energieformen konstant ist und der in Wärme umgewandelte Anteil steigt, kann die Summe mechanischer Energieformen nur sinken. Die Potenzialenergie nimmt durch das Absinken zum tiefsten Punkt ab, und die kinetische Energie vermindert sich durch die Abnahme der Bewegungsgeschwindigkeit. Daher sind alle praktisch vorkommenden Systeme streng genommen stabil.

Nun kommt die in Abschn. 2.3.2 erwähnte Linearisierung ins Spiel. Ein Stab, der in stehender Position balanciert wird, ist an sich ein stabiles System: Er kann im äußersten Fall umfallen und dann auf der Unterlage stabil liegen bleiben. Linearisiert man ihn jedoch in seinem „stehenden“ Betriebspunkt, erhalten wir ein lineares System, welches mit der Neigung (d. h. mit der Entfernung vom Ausgangspunkt) immer mehr beschleunigt. Dieses lineare System ist also instabil. In der Realität kommt es zwar nicht zu dem divergenten Verhalten, da in den geneigten Positionen andere Linearisierungen gelten, und in der liegenden (oder sogar hängenden) Position eine stabile Linearisierung eintritt. Für einen Regelkreis, der den Stab in der stehenden Position halten soll, ist aber die instabile Linearisierung um diese Position die maßgebliche.

Andere solche Systeme sind Einspurfahrzeuge (Fahrräder, Motorräder) oder einige Militärflugzeuge mit Steuerflächen vor den Tragflächen.

Instabile Systeme sind also praxisrelevant. Andererseits stellen sie in der industriellen Praxis nur eine kleine Minderheit dar. Antriebe, Positions-, Kraft- und Momentensteller, zweispurige Fahrzeuge (im normalen Fahrtmodus) sowie Temperatur- und Konzentrationsprozesse sind alle stabil.

Die Regelungstheorie ist in weiten Teilen allgemein genug, um auch auf instabile Systeme angewendet werden zu können. Es gibt jedoch einige gewichtige Ausnahmen:

- Ein Frequenzgang beschreibt nur stabile Systeme eindeutig.
- Für gewisse Arten von Instabilität existiert auch kein endlicher Frequenzgang.
- Die Versuchsanordnung für die Aufnahme eines Frequenzgangs ist für alle instabilen Systeme schwer (oder unmöglich) zu finden.
- Die Probleme mit der Erstellung von Frequenzgängen wirken sich auf die Analyse der Regelbarkeit aus.
- Einige Entwurfsmethoden für robuste Regler sind auf instabile Systeme nicht anwendbar.

Aus diesen Gründen wird im Weiteren auf stabile Systeme fokussiert. Dort, wo es relevant ist, wird die Art der notwendigen Verallgemeinerung angesprochen.

2.3.4 Beschreibung im Zeit- vs. Frequenzbereich

Wie in Abschn. 2.1 gezeigt, können alle Systeme durch ihr Verhalten in der Zeit beschrieben werden. Im Spezialfall der linearen Systeme existiert auch die Möglichkeit der Beschreibung im Frequenzbereich. Die Universalität könnte man als ein Anzeichen für die Überlegenheit der Zeitbereichsbeschreibung werten. Es gibt jedoch weitere wichtige Gesichtspunkte. Solange wir bei linearen Systemen bleiben, erlaubt die Frequenzbereichsbeschreibung in der Form der Frequenzgänge eine sehr differenzierte Betrachtung der Systemeigenschaften. Bereits bei der Frage, ob ein Modell gut mit der Messung übereinstimmt, tritt dieser Vorteil zu Tage. Während sich die Messung der Übereinstimmung im Zeitbereich meistens auf den quadratischen Fehler (Abweichung zwischen Messwert und Modellprognose) beschränkt, kann man im Frequenzbereich die Güte der Übereinstimmung der Verstärkung und der Phase bei allen Einzelfrequenzen betrachten. Kritische Frequenzbereiche kann man ggf. bei der Anpassung höher gewichten.

Daraus ergeben sich die Möglichkeiten für eine ebenso differenzierte Leistungsspezifikation des Regelkreises, die oft von hohem praktischem Bezug ist. Da die Theorie der robusten Regelung vor allem für lineare Systeme und deren Beschreibung entwickelt wurde, wird im Weiteren diese Beschreibungsart verwendet. Trotzdem können Anwendungen auftreten, bei denen eine Leistungsspezifikation im Zeitbereich sinnvoll ist. Die Brücke zu den frequenzbasierten Ansätzen der robusten Regelung wird in Kap. 11 diskutiert.

Literatur

1. Föllinger, O.: Regelungstechnik. Hüthig Buch Verlag, Heidelberg (1994)
2. Skogestad, S., Postlethwaite, I.: Multivariable Feedback Control. Wiley, New York (2005)

3 Ziele jeder Regelung: Robustheit und Performanz

Zusammenfassung

Für die Charakterisierung und Spezifikation jeder Regelung sind zwei Begriffe von essenzieller Bedeutung: die Robustheit und die Performanz. Daher werden diese Begriffe zuerst verbal erklärt. Die Robustheit ist die Fähigkeit des Regelkreises, seine Funktionsweise auch unter Variationen der Regelstrecke beizubehalten. Die Performanz charakterisiert die Güte des Führungsverhaltens, d. h., wie der Regelkreis der Vorgabe externer Sollwerte folgt. Gleichzeitig beschreibt die Performanz die Fähigkeit, externe Störgrößen zu kompensieren. Als „extern" sind in einigen Fällen auch gewisse interne Nichtlinearitäten wie Reibung zu behandeln.

Um die Bedeutung der robusten Regelung zu verstehen, sollte man sich vor Augen führen, wozu die Regelung als solche erfunden wurde. Regelung ist ein Steuerungskonzept, bei dem eine sensorische Rückkopplung stattfindet: Signale, die über den Zustand der Regelstrecke Aufschluss geben, werden gemessen und dem Regler zugeführt. Der Regler vergleicht diese Signale mit dem gewünschten Zustand des Regelkreises und leitet, abhängig von der Abweichung, geeignete Aktionen ein.

Bei vollständig bekannter Regelstrecke und nicht vorhandenen externen Störungen wäre das Erreichen eines gewünschten Streckenverhaltens mit Hilfe einer Steuerung ohne sensorische Rückkopplung (Abb. 3.1) zumindest theoretisch möglich. Man müsste lediglich das (als perfekt vorausgesetzte) Streckenmodell invertieren, d. h. von einer Abbildung Input (Stellgröße) => Output in eine Abbildung Output => Input überführen.

Warum und wann profitiert man also von einer Regelung mit Rückkopplung (Abb. 3.2)? Die Gründe für die Verwendung einer Regelung sind:

- Unsicherheiten über die Regelstrecke
- Unsicherheiten über die externen Störungen

T. Hrycej, *Robuste Regelung*,
https://doi.org/10.1007/978-3-662-54168-5_3

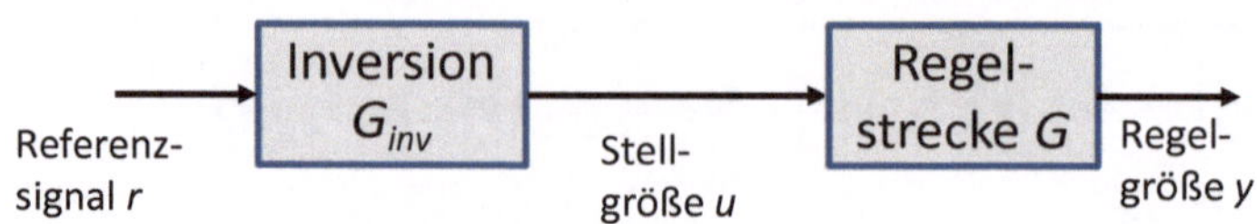

Abb. 3.1 Steuerung ohne sensorische Rückkopplung

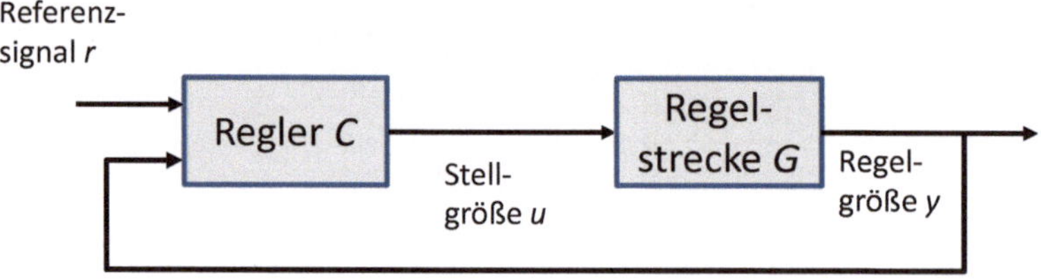

Abb. 3.2 Regelung mit sensorischer Rückkopplung

- Unmöglichkeit oder Schwierigkeit, eine Streckeninversion durchzuführen
- Wunsch nach Stabilisierung eines an sich instabilen Systems

Der letzte Grund wurde in Abschn. 2.3.3 diskutiert – er trifft nur bei einer relativ kleinen Untermenge industrieller Anwendungen zu. Die ersten drei Gründe hingegen liegen praktisch immer vor. Der letzte davon ist zwar häufig, ist aber durch geeignete Approximationen oft gut aufzulösen. Die ersten zwei bilden jedoch die fundamentale Motivation, auf Regelung statt auf Steuerung zurückzugreifen.

Die erste Unsicherheit, diejenige über die Regelstrecke, weckt den Bedarf nach der Eigenschaft „Robustheit", die zweite nach „Performanz". Diese beiden Eigenschaften werden in den nachfolgenden Abschnitten qualitativ beschrieben. Auf ihre quantitativen Charakteristiken wird in Kap. 5 und 6 eingegangen.

3.1 Robustheit

Die Robustheit eines Regelkreises ist die Fähigkeit, die erwartete Funktionalität auch mit Regelstrecken zu erfüllen, die vom sogenannten *nominellen* Streckenmodell abweichen, das für den Reglerentwurf verwendet wurde. Die Abweichungen können von verschiedenen Ursachen herrühren, die u. a. in folgenden wichtigen Gruppen zusammengefasst sind:

- Der gleiche Regler wird für verschiedene Exemplare desselben Produkts verwendet. Im Fertigungsprozess entsteht eine gewisse Variabilität im Rahmen der Fertigungstoleranzen.
- Der Regler wird in verschiedenen Umweltbedingungen eingesetzt. Diese Umweltbedingungen (Temperatur, Feuchtigkeit) bewirken Veränderungen der Regelstrecke.

- Im Laufe der Produktlebensdauer verändert sich die Regelstrecke durch Verschleiß (Abrieb, Deformation, Materialdegradation).
- Das Modell der Regelstrecke wird aus bekannten Produkteigenschaften oder Messreihen bestimmt. Diese Daten haben nur eine begrenzte Genauigkeit. Das Modell ist dann in seinen Parametern nicht identisch mit der realen Regelstrecke.
- Das für den Reglerentwurf verwendete Modell ist eine vereinfachte Abstraktion des bekannten Modells.

Für die letzte Ursachengruppe wurden in Abschn. 2.3 bereits einige konkrete Erscheinungsformen genannt:

- reduzierte Modellordnung bzw. Dimensionalität, die in beschränkter Verfügbarkeit relevanter Signale begründet ist (Abschn. 2.3.1),
- Nichtlinearitäten, die in verschiedenen Betriebspunkten zu verschiedenen linearen Modellen führen (Abschn. 2.3.2).

Die Gesamtheit aller dieser Ursachen für die Streckenvariabilität definiert die Anforderungen an die Robustheit des Reglers.

3.2 Performanz

Die andere Basiseigenschaft der rückkopplungsbasierten Regelung ist die Performanz. Sie umfasst zuerst die Fähigkeit, die Vorgaben für die Regelgrößen einzuhalten. Diese Eigenschaft kann unter dem Begriff *Führungsverhalten* zusammengefasst werden. Die wichtigsten Facetten sind:

- wie genau ein stationärer Sollwert eingehalten werden kann und
- wie schnell einer dynamischen Sollwert-Vorgabe (z. B. einem Sprung, einer Rampe oder einem periodischen Signal) gefolgt werden kann.

Neben diesen intuitiv sofort als „Leistungsfähigkeit" einzuordnenden Eigenschaften umfasst der Begriff der Performanz auch die Fähigkeit, externe Störungen zu kompensieren. Diese externen Störungen sind vielfältig: Bei mechanischen Systemen handelt es sich oft um Störkräfte, die an verschiedenen Stellen des Systems wirken und im Allgemeinen nicht messbar sind (oder aus praktischen Gründen nicht gemessen werden). Obwohl man diese Eigenschaft intuitiv eher der Robustheit zuordnen würde (umgangssprachlich: „robust gegen Störungen"), gibt es für ihre Klassifikation als Performanz gute Gründe. Die Kompensationsleistung ist aus regelungstheoretischer Sicht beinahe identisch mit dem Führungsverhalten. Die Güte des Führungsverhaltens ist untrennbar verbunden mit der Güte der Störgrößenkompensation. Natürlich gilt das mit dem Vorbehalt des gleichen

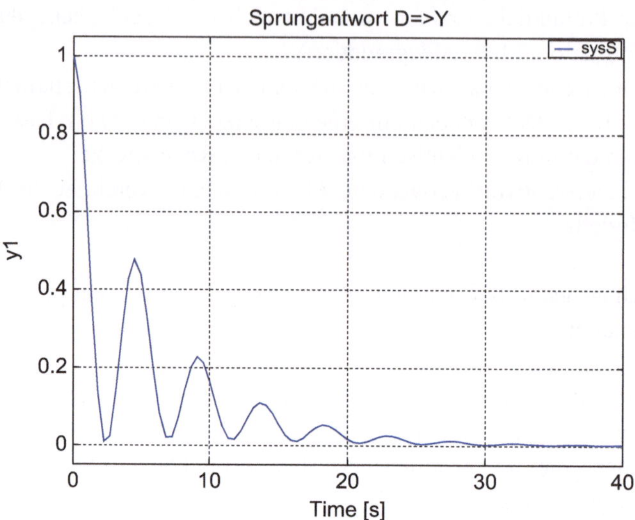

Abb. 3.3 Reaktion des Regelkreises auf einen Sprung der Reibkraft

Wirkpunktes der Sollgröße und der Störgröße, ansonsten stellt sich das Bild etwas differenzierter dar.

Die wirklich externen Störkräfte sind nicht die einzigen Einflüsse, die die Reglerperformanz bemühen. Wie in Abschn. 2.3.2 erwähnt, können gewisse Arten von sprunghaften Nichtlinearitäten nicht durch eine Sammlung von Betriebspunkten approximiert werden. Die Reibung wirkt bei jedem Wechsel der Bewegungsrichtung äquivalent zu einem externen Lastsprung. Dieser Lastsprung ist steil und deshalb nicht vollständig kompensierbar. Er wirkt sich übereinstimmend mit einer Sprungantwort der Übertragungsstrecke Störgröße => Regelgröße aus. Die Güte dieser Kompensation richtet sich also nach der Performanz in der Störgrößenunterdrückung.

Eine solche Sprungantwort für das Feder-Dämpfer-Massen-System mit einem (ad hoc gewählten) PID-Regler zeigt Abb. 3.3. Sie entspricht der erwarteten Reaktion der Regelgröße auf einen Sprung der Reibkraft, so wie er erwartungsgemäß bei einem Richtungswechsel der Bewegung auftritt.

Funktionale Sicherheit und Regelung

4

Zusammenfassung
Bei sicherheitskritischen Anwendungen handelt es sich um Anwendungen, in denen die funktionale Sicherheit gefordert wird und gewährleistet werden muss. Unter vielen sicherheitskritischen Anwendungsgebieten ist als aktuelles, prominentes Beispiel die Fahrzeugsicherheit zu nennen. Die Anforderungen an sie sind in der Norm ISO 26262 formuliert. Das Niveau von Sicherheitsanforderungen wird durch die ASIL-Klassifikation beschrieben. Um in den weiteren Kapiteln hierauf Bezug nehmen zu können, werden die wichtigen Begriffe dieser Klassifikation kurz erklärt.

In einer zunehmend automatisierten Welt wächst die Bedeutung von sicherheitskritischen Anwendungen. Dabei handelt es sich um Anwendungen, die im Falle der Nichterfüllung ihrer Funktion eine Gefahr darstellen. Mit der Bewertung dieser Risiken und der Maßnahmen zur Absicherung gegen sie befasst sich die Disziplin der funktionalen Sicherheit.

Da die funktionale Sicherheit auf gewissen Gebieten von gesamtgesellschaftlicher Bedeutung ist, ist sie Gegenstand von wichtigen Normen, die verbindliche Verfahren für ihre Bewertung und Zertifizierung vorschreiben. Im Zeitalter von Assistenzsystemen und allmählicher Automatisierung des Straßenverkehrs ist die Norm ISO 26262 von besonderer Bedeutung. Sie definiert die berühmte ASIL-Klassifikation der funktionalen Sicherheit. ASIL steht für „Automotive Safety Integrity Level“ und betrifft den Straßenverkehr. Sie kann als gutes Beispiel für Verfahren für funktionale Sicherheit dienen, die es auch auf anderen Gebieten gibt.

Die ASIL-Klassifikation besteht aus der Bewertung von möglichen Ereignissen, aufgeteilt in drei Kategorien:

T. Hrycej, *Robuste Regelung*,
https://doi.org/10.1007/978-3-662-54168-5_4

I. *Grad der Gefährdung („Severity" – S)* klassifiziert die sicherheitsrelevanten Folgen eines Ereignisses.
   - S0: keine Verletzungen
   - S1: leichte bis mittelschwere Verletzungen
   - S2: schwere Verletzungen, Überleben jedoch wahrscheinlich
   - S3: schwerste Verletzungen, Überleben unwahrscheinlich

II. *Eintrittswahrscheinlichkeit des Kontext-Ereignisses („Exposure" – E)* teilt die Ereignisse in Häufigkeitsklassen. Gemeint ist hier nicht das Ausfallereignis selbst, sondern die Fahrzeugsituation oder -aktivität, in der es passiert, wie z. B. Bremsen (sehr häufig) oder auf einem Bahnübergang stehen bleiben (selten).
   - E1: seltenes Auftreten
   - E2: gelegentliches Auftreten
   - E3: häufiges Auftreten
   - E4: ständiges Auftreten

III. *Beherrschbarkeit („Controllability" – C)* bezieht sich auf die erwarteten Anteile (bzw. Quantile) aller Fahrer, die beim Eintreten des Ereignisses die Situation schadlos bewältigen.
   - C0: sichere Beherrschung (durch alle Fahrer)
   - C1: einfache Beherrschbarkeit (über 99 % aller Fahrer)
   - C2: normale Beherrschbarkeit (gleich oder mehr als 90 % aller Fahrer)
   - C3: schwierige Beherrschbarkeit (unter 90 % aller Fahrer)

Die Charakteristik eines Ereignisses nach diesen drei Kategorien (z. B. als S2, E3 und C1) bestimmt die ASIL-Kategorie. An Ereignisse, die als S0 oder C0 eingestuft werden und daher zu der „harmlosen" Kategorie QM gehören, werden aus der Sicht der funktionalen Sicherheit keine Anforderungen gestellt. Bei allen anderen Ereignissen geschieht die Zuordnung nach einer einfachen Formel. Für S_k, E_l und C_m wird die Summe

$$n = k + l + m \tag{4.1}$$

bestimmt, und die ASIL-Klassifikation ergibt sich als Abbildung dieser Summe auf die Buchstaben A, B, C und D:

$$h(n) : \{7, 8, 9, 10\} \Rightarrow \{A, B, C, D\} \tag{4.2}$$

d. h., $n = 7$ entspricht der Kategorie ASIL A usw. Für $n < 7$ bleibt die Klassifikation unterhalb von ASIL-Kategorien, d. h. QM.

Für jede ASIL-Klassifikation eines Ereignisses wird dann eine maximale Ausfallwahrscheinlichkeit empfohlen (ASIL A und B) oder gefordert (ASIL C und D). Diese Ausfallwahrscheinlichkeiten sind in Tab. 4.1 aufgelistet. Die Einheit Fit ist von der

Tab. 4.1 Ausfallwahrscheinlichkeiten für ASIL-Kategorien

Klassifikation	Ausfallwahrscheinlichkeit/Std.	Fit (Failures in time)
ASIL A	10^{-6}	1000
ASIL B	10^{-7}	100
ASIL C	10^{-7}	100
ASIL D	10^{-8}	10

Wahrscheinlichkeit hergeleitet. Es ist die mittlere Ausfallanzahl pro 10^9 Betriebsstunden (Binomialverteilung zugrunde gelegt).

Die sicherheitstechnische Überlegung hinter diesem Klassifikationssystem ist folgende: Für ein bestimmtes Ausfallereignis stellt man sich die Frage, welche Folgen es haben kann und wie wahrscheinlich es auftreten wird. Die Folgen (bewertet durch den Grad der Gefährdung S) treten ein, falls

1. die Kontextsituation eintritt (E),
2. der Ausfall eintritt (Wahrscheinlichkeit im Sinne von Tab. 4.1) und
3. die Situation vom Fahrer nicht beherrscht wird.

Diese Aufstellung offenbart, wo relevante Merkmale der im Geschehen involvierten Regelkreise zu sehen sind. Der Grad der Gefährdung ergibt sich dann aus dem jeweiligen Ereignis, wenn es vom Fahrer nicht beherrscht wird. Die Wahrscheinlichkeit der Kontextsituation ist durch die Realität des Straßenverkehrs gegeben, kann also durch den Regelkreis nicht beeinflusst werden. Es bleiben also zwei Einflussfaktoren. Einmal ist das der Ausfall, der selbstverständlich eine ganze Reihe von Ursachen (mechanisch, elektronisch usw.) haben kann. Der Ausfall wäre der Regelung zuzuordnen, falls die Regelung versagt, z. B. indem der Regelkreis instabil und dadurch praktisch funktionslos wird. Unter gewissen Umständen kann aber auch der Grad der Beherrschbarkeit beeinflusst werden. Falls der Regelkreis nicht instabil wird, sondern nur in seiner Leistungsfähigkeit beeinträchtigt wird (Verlust der Reglerperformanz), kann ein abgestufter Kontrollverlust eintreten. Ein leichter Verlust der Reglerperformanz wird die Beherrschbarkeit vielleicht nur geringfügig, ein großer hingegen wesentlich beeinträchtigen. So wird beispielsweise beim automatischen Spurwechsel eine leichte Beeinträchtigung des Spurreglers nur einen Komfortverlust bedeuten, eine schwere hingegen potenziell eine Schleudergefahr, die nur ein außerordentlich geübter Fahrer abfangen kann.

Diese Aspekte können den charakteristischen Eigenschaften des Regelkreises nach sorgfältiger Überlegung zugeordnet werden. Konkreter werden wir auf diese Problematik in Kap. 7 eingehen.

Tab. 4.1 [illegible] für ASIL-Kategorien

[illegible]	[illegible]	[illegible]
ASIL A	[illegible]	[illegible]
ASIL B	[illegible]	[illegible]
ASIL C	[illegible]	[illegible]
ASIL D	[illegible]	[illegible]

[illegible]

[illegible]

[illegible]

Was ist Robustheit und wie wird sie quantifiziert?

5

Zusammenfassung

Die Mindestanforderung an die Robustheit eines Reglers besteht in der Garantie, dass der Regelkreis bei einem gewissen Spektrum von Regelstreckenvariationen stabil bleibt, d. h. in keine selbsterhaltenden Oszillationen verfällt. Daher muss zuerst die geeignete mathematische Definition der Stabilität formuliert werden. Neben der Forderung stabiler Pole ist das auf dem Frequenzgang basierte Nyquist-Kriterium für die Konzepte der robusten Regelung wichtig. Die eigentliche Quantifizierung der Robustheit, die Definition des Bereichs von Regelstreckenvariationen mit garantierter Stabilität, stützt sich auf den Begriff der Regelstrecken-Perturbation, einer Art prozentueller Abweichung der variierten Regelstrecke von der nominellen Variante. Die Robustheitsbedingung kann dann direkt mit einer charakteristischen Übertragungsfunktion des geschlossenen Regelkreises, der sogenannten komplementären Sensitivität, in Verbindung gebracht werden. Diese Bedingung kann – neben einer algebraischen Ungleichung – anschaulich im Nyquist-Plot abgebildet werden.

Robustheit wurde in Abschn. 3.1 charakterisiert als die Fähigkeit des Regelkreises, auch unter Regelstrecken, die vom nominellen Modell abweichen, zu funktionieren. Wann wir von Funktionieren sprechen können und wollen, darüber können unterschiedlich abgestufte Vorstellungen herrschen.

Die Minimalvorstellung fordert nur eines: die Stabilität des Regelkreises. Ein instabiler Regelkreis erfüllt seine Funktion mit Sicherheit nicht, und in einem sicherheitskritischen Kontext entspricht er typischerweise einem Katastrophenszenario. Das Konzept der Robustheit, in dem die Garantie der Stabilität im Vordergrund steht, heißt *robuste Stabilität.*

Die Maximalvorstellung wäre, dass sich der Regelkreis unter allen Regelstreckenvarianten gleich verhält. Diese Forderung ist streng genommen nicht erfüllbar – geringe

T. Hrycej, *Robuste Regelung*,
https://doi.org/10.1007/978-3-662-54168-5_5

Variationen der Reglerleistung sind im Allgemeinen unvermeidbar. Erreichbar ist jedoch die Garantie einer Mindestgrenze für die Performanz. Dieser Robustheitsbegriff wird *robuste Performanz* genannt.

In diesem Kapitel wird vor allem die robuste Stabilität abgehandelt, robuste Performanz ist das Thema von Kap. 6.

Wenn wir von Robustheit gegen Regelstreckenvariationen sprechen, muss der Bereich dieser Variationen auf irgendeine Art beschrieben werden. Zur Konkretisierung bedarf es also einer Menge von Regelstrecken, unter denen die geforderten Eigenschaften gelten. Dies Menge kann entweder, falls ermittelbar, in der Form einer Aufzählung

$$\{G_1, G_2, \ldots, G_n\} \tag{5.1}$$

oder durch jede andere geeignete Mengenbeschreibung als Menge Γ vorgegeben werden.

Für die robuste Stabilität wird gefordert, dass für jede von diesen Strecken der Regelkreis stabil bleibt. Um mit solchen Behauptungen arbeiten zu können, muss zuerst die Stabilität definiert werden.

5.1 Stabilität des Regelkreises

Der primäre Gedanke der Stabilitätsuntersuchung geht von der Beschreibung eines Systems durch Differenzialgleichungen aus. Der Lösung dieser Differenzialgleichungen kann entnommen werden, ob das System nach einer endlichen Anregung mit der Zeit zu einem gewissen Zustand konvergiert oder sich von jedem solchen Zustand immer weiter entfernt. Die Lösung ist durch Exponentialterme der Form

$$e^{at} \tag{5.2}$$

beschrieben, die je nach Wert des komplexen Koeffizienten a mit wachsender Zeit t auf Stabilität oder Instabilität hinauslaufen.

Bei zeitdiskreten Systemen mit Laufindex k übernimmt diese Rolle der Term

$$b^k. \tag{5.3}$$

Die Konstanten a bzw. b repräsentieren die *Pole* des Systems.

Die Stabilität solcher linearen Systeme, deren Form analytisch vorliegt, ist einfach zu testen. Dazu müssen die Pole des Systems bekannt sein. Die Pole eines linearen Systems sind komplexe Zahlen mit Definitionen, die für die Übertragungsfunktions- und Zustandsdarstellung des Systems unterschiedlich ermittelt werden, jedoch in beiden Fällen für das gleiche System identische Werte haben.

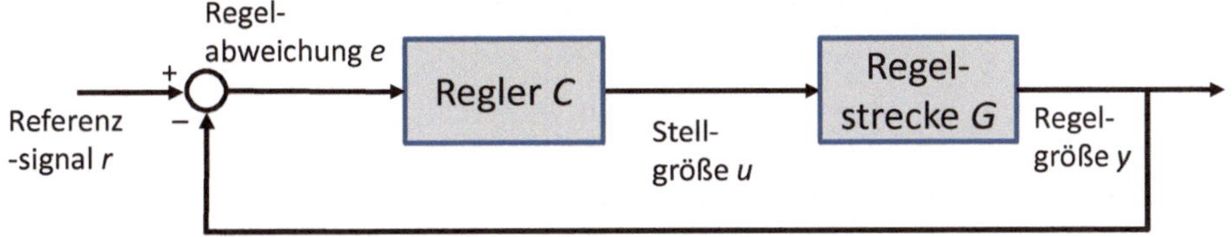

Abb. 5.1 Regelungsstruktur mit Differenzbildung

- Bei einer Übertragungsfunktion sind es die Nullstellen des Nennerpolynoms der Übertragungsfunktion.
- In der Zustandsdarstellung handelt es sich um die Eigenwerte der Systemmatrix A.

Ein lineares System ist stabil, falls die Pole

- im Falle eines zeitkontinuierlichen Systems einen negativen Realteil und
- im Falle eines zeitdiskreten Systems einen Betrag <1 haben.

Uns interessiert die Stabilität eines speziellen Systems: des Regelkreissystems (Abb. 3.2), welches aus der Regelstrecke, des Reglers und einer Rückkopplung besteht.

Um mathematische Beziehungen analysieren zu können, wird die Zusammenführung der Referenzgröße r und der Regelgröße y, in Abb. 3.2 noch allgemein gehalten, in der Form einer Differenzbildung konkretisiert (Abb. 5.1). Dann kann die Analyse, wie in Abschn. 2.2 gezeigt, anschaulich in der Symbolik des Bild- bzw. Frequenzbereichs durchgeführt werden. Im Frequenzbereich ergibt sich der Ausgang eines Subsystems als Produkt des Eingangs und der Blockübertragungsfunktion. So erhalten wir folgende Gleichungen:

$$\begin{aligned} y &= Gu \\ u &= Ce \\ e &= r - y \end{aligned} \tag{5.4}$$

Im Frequenzbereich können diese Gleichungen genauso wie andere algebraische Gleichungen behandelt und aufgelöst werden. Im Falle von Mehrgrößensystemen sind die Übertragungsfunktionen mehrdimensional und müssen wie Matrizen behandelt werden, d. h., es ist insbesondere auf die Faktorenreihenfolge bei Produkten zu achten. Bei Eingrößensystemen gilt hingegen die Kommutativität, d. h. freie Faktorenreihenfolge.

Durch Substitution

$$\begin{aligned} e &= r - Gu = r - GCe \\ (I + GC)e &= r \end{aligned} \tag{5.5}$$

und Auflösung nach Regelabweichung e erhalten wir

$$e = (I + GC)^{-1} r. \tag{5.6}$$

Bei Eingrößensystemen kann die skalare Form

$$e = \frac{1}{I + GC} r \tag{5.7}$$

verwendet werden.

Die Auflösung nach y führt zu

$$y = (1 + GC)^{-1} GCr \tag{5.8}$$

bzw.

$$y = \frac{GC}{1 + GC} r. \tag{5.9}$$

Da sich die Pol-Faktoren des Zählers und des Nenners von Gl. 5.9 kürzen, haben beide Übertragungen die gleichen Pole, nämlich die Lösungen (im Bildargument) der Gleichung

$$I + GC = 0. \tag{5.10}$$

Deren Berechnung ist mit Hilfe von Reglerentwurfs-Software einfach, z. B. in *Matlab* mit der Funktion *pole(),* die man auf das System $(1+GC)^{-1}$ anwendet. Trotzdem hat sie zwei Nachteile. Zum einen müssen beide Systeme in genauer analytischer Form vorliegen. Beim näheren Hinsehen ist diese Voraussetzung erstaunlich oft nicht erfüllt. Das Modell wird an Messdaten angepasst. Diese Anpassung kann mehr oder weniger gelingen – es bleibt aber immer ein nicht zu vernachlässigender Unterschied zwischen den Messdaten einerseits und dem Modell andererseits. Daher sind entsprechende Vorbehalte bezüglich der Belastbarkeit der auf Polen basierenden Aussagen angebracht. Beim Regler sollte man zwar erwarten dürfen, dass seine analytische Form genau bekannt ist. Aber auch das ist in der industriellen Praxis oft nicht der Fall: Er kann beispielsweise nur als Programmiercode vorliegen und dann nur mit einem gewissen Aufwand und Programmierverständnis zurück in seine gedankliche Vorlage umgewandelt werden.

Darüber hinaus müssen beide Modelle in gleicher Form vorliegen: Entweder müssen beide zeitkontinuierlich sein oder beide zeitdiskret mit gleicher Abtastrate. Das kann z. B. dann ein Problem sein, falls ein analytisches Modell durch physikalische Betrachtungsweise in Differenzialgleichungen entstanden ist, während der Regler naturgemäß als Abtastsystem vorliegt.

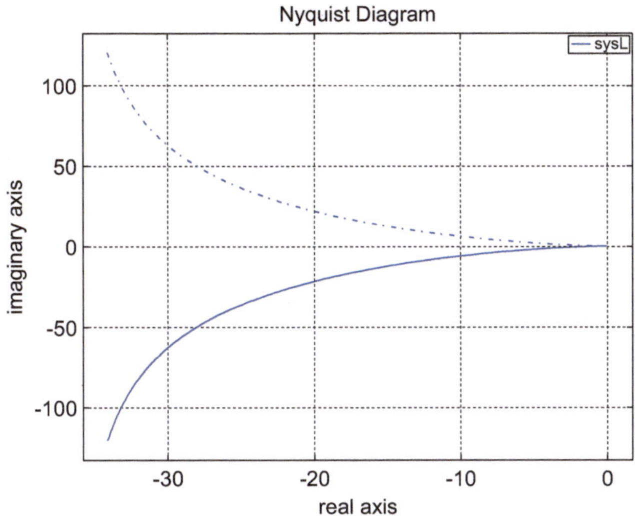

Abb. 5.2 Nyquist-Plot des Regelkreises für das Feder-Dämpfer-Massen-System

Eine alternative Methode wurde zwar vollständig aus der Vorstellung eines analytischen Systems mit bestimmten Polen hergeleitet, kommt aber bei Bedarf auch mit empirischen Messdaten aus. Daher ist sie manchmal vorzuziehen. Sie basiert auf dem berühmten Nyquist-Kriterium, anschaulich abgebildet im Nyquist-Plot. Dieser Plot entsteht, indem man die Real- und Imaginär-Teile des Frequenzgangs der sogenannten offenen Schleife $L = GC$ für alle Frequenzen von $-\infty$ bis ∞ aufträgt. Ein Beispiel für die Regelstrecke von Gl. 2.1 und einen möglichen Regler C ist in Abb. 5.2 gezeigt.

Das Plot ist symmetrisch um die X-Achse, sodass es ausreicht, einen Zweig (z. B. für positive Frequenzen) zu betrachten. Davon ist vor allem das Plot-Segment interessant, das in der Umgebung des Punkts $(-1{,}0)$ liegt, wie in Abb. 5.3.

Aus diesem Plot lässt sich Folgendes herauslesen: Der Ausgang des Systems $L = GC$ (offene Schleife) wird an seinen Anfang (Summationspunkt in Abb. 5.1) zurückgeführt. Da diese Rückführung mit negativem Vorzeichen versehen ist, handelt es sich um eine negative Rückkopplung. Sollte der Ausgang von L die Verstärkung 1 und die Phase $-180°$ gegenüber dem Eingang haben, entsteht eine stehende Oszillation, denn die Phase des Ausgangs wird durch das negative Vorzeichen umgekehrt. Der Eingang ist also identisch mit dem Ausgang. Frequenzgänge, die an diesem Punkt „rechts vorbeilaufen", bezeichnen stabile Systeme, denn die Rückführung bewirkt durch eine Verstärkung kleiner als eins eine sich abschwächende Amplitude.

Die Vorstellung von „rechts vorbeilaufen" ist vereinfachend, da gewisse Systeme auch Schleifen um den Instabilitätspunkt $(-1{,}0)$ bilden können. Für die Robustheitsüberlegungen sind Plot-Mengen im Nyquist-Plot wichtig, von denen kein Individual-Plot den Instabilitätspunkt durchläuft.

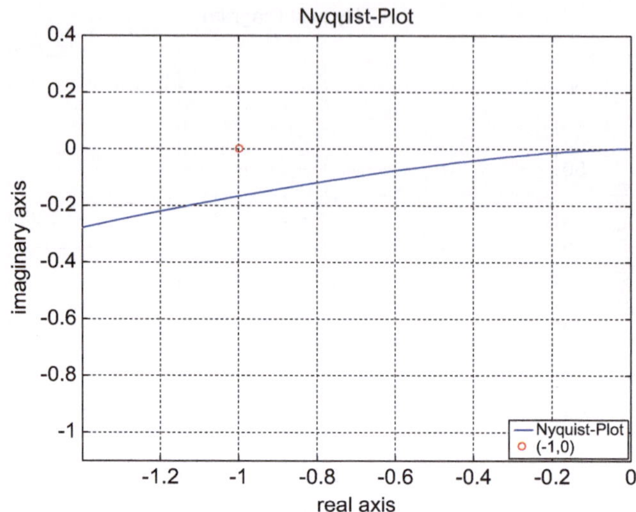

Abb. 5.3 Nyquist-Plot des Regelkreises für das Feder-Dämpfer-Massen-System – wichtiges Segment

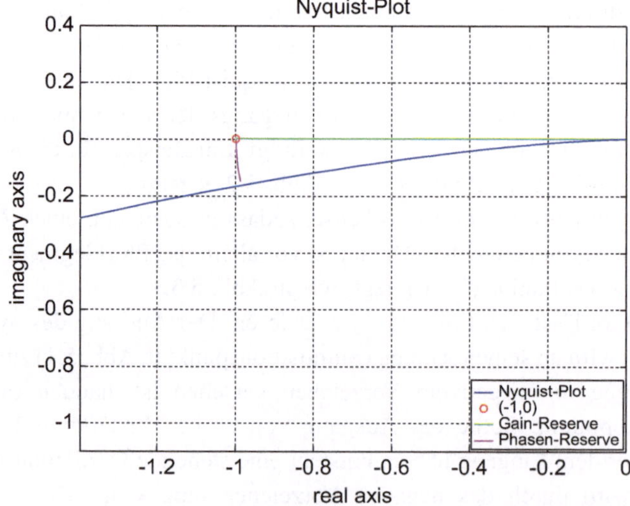

Abb. 5.4 Verstärkung und Phasen-Reserve im Nyquist-Plot

Auf dem Nyquist-Plot basieren auch bekannte einfache Robustheitskennzahlen: die Verstärkungs- und Phasen-Reserve (Gain Margin und Phase Margin). Sie sind in Abb. 5.4 verdeutlicht.

Die Verstärkung ist die Entfernung des Schnittpunkts des Nyquist-Plots mit der reellen Achse (X-Achse im Plot). Sie zeigt, wie sich die Verstärkung der Strecke vergrößern kann, bis Instabilität im Regelkreis auftritt. In Abb. 5.4 ist diese Reserve (grün) hoch, da der Nyquist-Plot die reelle Achse nahe bei null schneidet.

Die Phasen-Reserve ergibt sich als die Winkel-Entfernung desjenigen Plot-Punkts, der den Einheitskreis schneidet (Abb. 5.4 rot). Damit die Regelschleife instabil wird, müsste die Phase der Regelstrecke bei der dem Schnittpunkt entsprechenden Frequenz um die Phasen-Reserve wachsen. (d. h. relativ zur Nominalstrecke vorauseilen).

Die Vorteile des auf dem Nyquist-Kriterium basierenden Stabilitätstests liegen in der direkten Verwendung des Frequenzgangs. Es spielt keine Rolle, ob dieser Frequenzgang durch Berechnung aus einem Modell oder durch Messung erhalten wurde. Das gilt auch für die einzelnen Subsysteme Regelstrecke G und Regler C – sie können verschiedenen Ursprungs sein. Es spielt auch keine Rolle, ob es sich um zeitkontinuierliche oder zeitdiskrete Systeme handelt und welche Abtastraten zugrunde lagen.

5.2 Methodenwahl bei sicherheitskritischen Anwendungen

Nach diesen Vorüberlegungen können wir zur eigentlichen Bewertung der robusten Stabilität übergehen. Bei abgezählter Menge der Regelstrecken wie in Gl. 5.1 würde die geradlinige Methode darin bestehen, für jede Regelstrecke G_i den entsprechenden Test durchzuführen: entweder durch die Berechnung der Pole von

$$\frac{1}{1+G_iC}, i = 1, \ldots, N \tag{5.11}$$

oder durch den Nyquist-Test von

$$G_iC, i = 1, \ldots, N. \tag{5.12}$$

Es gibt tatsächlich Methoden, die diesen Ansatz verfolgen und auch einen entsprechenden Reglerentwurf im Zeitbereich anbieten [1, 2]. Ein umfangreiches Instrumentarium für multiple Regelstrecken wurde auch mit Hilfe von Linear Matrix Inequalities (LMI) entwickelt [3].

Die Spezifikation der Robustheit durch Aufzählung ist jedoch im industriellen Umfeld oft nicht einfach zu realisieren. Selbstverständlich wird man immer von der Vorstellung gewisser kritischer Fälle ausgehen, aber eine gesamtheitliche Charakterisierung der Variationsmenge ist praxistauglicher – in sie können auch Erfahrungswerte oder Normen einfließen. Ein gewichtiger Grund dafür ist die Zusammenarbeit mit Zulieferern. Bei sicherheitskritischen Anwendungen wird die garantierte Funktionsweise des Gesamtsystems gefordert, die auch nachgewiesen werden muss. Für die Zulieferer von Komponenten müssen Schnittstellen definiert werden, von denen ein Teil auch die Leistungs- und Robustheitsanforderungen an die Regelkreise sind. Diese können – aus Verfahrens- und Geheimhaltungsgründen – nicht immer durch Aufzählung von Produktvarianten oder

Fertigungstoleranzen beschrieben werden (mehr zu diesen Überlegungen ist in Kap. 7 und Kap. 10 zu finden). Daher muss eine „kompakte" Spezifikationsform verwendet werden.

Zwei solche Beschreibungsarten für die Streckenvariationen, für die eine Theorie aufgebaut wurde, sind „unstrukturierte" und „strukturierte" Robustheit. Die letztere erlaubt, erfordert aber auch eine sehr gezielte Spezifikation der Streckenvariationen – was aus oben genannten Gründen oft nicht möglich ist. Ein anderer Nachteil der strukturierten Robustheit besteht darin, dass die Garantien, die die Theorie liefert, sich vor allem auf die Stabilität und weniger auf die Performanz des Regelkreises beziehen. Für die unstrukturierte Robustheit sind jedoch beide Aspekte gut ausgearbeitet. Daher ist diese Spezifikationsvariante als einfachster Universalansatz vorzuziehen, der hier im Weiteren auch verfolgt wird.

5.3 Perturbation der Regelstrecke

Der als „unstrukturiert" bezeichnete Ansatz wird so genannt, weil er keine auf konkreten Parametern basierende Variabilität der Regelstrecke betrachtet, sondern Unterschiede im Übertragungsverhalten. Dieser Ansatz beruht auf dem Begriff der Perturbation der Regelstrecke. Die Perturbation bedeutet nichts anderes als die Abweichung zwischen zwei Strecken, von denen üblicherweise eine die Nominalstrecke G_0 ist. Genau genommen handelt es sich um die Abweichung zweier Frequenzgänge: Bei jeder Frequenz wird dieses Abweichung einzeln bestimmt. Die Perturbation ist also selbst ein Frequenzgang. Allerdings ist die Interpretation als Frequenzgang wenig anschaulich: Die „Verstärkung" (Gain) der Perturbation beschreibt zwar die Größe der Differenz, die Phase hat jedoch keinen unmittelbar nützlichen Bezug zu den Phasen der verglichenen Strecken. Daher ist an der Perturbation vor allem ihr Betrag (identisch mit der Verstärkung) interessant. Vom Betrag kann man jedoch nur bei einer Eingrößenregelstrecke (SISO) sprechen. Das ist auch der Spezialfall, der im Folgenden behandelt wird. Die Besonderheiten von Mehrgrößenstrecken (MIMO) werden in Abschn. 5.3.1 erwähnt.

Bei einfacher subtraktiver Abweichung

$$P = G - G_0 \tag{5.13}$$

wird von *additiver* Perturbation gesprochen. Wegen des mangelnden Bezugs zur Größe (z. B. der Verstärkung) der Nominalstrecke eignet sich diese Definition relativ selten als Beschreibungsgrundlage für die Robustheit.

Eine relative Abweichung liegt der Definition der *multiplikativen* Perturbation zugrunde. Die modifizierte Strecke wird als Verkettung der Nominalstrecke und eines Filterterms $1+P$ (Abb. 5.5) aufgefasst:

$$G = (1 + P)G_0 \tag{5.14}$$

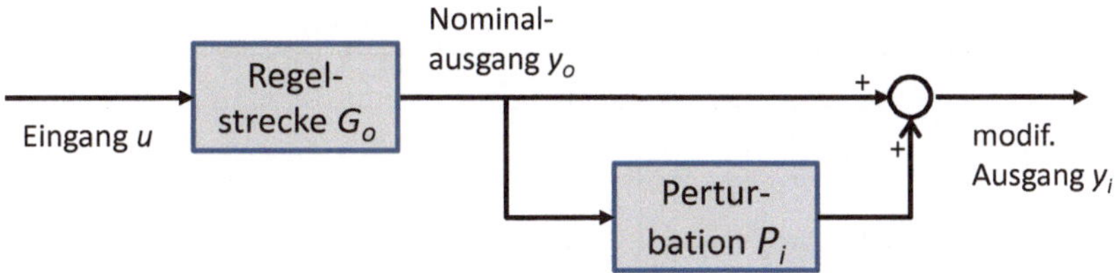

Abb. 5.5 Multiplikative Perturbation der Nominalstrecke

Die Perturbation wird also im SISO-Fall berechnet als

$$P = \frac{G}{G_0} - 1. \tag{5.15}$$

Hier ist der Quotient

$$Q = \frac{G}{G_0} \tag{5.16}$$

derjenige Term, der auch als Frequenzgang eine klare Interpretation hat. Seine Verstärkung ist das Verhältnis der Verstärkungen beider Strecken, d. h., um welches Vielfache die Verstärkung der modifizierten Strecke größer ist als diejenige der Nominalstrecke. Die Phase des Quotienten entspricht der Phasendifferenz beider Strecken, d. h., ob die modifizierte Strecke der Nominalstrecke vor- oder nachläuft.

Eine so definierte Perturbation besitzt einige intuitiv einleuchtende Eigenschaften. Sie kann als „prozentuale Veränderung" der Strecke aufgefasst werden. Der dem Streckenkoeffizienten entsprechende Filter Q $= 1+P$ stellt, wie erwähnt, durch seine Verstärkung bei gegebener Frequenz einen zusätzlichen Verstärkungsfaktor der modifizierten Strecke dar. Gleichzeitig ist seine Phase gleich der Phasenverschiebung. Ist die Perturbation P gleich 0, ist dieser Faktor gleich 1, d. h., die Nominalstrecke bleibt unverändert.

Um sich die Konstruktion der Perturbation besser vorstellen zu können, betrachten wir Abb. 5.6. Die Nominalstrecke ist ein Feder-Dämpfer-Massen-System mit relativer Dämpfung $d = 1$. Zusätzlich sind einige Parametervarianten mit geringer Dämpfung abgebildet. Sie zeichnen sich durch höhere Verstärkung bei der Resonanzfrequenz und einen schnelleren Phasenübergang aus. Die Quotienten $Q = G/G_0$ dieser Varianten (Abb. 5.7) zeigen genau diese Verstärkungs- und Phasenunterschiede. Der Phasengang der Perturbation $Q-1$ hat keine Aussagekraft, dafür aber der Amplitudengang des Betrags (Abb. 5.8). Dieser Amplitudengang ordnet jeder Frequenz eine reelle Zahl zu, die die Größe der Abweichung zwischen beiden Strecken quantifiziert.

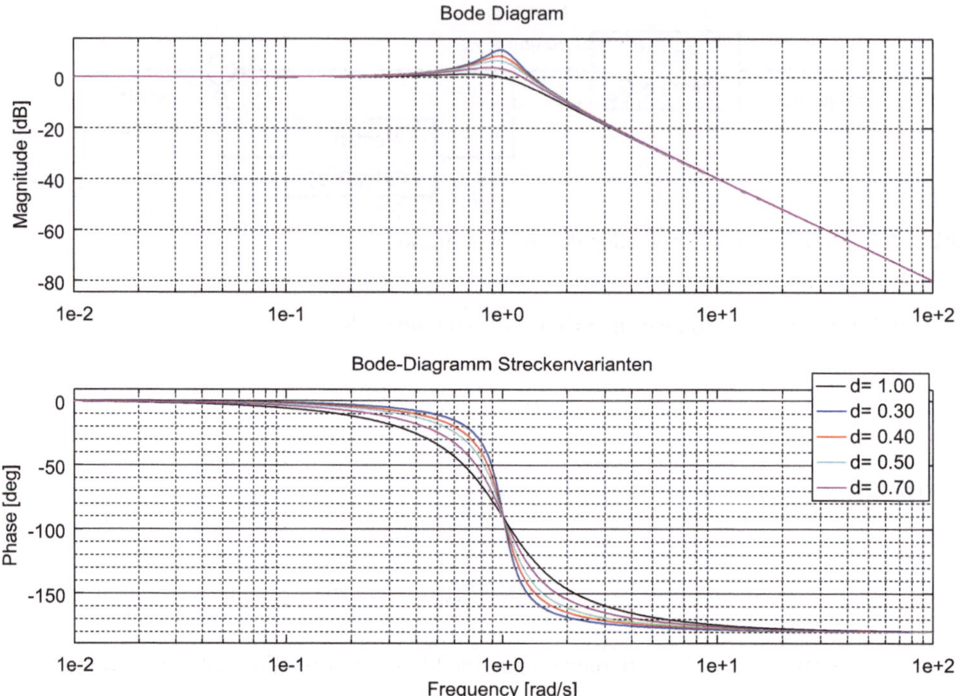

Abb. 5.6 Parametervarianten des Feder-Dämpfer-Massen-Systems

5.3.1 Perturbation bei Mehrgrößenregelstrecken

Bei Mehrgrößenstrecken gelten die gleichen Prinzipien mit zwei wesentlichen Abwandlungen. Die erste betrifft den Übergang von der Skalar- zur Matrixrechnung. Die Gleichung Gl. 5.14 erfährt lediglich die geringe Modifikation, dass die 1 durch eine entsprechend dimensionierte Einheitsmatrix ersetzt wird:

$$G = (I + P)G_0 \tag{5.17}$$

Handelt es sich um eine Strecke mit gleich vielen Ein- und Ausgängen, sind die Übertragungsmatrizen G und G_0 quadratisch. Gl. 5.17 kann dann mit Hilfe einer Matrixinversion aufgelöst werden:

$$P = GG_0^{-1} - I \tag{5.18}$$

Bei einer Regelstrecke mit einem Eingang, jedoch mehreren Ausgängen (SIMO, Single Input, Multiple Output) sind die Matrizen G und G_0 Spaltenvektoren. Dann ist zwar keine

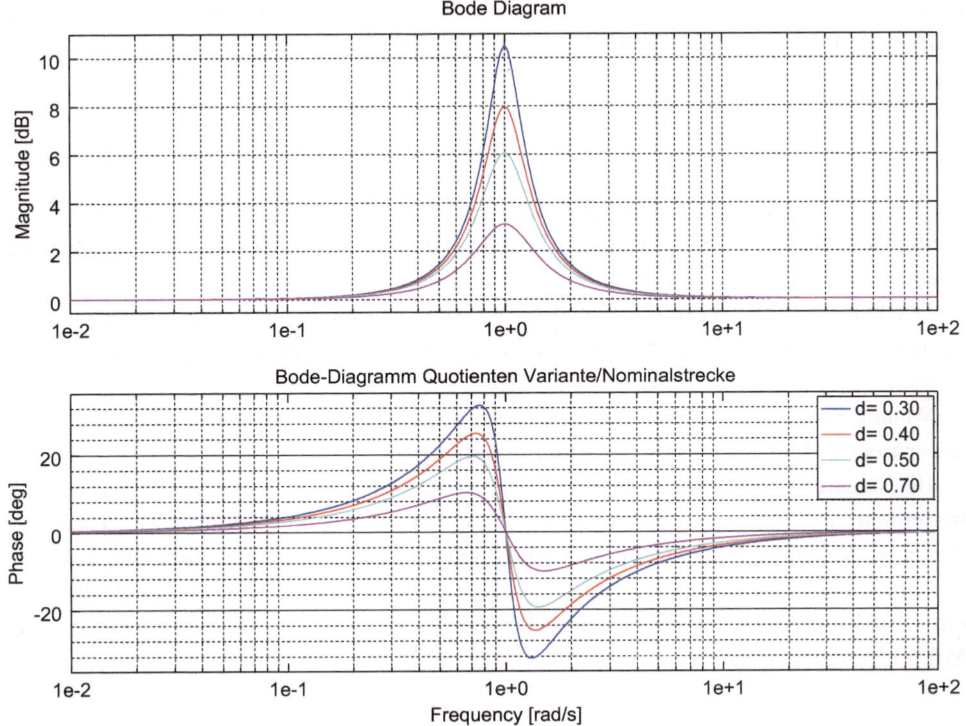

Abb. 5.7 Quotient der Streckenvarianten

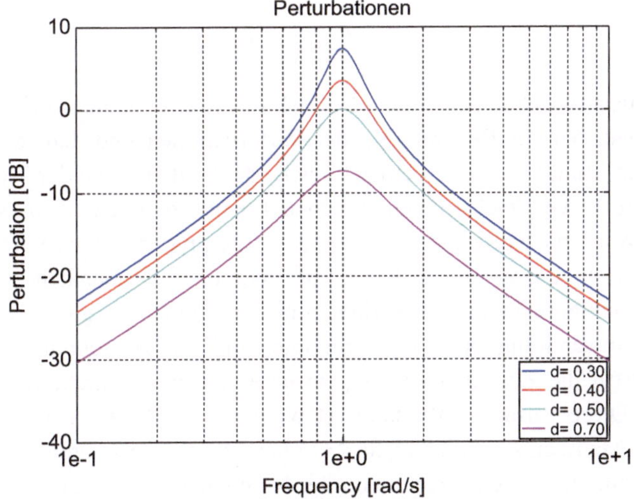

Abb. 5.8 Multiplikative Perturbationen, die den Regelstreckenvarianten entsprechen

Inversion von G_0 möglich, die Perturbation P kann jedoch in Diagonalform gesucht werden. Auf ihrer Diagonalen befinden sich dann die Elemente

$$P_i = \frac{G_i}{G_{0i}} - 1. \tag{5.19}$$

Dieser Fall kann auch praxisrelevant sein. Er entspricht einem System mit einer Stellgröße, aber mehreren gemessenen Ausgangsgrößen, die dem Regler zugeführt werden können.

Der Fall von Zeilenvektoren G und G_0 ist weniger sinnvoll: Er entspricht dem redundanten Fall, in dem mit mehreren Stellgrößen eine einzige Ausgangsgröße eingeregelt werden soll.

Weitere Spezialfälle haben, je nach Dimensionalitäten, Speziallösungen, die ggf. wenig transparent und als „Abweichung" interpretierbar sind.

Bei skalaren Ausdrücken gilt das Prinzip der Kommutativität des Produkts, bei Matrixtermen hingegen nicht. Während Gl. 5.17 eine multiplikative Perturbation beschreibt, die am Ausgang der Nominalstrecke wirkt, kann im MIMO-Fall eine alternative Situation vorliegen, bei welcher die Perturbation am Eingang wirkt. Im SISO-Fall sind beide Fälle durch die Kommutativität und die dadurch beliebige Verkettung der Systeme identisch. Bei MIMO-Systemen erhalten wir jedoch eine abweichende Definition der Perturbation

$$G = G_0(I + P_I) \tag{5.20}$$

mit Inversion im Fall einer quadratischen Übertragungsmatrix in der Form

$$P = G_0^{-1}G - I. \tag{5.21}$$

Der Unterschied zwischen den beiden Betrachtungsweisen kann im Ergebnis erheblich sein. Es muss also bei der Bestimmung der Perturbationen und dem daraus folgenden Robustheitsbedarf darauf geachtet werden, welche der beiden Arten der Modellvariabilität verfolgt wird. Beim Vergleich mit empirischen Frequenzgängen (Kap. 8) bleibt in der Regel die freie Wahl, die Messdaten so oder so zu interpretieren. Diese Wahl kann jedoch verschiedene Konsequenzen für die Reglerspezifikationen (Robustheit und Performanz) haben. So kann sich eine der beiden Varianten im Nachhinein als günstiger erweisen.

Die andere Abwandlung der SISO-Prinzipien bei der Berechnung einer Streckenperturbation betrifft die Zusammenfassung in einer skalaren charakteristischen Zahl für jede Frequenz. Diese Zusammenfassung ist wichtig, da Skalare nach Größe geordnet werden können, Matrizen hingegen nicht. Man kann also bei Skalaren feststellen, welche Abweichung der modifizierten Strecke von der Nominalstrecke größer ist als eine andere. Bei SISO-Systemen geschah das durch die Betragsbildung. An die Stelle des Betrags tritt bei MIMO-Systemen der größte Singulärwert der jeweiligen Übertragungsmatrix. Der Singulärwert einer Matrix ist einer der Schlüsselbegriffe der Matrixalgebra mit zahlreichen

Anwendungen. Eine kurze Vorstellung der Eigenschaften des Singulärwerts befindet sich in Abschn. 13.2 im Zusammenhang mit der $\mathbf{H}_\infty$-Entwurfsmethode, detaillierte Erklärungen kann man in [4] oder in Lehrbüchern über lineare Algebra nachschlagen.

Der größte Singulärwert entspricht dem maximalen Betrag der Übertragung bei „ungünstigster" Kombination der Ein- und Ausgänge. Er kann mit Hilfe regelungstechnischer Software berechnet werden (z. B. Funktion *svd()* in *Octave* und *Matlab*). Nur im Falle eines Spalten- oder Zeilenvektors ist seine Berechnung anschaulich: Der größte Singulärwert – und dadurch auch die Norm der Perturbation – entspricht der quadratischen Norm der Beträge der Vektorelemente

$$\|P\|_2 = \sqrt{\sum_i |P_i|^2}. \tag{5.22}$$

Der Index 2 bei der Norm bedeutet eine quadratische Norm. Im Falle einer nichtvektoriellen Matrix entspricht diese sogenannte induzierte quadratische Matrixnorm dem größten Singulärwert der Matrix. Der einzige einfache Sonderfall liegt bei einer Diagonal-Übertragungsmatrix vor. Dann entsprechen die Singulärwerte den Beträgen der Diagonalelemente. Die Matrixnorm gleicht dann dem Betrag des betragsgrößten Diagonalelements. Dieser Spezialfall liegt bei einer SIMO-Strecke (Gl. 5.19) vor. Die Perturbation der SIMO-Strecke ist also gleich der maximalen Perturbation der einzelnen Übertragungen bei der gegebenen Frequenz.

Etwas verwirrend ist die Terminologie, falls man bei Frequenzgängen von Systemnormen spricht. Sie werden nicht auf Übertragungsmatrizen für einzelne Frequenzen, sondern auf ganze Systeme bezogen. Die der quadratischen Matrixnorm entsprechende Systemnorm hat dabei den Index ∞. Es handelt sich um die in der robusten Regelung oft zitierte H_∞-Norm. Daher würde man die Norm der Perturbation in der Systemnorm-Nomenklatur als

$$\|P\|_\infty \tag{5.23}$$

bezeichnen.

5.4 Bereich der robusten Stabilität

Eine Möglichkeit, die Menge der Streckenvariationen zu bestimmen, für die die robuste Stabilität gilt, stützt sich auf den in Abschn. 5.3 eingeführten Perturbationsbegriff – genauer gesagt, auf seinen Betrag. Wie bei allen Frequenzgängen entspricht der Frequenzgang der Perturbation einer komplexen Zahl. Alle Streckenvarianten, deren Perturbationsbetrag kleiner oder gleich einem gegebenen r ist, liegen im Kreis vom Radius $r|G_0|$ um den Punkt, auf dem die Frequenzübertragung der Nominalstrecke G_0 liegt, denn sie unterscheiden sich von der Nominalstrecke um

$$|G - G_0| = |(1 + P)G_0 - G_0| = |PG_0| = |P||G_0| = r|G_0|. \tag{5.24}$$

Was für die Streckenvariationen lt. Gl. 5.13 gilt, gilt auch für die offene Schleife $L = GC$, denn

$$GC = (1 + P)G_0C, \tag{5.25}$$

d. h., die offene Schleife mit einem gegebenen Regler weist die gleiche multiplikative Perturbation auf wie die Regelstrecke selbst.

Bei nomineller Regelstrecke, die dem Nyquist-Plot aus Abb. 5.3 zugrunde liegt, befinden sich die multiplikativen Streckenperturbationen mit relativem Betrag 0,15 für einzelne Frequenzen innerhalb der in Abb. 5.9 liegenden Kreise. Insgesamt bilden diese Perturbationen einen Korridor, der die Kreise für alle Frequenzen von außen einhüllt. Es ist offensichtlich, dass für diesen Perturbationsbetrag alle Streckenvarianten die Stabilitätsbedingungen des Regelkreises erfüllen, denn keine schließt den Punkt (−1,0) ein.

Bei einem maximalen Perturbationsbetrag von 0,2 (Abb. 5.10) ist das nicht mehr der Fall. Bei der kritischen Frequenz von 2,14 rad/s ist der Punkt (−1,0) eingeschlossen, und es muss von potenzieller Instabilität des Regelkreises ausgegangen werden.

Nun stellt sich die wichtige Frage, welche maximalen relativen Perturbationsbeträge für einen gegebenen Regler und eine gegebene Nominalstrecke die Stabilität noch garantieren. Die Bedingung für stabile Regelkreise macht deutlich, dass sich die offene Schleife mit modifizierter Strecke $L = GC$ von derjenigen mit Nominalstrecke $L_0 = G_0C$ um weniger als die Entfernung zwischen L_0 und -1 unterscheiden darf:

$$|GC - G_0C| < |1 + G_0C| \tag{5.26}$$

Die Differenz auf der linken Seite von Gl. 5.26 ist nichts anderes als das Produkt der Beträge von Perturbation und $L_0 = G_0C$:

$$|GC - G_0C| = |(1 + P)G_0C - G_0C| = |PG_0C| = |P||G_0C| \tag{5.27}$$

So kann die Bedingung aus Gl. 5.26 als

$$|P||G_0C|| < |1 + G_0C|| \tag{5.28}$$

geschrieben werden. Durch die Isolierung der Perturbation auf der linken Seite der Ungleichung

$$|P| < \frac{|1 + G_0C|}{|G_0C|} = \frac{1}{|T_0|} \tag{5.29}$$

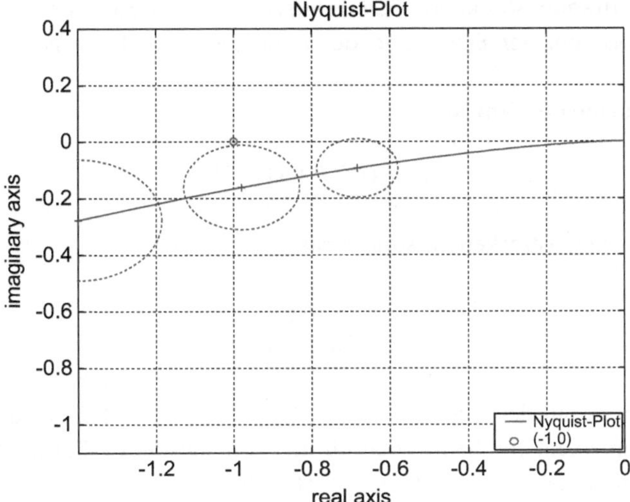

Abb. 5.9 Perturbationen mit relativem Radius von 0,15

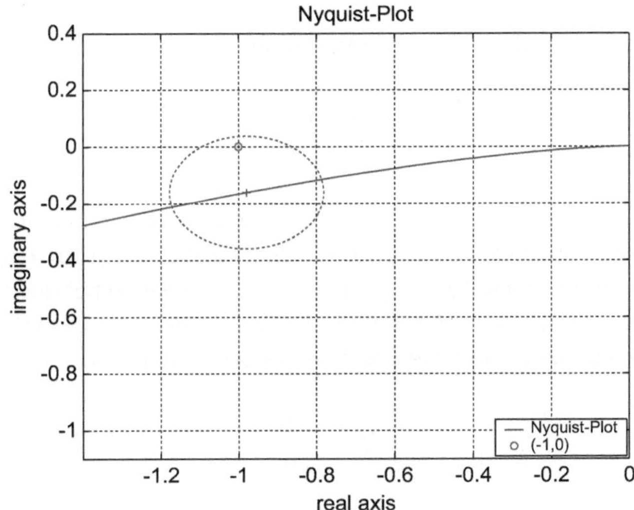

Abb. 5.10 Instabile Perturbationen mit relativem Radius von 0,2

offenbart sich die Beziehung zu einer wichtigen Charakteristik der Robustheit. Es handelt sich um die Übertragungsfunktion von der Referenzgröße zur Regelgröße (bereits gezeigt in Gl. 5.9).

▶ Diese Übertragungsfunktion, üblicherweise mit T bezeichnet, spielt eine Schlüsselrolle bei der Bewertung der Robustheit und heißt *komplementäre Sensitivität*:

Ihre allgemeine Form ist

$$T = GC(I + GC)^{-1}. \tag{5.30}$$

Für SISO-Regelstrecken entspricht das

$$T = \frac{GC}{1 + GC}. \tag{5.31}$$

Der letzte Ausdruck auf der rechten Seite der Ungleichung Gl. 5.29 ist der Kehrwert des Betrags der komplementären Sensitivität für die Nominalstrecke. Für die Obergrenze des Betrags der Perturbationen P_{max} gilt also die Beziehung

$$P_{\max} = \frac{1}{|T_0|}. \tag{5.32}$$

Stabilität ist garantiert für alle Perturbationen, für die gilt:

$$|P| < P_{\max} \tag{5.33}$$

▶ Wir können also eine Schlüsselbeziehung der robusten Regelung formulieren: Ein Regelkreis besitzt eine garantierte Stabilität für alle multiplikativen, unstrukturierten Perturbationen *P* der Regelstrecke G_0, deren Betrag bei jeder Frequenz kleiner ist als der Kehrwert des Betrags der komplementären Sensitivität T_0 für eine gegebene Nominalstrecke und einen gegebenen Regler:

$$|P| < \frac{1}{|T_0|} \tag{5.34}$$

Für die oben verwendete Nominalstrecke ist der Betrag der Frequenzgänge *T* und *1/T* in Abb. 5.11 dargestellt. Die kritische Frequenz von 2,14 rad/s, die auch im Nyquist-Plot (Abb. 5.10) offensichtlich wurde, ist in dieser Darstellung als Maximum von $|T|$ und folglich Minimum von $1/|T|$ sichtbar. Der Verlauf von $|T|$ bietet also einen Überblick darüber, in welchen Frequenzbereichen der Regelkreis eine hohe und in welchen er eine niedrige Robustheit aufweist.

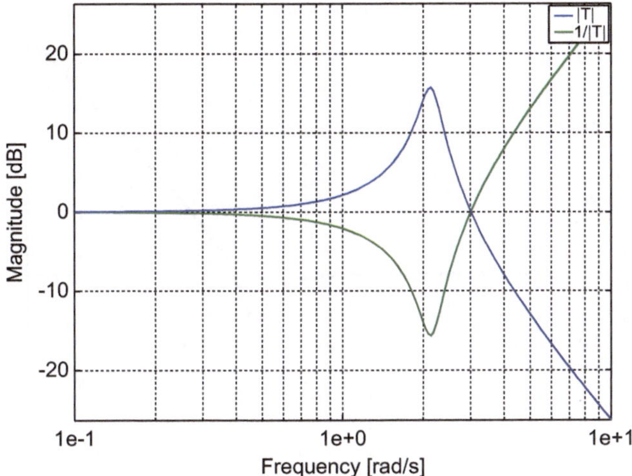

Abb. 5.11 Komplementäre Sensitivität und deren Kehrwert

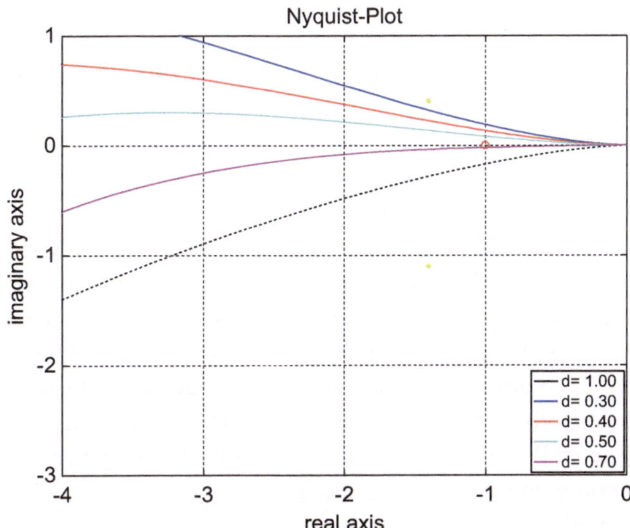

Abb. 5.12 Nyquist-Plots von Dämpfungsvarianten des Feder-Dämpfer-Massen-Systems

Die Parametervarianten des Feder-Dämpfer-Massen-Systems mit geringerer Dämpfung als die Nominalvariante zeigen Perturbationen, von denen nur diejenige mit relativer Dämpfung von 0,7 noch stabil ist. Das kann man den Nyquist-Plots in Abb. 5.12 entnehmen. Die Perturbationsbeträge der instabilen Varianten verletzen alle die durch $1/|T|$ gegebene Obergrenze (Abb. 5.13).

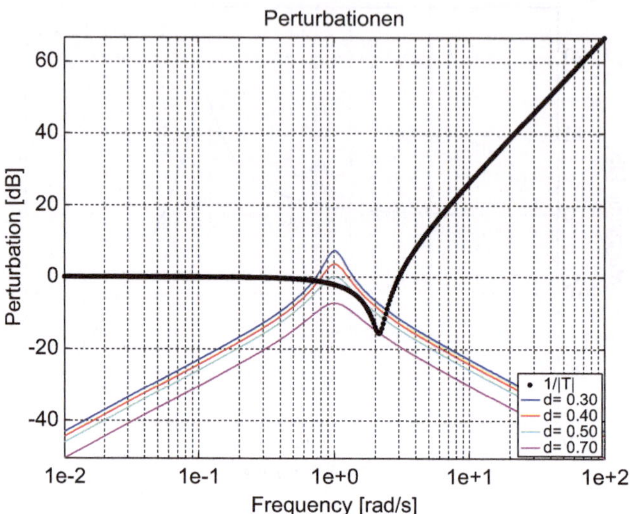

Abb. 5.13 Perturbationen von Dämpfungsvarianten des Feder-Dämpfer-Massen-Systems – der Robustheitsgrenze gegenübergestellt

Es muss jedoch auch auf die Kehrseite des Konzepts hingewiesen werden. Die Ungleichung Gl. 5.26 umschreibt die Bedingung, dass die perturbierte Streckenvariante in einem Kreis liegt, der den Instabilitätspunkt $(-1{,}0)$ nicht einschließt. Unter dieser Bedingung ist die Stabilität der Streckenvariante garantiert. Ist diese Bedingung nicht erfüllt, ist dadurch die Instabilität **nicht** automatisch gegeben.

Der grüne und der blaue Punkt in Abb. 5.14 liegen beide außerhalb des Kreises für die gegebene Frequenz. Sie sind weiter entfernt vom entsprechenden Punkt der Nominalstrecke (Mitte des Kreises) als der Instabilitätspunkt $(-1{,}0)$. Trotzdem würde man bei keinem von beiden Instabilität erwarten. Insbesondere der grüne Punkt entspricht einer Streckenvariante, die (vorbehaltlich der günstigen Lage der sonstigen Frequenzgangpunkte) eine gute Stabilitätsreserve haben sollte. Die Strecken, die in offener Schleife Analogien zum grünen Punkt aufweisen, sind durch eine im Vergleich zur Nominalstrecke niedrigere Verstärkung und größere (weniger negative) Phase charakterisiert, solange das für alle Frequenzen gilt!

Das Vorhandensein von Stabilität trotz fehlender garantierter Robustheit lässt sich an den Streckenvarianten des Feder-Dämpfer-Massen-Systems mit unterschiedlichen Massen zeigen. Die Massenvarianten bis 1,6 (anstelle von 1,0 beim Nominalmodell) sind alle stabil, obwohl mit geringer Phasenreserve (Abb. 5.15). Die durch $1/|T|$ garantierte Robustheit liegt jedoch für keine dieser Varianten vor (Abb. 5.16).

Die Stabilitätsgarantie-Bedingung in Gl. 5.29 ist also **konservativ**. Welche Konsequenzen hat das für den Entwurf robuster Regelungen? Es besteht die Gefahr einer zu strengen Robustheitsanforderung, die sich möglicherweise einschränkend auf weitere

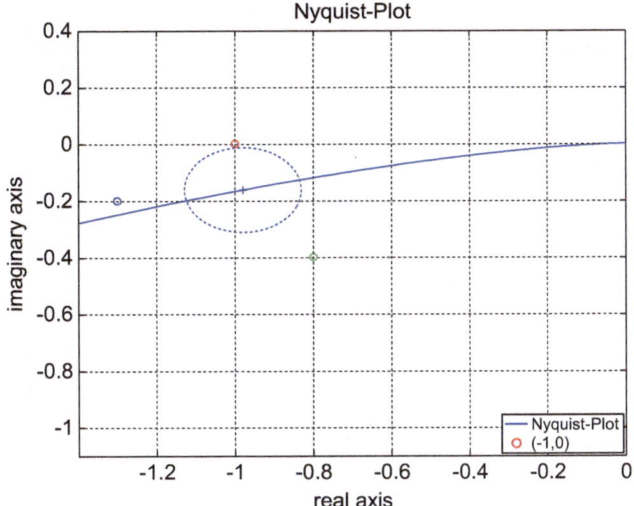

Abb. 5.14 Streckenvarianten ohne Stabilitätsgarantie im Nyquist-Plot

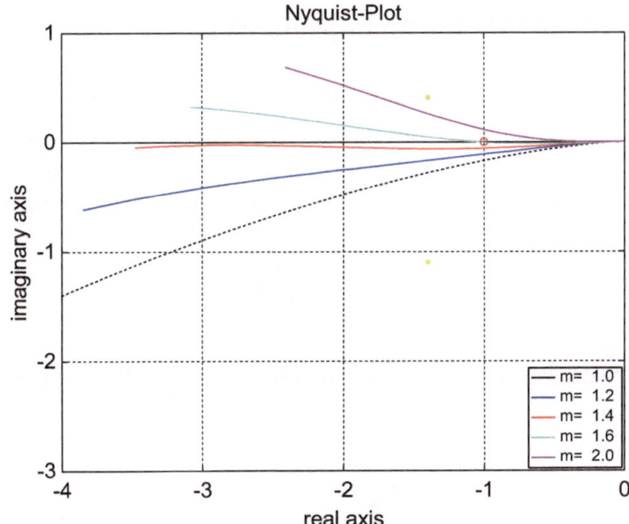

Abb. 5.15 Nyquist-Plots von Massenvarianten des Feder-Dämpfer-Massen-Systems

Reglereigenschaften auswirken könnte. Die einzige Antwort darauf ist eine wohlüberlegte Formulierung der Robustheitsanforderungen, die nicht die offensichtlich unproblematischen Fälle mit geringerer Verstärkung und größerer Phase (als die Nominalstrecke) abzudecken versucht.

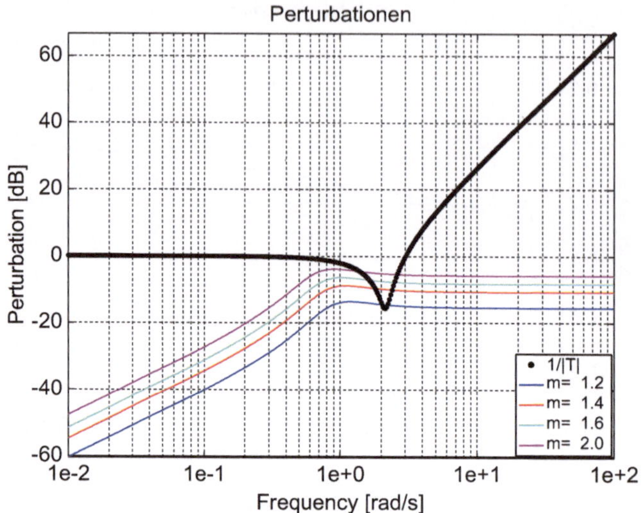

Abb. 5.16 Perturbationen von Massenvarianten des Feder-Dämpfer-Massen-Systems – der Robustheitsgrenze gegenübergestellt

5.4.1 Robuste Stabilität bei Mehrgrößensystemen

Analog zum modifizierten Konzept der Perturbation (Abschn. 5.3.1) ist auch die Vergleichsgröße, die Norm (bei SISO: der Betrag) der komplementären Sensitivität, definiert. Alles, was dort über die Matrix- und Systemnorm sowie deren Beziehung zum größten Singulärwert gesagt wurde, gilt auch hier. Die entsprechende Ungleichheit ist

$$\|P\|_\infty < \frac{1}{\|T_0\|_\infty}. \tag{5.35}$$

Die Obergrenze der Perturbation, bis zu der (nicht einschließlich) die Stabilitätsgarantie gilt, ist

$$P_{\max} = \frac{1}{\|T_0\|_\infty}. \tag{5.36}$$

Auch bei der Berechnung der komplementären Sensitivität holt uns das Problem der nicht vorhandenen Kommutativität eines Matrixprodukts ein. Für MIMO-Systeme besteht, wie bei der Definition der Streckenperturbation in Abschn. 5.3.1, eine alternative Definition der komplementären Sensitivität. Sie bezieht sich auf eine am Regelstrecken-Input wirkende Störung. (In der Definition Gl. 5.30 haben wir die Übertragung von der Referenzgröße r zugrunde gelegt, die formal äquivalent zu einer Output-Störung ist.) Es wird also die Übertragung

- von der Input-Störung
- zur Summe dieser Störung mit dem Regler-Output, d. h. zum reglerkompensierten Strecken-Input,

betrachtet. Diese Input-Störungsvariante der komplementären Sensitivität hat die Übertragungsfunktion

$$T_I = C(I + CG)^{-1}G. \tag{5.37}$$

Eine so definierte Übertragungsfunktion wäre dann zusammen mit der Input-Definition der komplementären Streckenperturbation in Gl. 5.35 und 5.36 einzusetzen, mit folgendem Ergebnis:

$$\begin{aligned} \|P_I\|_\infty &< \frac{1}{\|T_{I0}\|_\infty} \\ P_{\mathrm{I}max} &= \frac{1}{\|T_{I0}\|_\infty} \quad , \end{aligned} \tag{5.38}$$

Diese Überlegungen zeigen, was auf den Entwickler im MIMO-Fall zukommt. Die intuitive Interpretation der Robustheitsaussagen wird anspruchsvoller, und es ist mehr Abstraktion sowie Vertrauen in die Berechnungsalgorithmen gefordert. Solange die Wahl zwischen einer SISO- und MIMO-Formulierung des Anwendungsproblems besteht, kann man sich überlegen, ob man diesen Weg einschlagen will. Oft ist für ein MIMO-Problem eine parallele Lösung in der vereinfachten SISO-Welt nützlich, zumindest zur Überprüfung der Ergebnisse. Der Qualitätsgewinn durch die MIMO-Lösung kann dann objektiv bewertet werden.

5.5 Vorgehensweise zur Prüfung der robusten Stabilität eines Regelkreises

Wir können nun die Schritte zur Prüfung der robusten Stabilität bei **gegebenem** Regler zusammenfassen:

1. *Auswahl der nominellen Regelstrecke und Bestimmung ihres Frequenzgangs G_0.* Wurde dem Reglerentwurf eine konkrete nominelle Regelstrecke in der Form eines linearen Modells zugrunde gelegt, ist sie sicherlich eine gute Wahl. Ansonsten sollte eine typische „durchschnittliche“ Regelstrecke gewählt werden. Liegt die Regelstrecke als lineares Modell vor, wird der Frequenzgang – je nach Modelltyp – nach Gl. 2.12 oder Gl. 2.18 und 2.19 bestimmt. Funktionen dazu sind in den meisten regelungstechnischen Softwarepaketen enthalten (in *Matlab*: die Funktion *freqresp()*). Liegt kein Modell,

sondern nur eine geeignete Messung vor (z. B. aus multispektraler Anregung), kann der Frequenzgang mit Hilfe der Fourier-Transformation (ebenfalls eine Standardfunktion) berechnet werden (mehr dazu in Kap. 8). Das gleiche Vorgehen ist möglich, falls nur ein nicht lineares Simulationsmodell vorliegt: simulierte Messung aus multispektraler Anregung durchführen und Fourier-Transformation anwenden. Für die Prüfung der robusten Stabilität ist es völlig unerheblich, ob ein explizites Modell vorliegt – allein die Verfügbarkeit des Frequenzgangs (als Vektor, indiziert mit Frequenz) ist erforderlich.

2. *Bestimmung des Frequenzgangs des gegebenen Reglers C.* Beim Vorliegen der Systembeschreibung des Reglers (Zustandsmodell oder Filtergleichung mit Zähler und Nenner) wird die gleiche Berechnungsweise verwendet wie beim Modell. In Fällen völliger Undurchschaubarkeit der Reglerimplementierung kann die Simulationsmethode wie beim Modell verwendet werden.
3. *Bestimmung der Frequenzgänge von Streckenvariationen G_i, gegen die Robustheit gefordert wird.* Auch hier hat man die freie Wahl zwischen Frequenzgängen aus expliziten Modellen oder aus Messungen.
4. *Bestimmung der maximalen Perturbation P_{max}, gegen die Robustheit gefordert wird.* Für jede Frequenz wird der maximale Betrag der Perturbationen $|G_i/G_0-1|$ aller Streckenvariationen G_i bestimmt. Das Ergebnis dieses Schrittes ist also ein realzahliger Vektor P_{max}, der jeder Frequenz einen Maximalbetrag zuordnet. (Die Frequenzgänge aus vorhergehenden Schritten sind hingegen komplexe Vektoren.) Die maximale Perturbation stellt nun die Robustheitsspezifikation dar. Sie kann z. B. durch Erfahrungswerte ergänzt werden.
5. *Berechnung der komplementären Sensitivität $T = G_0C/(1+G_0C)$.* Die Berechnung erfolgt elementweise aus den Frequenzgangvektoren G_0 und C.
6. *Vergleich der maximalen erwarteten Perturbation P_{max} mit der Robustheitsgrenze $1/|T|$.* Gilt für alle Frequenzen $P_{max} < 1/|T|$, ist die robuste Stabilität gewährleistet.

Literatur

1. Ackermann, J.: Robuste Regelung – Analyse und Entwurf von linearen Regelungssystemen mit unsicheren physikalischen Parametern. Springer, Berlin (1993)
2. Föllinger, O.: Regelungstechnik. Hüthig Buch Verlag, Heidelberg (1994)
3. Scherer, C., Weiland, S.: Linear Matrix Inequalities in Control. Delft University, Delft (2005)
4. Skogestad, S., Postlethwaite, I.: Multivariable Feedback Control. Wiley, New York (2005)

Zusammenspiel von Robustheit und Performanz

6

Zusammenfassung

Neben der Robustheit ist die wichtigste Eigenschaft eines Reglers seine Performanz. Sie beschreibt sein Führungsverhalten sowie seine Fähigkeit zur Kompensation externer Störungen. Diese Eigenschaft ist durch die sogenannte Sensitivität, die einer bestimmten Übertragungsfunktion des Regelkreises entspricht, beschrieben. Die Sensitivität und die die Robustheit charakterisierende komplementäre Sensitivität stehen in einer einfachen quantitativen Beziehung: Ihre Summe ist für jede Frequenz gleich 1. Um realistische Anforderungen an die Performanz stellen zu können, müssen ihre Grenzen, die sich aus mathematischen Gesetzen ergeben, bekannt und berücksichtigt werden. Neben der Sensitivität sind auch weitere, je nach Anwendung relevante Performanzcharakteristiken wichtig, die für den Reglerentwurf spezifiziert werden können. Das Zusammenspiel von Performanz und Robustheit birgt in gewissen Fällen einen Zielkonflikt in sich. Um beide zu verbinden, wird das Konzept der robusten Performanz eingeführt. Es handelt sich um diejenige Performanz, die unter allen Regelstreckenvariationen (beschrieben durch Perturbationen zur Nominalstrecke) garantiert werden kann.

Die Erwartungen an das Verhalten eines Regelkreises umfassen, wie in Kap. 3 erklärt, zwei Hauptgruppen von Eigenschaften: die Robustheit und die Performanz. Es ist einleuchtend, dass diese Eigenschaften voneinander nicht unabhängig sind. Einige Aspekte der Performanz stehen in Konflikt mit der Robustheit, bei anderen ist das wiederum nicht der Fall. Ihre Spezifikationen fließen zusammen im Begriff der robusten Performanz: der Fähigkeit des Reglers, gewisse Performanzspezifikationen auch robust, d. h. unter Variationen der Regelstrecke, einzuhalten.

Um diesem Ziel näher zu kommen, muss zuerst quantitativ definiert werden, was unter Performanz zu verstehen ist und wie man sie spezifizieren kann. Realistische Spezifikationen sollen auch theoretische Grenzen der Performanz berücksichtigen, die sich aus

T. Hrycej, *Robuste Regelung*,
https://doi.org/10.1007/978-3-662-54168-5_6

gewissen „Naturgesetzen“ ergeben. Diese Themen werden im Folgenden behandelt, um zu einem quantitativen Verfahren zur Analyse der robusten Performanz zu gelangen.

6.1 Quantifizierung der Reglerperformanz

Der Begriff der Performanz wurde bereits in Abschn. 3.2 erwähnt. Er umschreibt im Allgemeinen die Leistungsfähigkeit des Reglers. Konkret handelt es sich vor allem um zwei miteinander eng verknüpfte Eigenschaften des Regelkreises:

- die Fähigkeit, einer Vorgabe der Regelgröße zu folgen (Führungsverhalten), und
- die Fähigkeit, eine externe Störung zu kompensieren (Störgrößenunterdrückung).

Die Fähigkeit, einer Vorgabe der Regelgröße, d. h. einem Referenzwert, zu folgen, ist durch das Verhältnis der Regelabweichung zum Referenzwert charakterisiert. Mit anderen Worten, es ist die Übertragung vom Referenzwert zur Regelabweichung. Diese Übertragung in einem System aus Abb. 5.1 ist durch die Gleichung Gl. 5.6 bzw. Gl. 5.7 beschrieben.

► Die entsprechende charakteristische Größe ist eine Schlüsselcharakteristik der Reglerperformanz und heißt *Sensitivität:*

$$S = (1 + GC)^{-1} \tag{6.1}$$

Ihre Beziehung zu der in Gl. 5.31 definierten komplementären Sensitivität T ist wirklich komplementär:

$$S = 1 - T \tag{6.2}$$

Um die Störgrößenunterdrückung zu untersuchen, erweitern wir den Regelkreis aus Abb. 5.1 um externe Störungen mit Wirkung auf den Strecken-Input (d_I) und -Output (d_O) (Abb. 6.1).

Das Gleichungssystem aus Gl. 5.4 kann um diese Störgrößen erweitert werden:

$$\begin{aligned} y &= G(u + d_I) + d_O \\ u &= Ce \\ e &= r - y \end{aligned} \tag{6.3}$$

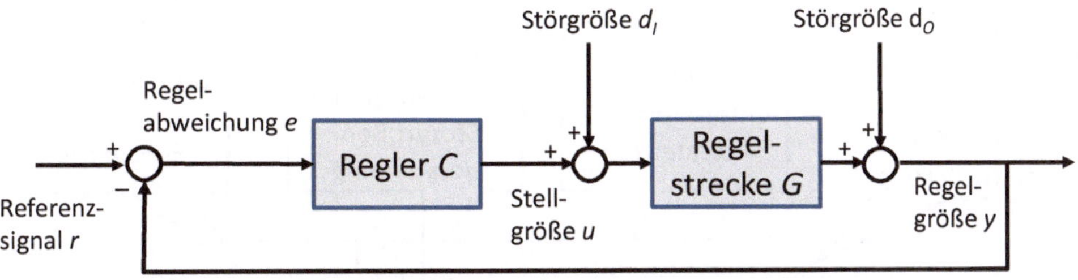

Abb. 6.1 Regelkreis mit externen Störungen

Für die Lösung können wir wie bei jedem anderen Gleichungssystem verfahren. Durch Einsetzen und Auflösen nach y erhalten wir:

$$\begin{aligned} y &= G(u + d_I) + d_O = GCr - GCy + Gd_I + d_O \\ (1 + GC)y &= GCr + Gd_I + d_O \\ y &= (1 + GC)^{-1}GCr + (1 + GC)^{-1}Gd_I + (1 + GC)^{-1}d_O \end{aligned} \tag{6.4}$$

Die letzte Gleichung beschreibt, wie die einzelnen externen Variablen r, d_I und d_O den Streckenausgang y (welcher der Regelgröße entspricht) beeinflussen.

- Die Übertragungsfunktion von der Referenzgröße r kennen wir bereits. Es ist die komplementäre Sensitivität T.
- Die Übertragung der Output-Störung d_O zur Regelgröße y ist identisch mit der Sensitivität S.
- Die Übertragungsfunktion von der Input-Störung d_I zur Regelgröße ist gleich dem Produkt SG aus der Sensitivität und der Regelstrecke. Ohne die Rückkopplung würde die analoge Übertragung allein der Regelstrecke G entsprechen. Der Regelkreis wirkt also so, als wäre nach der Regelstrecke noch ein Filter S geschaltet worden, der die Störung abschwächt. Die relative Abschwächung dieser Übertragung durch die Rückkopplung (im Verhältnis zum Fall ohne Rückkopplung) ist wieder

$$SGG^{-1} = S. \tag{6.5}$$

Die Sensitivität S beschreibt also neben dem Führungsverhalten auch die Stärke der Kompensation einer Input- oder Output-Störung. In allen diesen Fällen ist nur der Amplitudengang der Sensitivität interessant.

Zusammengefasst: Die Sensitivität bildet eine umfassende Charakteristik der Reglerperformanz.

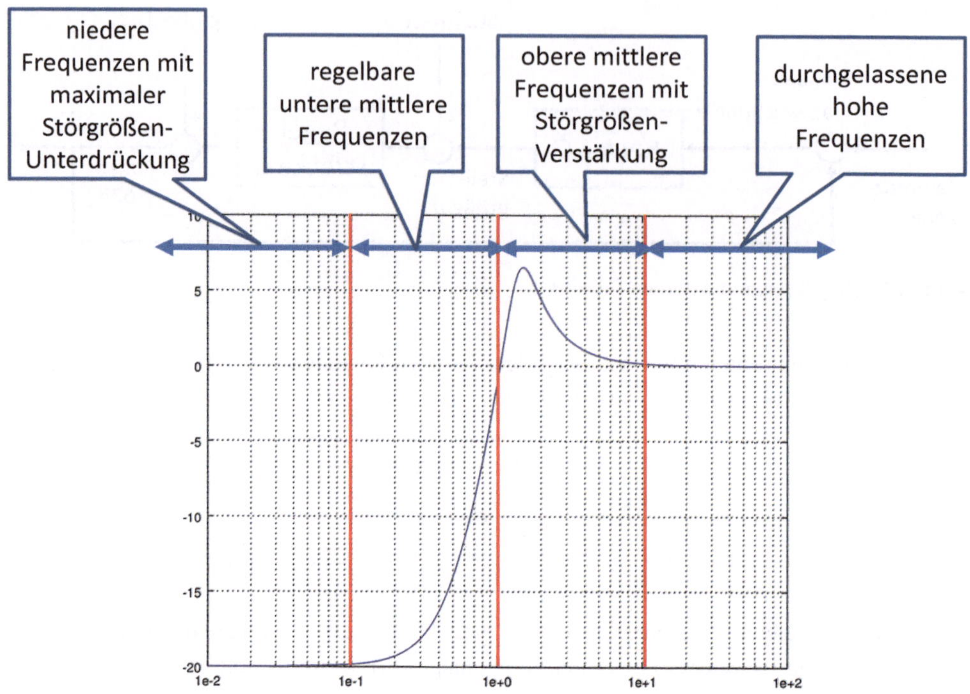

Abb. 6.2 Typische Sensitivität eines Regelkreises und Segmente mit unterschiedlichen Eigenschaften

6.2 Grenzen der Performanz

Jeder Entwicklungsingenieur musste sich an den Gedanken gewöhnen, dass jede Leistung ihre Grenzen hat. Und auch daran, dass immer wieder Wünsche zur Überschreitung dieser Grenzen an ihn herangetragen werden. Daher ist die Kenntnis dieser Grenzen für die Zielsetzung und ggf. auch deren Verhandlung wichtig. Die Reglerperformanz macht hier keine Ausnahme. Betrachten wir einen typischen Verlauf der Sensitivität, wie in Abb. 6.2.

Im Verlauf der Sensitivität können mehrere Frequenzsegmente mit unterschiedlichem qualitativem Verhalten ausgemacht werden:

A. *Niederfrequentes Segment mit konstanter, maximaler Störunterdrückung bzw. minimaler Regelabweichung.* Diese minimale Regelabweichung reicht bis zu Frequenz null, d. h., es handelt sich um die bleibende Regelabweichung. Ein Regelkreis mit reinem Integralanteil hätte zwar theoretisch keine Regelabweichung, er ist jedoch in dieser theoretischen Reinheit nicht realisierbar – die Integration wird immer begrenzt oder durch einen Reset-Mechanismus modifiziert. Einen realisierbaren Integralanteil muss man sich also als einen Tiefpass mit sehr niedriger Grenzfrequenz vorstellen.

Selbstverständlich kann dieses Segment bei beliebig niedrigen Frequenzen liegen und die Regelabweichung kann prinzipiell beliebig klein gehalten werden.

B. *Unteres Mittelfrequenzsegment mit einer mit der Frequenz sinkenden Störgrößenunterdrückung*. Am oberen Frequenzende dieses Segments findet keine Störgrößenunterdrückung mehr statt.
C. *Oberes Mittelfrequenzsegment mit Störgrößenverstärkung*. Hier wird die Amplitude der Störung größer, als es ohne die Regler-Rückkopplung der Fall wäre. Die Tätigkeit des Reglers wirkt sich hier also negativ aus. Nach einem relativ schnellen Anstieg der Amplitude folgt ein langsamer, asymptotischer Abfall in Richtung der Amplitude 1.
D. *Hochfrequentes Segment mit Durchlass der Störfrequenzen*. Hier wird die Störgröße weder kompensiert noch verstärkt. Der genaue Beginn dieses Segments ist nicht präzise auszumachen. Das Segment wird bis zu unendlichen Frequenzen fortgesetzt.

Das Segment C bildet die Schattenseite der Regelung, und es wäre ein verständlicher Wunsch, es vollständig zu eliminieren. Leider ist diese Möglichkeit theoretisch ausgeschlossen. Nach einem Theorem (vgl. [1], Kap. 5; oder [2]) gilt für stabile Regelstrecken und zusätzliche Bedingungen für Pole und Nullstellen die Gleichheit:

$$\int_0^\infty \ln |S(i\omega)| d\omega = 0 \tag{6.6}$$

Das Integral des Logarithmus des Sensitivitätsbetrags ist gleich null. Die Flächen zwischen der Sensitivität und der X-Achse (bei Sensitivität in dB), wo die Sensitivität unter 0 dB liegt, und dort, wo sie über 0 dB liegt, sind identisch. Diese beiden identischen Flächen sind beispielhaft in Abb. 6.3 jeweils grün und rot schraffiert. Die X-Achse ist im Unterschied zum Standardfall nicht logarithmisch, damit die Flächengleichheit im Einklang mit der Integration in Gl. 6.6 dargestellt wird.

Dieses „Detail" ist zum Verständnis der möglichen Stellhebel bei der Spezifikation des Reglers essenziell. In der Darstellung mit logarithmischer Achse, wie in Abb. 6.2, sieht der niederfrequente Abschnitt unterhalb der 0-dB-Linie großflächig aus, und man könnte auf die Idee kommen, das unliebsame Segment C beispielsweise durch einen geringen Verzicht auf die niederfrequente Performanz im Segment A zu reduzieren. Abb. 6.3 zeigt jedoch die richtigen Maßstäbe: Die notwendige, geopferte Performanz könnte ggf. sehr deutlich zu spüren sein. Nichtsdestoweniger kann man die Störgrößenverstärkung im Segment C durch den Verzicht auf überflüssige niederfrequente Performanz etwas verbessern. Ein effizienteres Mittel ist jedoch die Abflachung von Segment C, denn es ist sein Maximalwert, der zu deutlich negativen Effekten führt. Ein hoher Peak der Sensitivität bringt außerdem wegen der Beziehung in Gl. 6.2, die im Betrag ausgedrückt

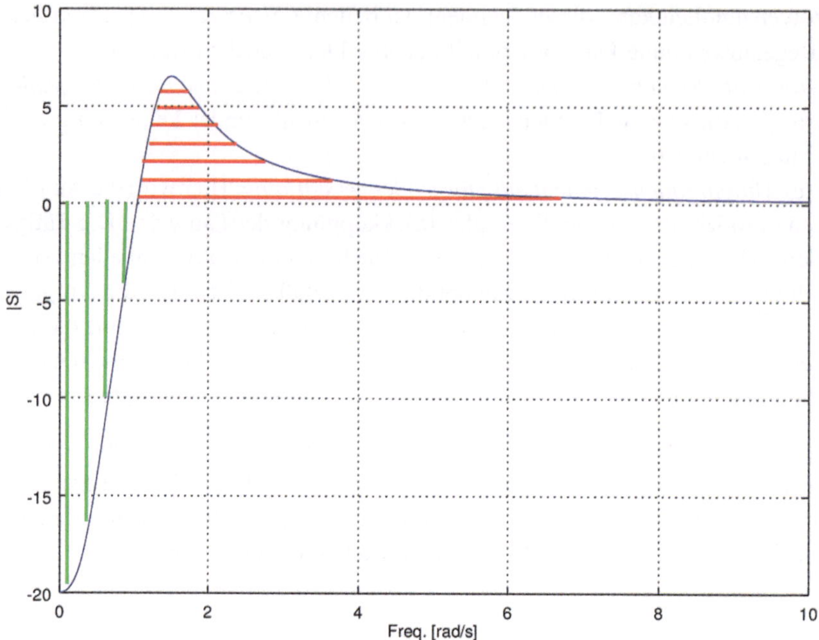

Abb. 6.3 Bedingung für Sensitivität: Flächen unterhalb und oberhalb der X-Achse sind identisch

$$|S| - |T| \leq 1 \tag{6.7}$$

lautet, einen Peak der komplementären Sensitivität *T* mit sich. Und dieser bedeutet einen Einbruch in *1/|T|*, der Obergrenze der Streckenperturbationen, für die robuste Stabilität garantiert ist.

Oben wurde die Existenz von Bedingungen für Pole und Nullstellen erwähnt, die die Erreichbarkeit der strikten Gleichheit in Gl. 6.6 ermöglichen. Es bestehen zwei solche Bedingungen.Die erste betrifft den Überschuss der Pol-Anzahl des Produkts L $= GC$ (offene Schleife = Regelstrecke X Regler) gegenüber der Anzahl der Nullstellen. Dieser Überschuss muss mindestens zwei betragen, damit Gl. 6.6 gilt. Tatsächlich kann man bei geringerem Überschuss Regelschleifen konstruieren, die eine geringere Fläche oberhalb der X-Achse als unterhalb davon aufweisen. Bei Regler mit Überschuss null müsste die Regelstrecke entweder genügend Nullstellen aufweisen oder maximal 1. Ordnung sein. Das wird in der Praxis sehr selten vorkommen, allein wegen der notwendigen Sensordynamik. Wichtig ist dabei, ob die reale Strecke diese Eigenschaften aufweist, nicht das Modell – sonst würde man günstige Eigenschaften des Regelkreises (in diesem Fall keine Störgrößenverstärkung) vortäuschen, die dieser Regelkreis in Wirklichkeit nicht hätte. Ein PID-Regler mit reinem Integralanteil hätte zwar selbst einen Überschuss von Nullen gegenüber den Polen, jedoch ist seine präzise Realisierung, wie oben ausgeführt, nicht möglich. Das Integral müsste durch einen Tiefpass ersetzt werden, was den Überschuss wieder eliminieren würde.

Die andere Bedingung betrifft die Abwesenheit von instabilen Nullstellen, d. h. Nullstellen mit nichtnegativem Realteil bei zeitkontinuierlichen Systemen und Nullstellen mit einem Betrag größer oder gleich 1 bei zeitdiskreten Systemen. Sollten instabile Nullstellen vorhanden sein (dieses System wird als „nicht minimalphasig" bezeichnet), gilt eine „Verschärfung" von Gl. 6.6. Das Integral wird positiv. Der Teil der Sensitivität oberhalb der X-Achse, d. h. der Bereich C, wo externe Störungen verstärkt werden, wird größer als der Teil unterhalb der X-Achse. Das bedeutet einen klaren Performanzverlust.

In der Praxis sind jedoch Systeme mit instabilen Nullstellen relativ selten. Daher wird hier auf die genaue Formel lediglich verwiesen ([1], Kap. 5). Oft entstehen Modelle mit instabilen Nullstellen durch diverse Verfahren zur Umwandlung von zeitkontinuierlichen Systemen in zeitdiskrete. In diesen Fällen ist Vorsicht geboten: Solche „künstlich herbeigeführten" instabilen Nullstellen sollten durch geeignete Wahl der Umwandlungsmethode vermieden werden. Sonst droht ein sachlich nicht erzwungener Verlust der Leistungsfähigkeit der Regelung.

Im Falle von instabilen Polen trifft ebenfalls eine modifizierte Formel zu. Ist die Regelstrecke tatsächlich instabil, ist der entsprechende Performanzverlust unvermeidbar. Eine ausführliche Diskussion dieser Fälle ist ebenfalls in [1], Kap. 5 zu finden.

6.3 Zusammenspiel von Performanz und Robustheit

Die komplementäre Sensitivität T steht im einfachen arithmetischen Verhältnis zur Sensitivität S – deren Summe ergibt 1. Diese beiden Charakteristiken sind also alles andere als unabhängig und ein enges Zusammenspiel ist zu erwarten. Analog zur Sensitivität kann der frequenzabhängige Verlauf der komplementären Sensitivität in Segmente aufgeteilt werden, die ihre spezifischen Robustheitseigenschaften besitzen. Diese Eigenschaften ergeben sich direkt aus dem Kehrwert des Betrags der komplementären Sensitivität.

a. *Niederfrequentes Segment mit relativ hoher Robustheit um 1.* Dieses Segment deckt sich mit demjenigen Bereich der Sensitivität, in dem effektiv geregelt wird, d. h. Sensitivitätssegment A und ein Teil des Segments B, in dem die Sensitivität noch deutlich unter 0 dB liegt. Je niedriger die Sensitivität (z. B. −40 dB bedeuten einen Betrag von 0,01), desto näher liegt die Robustheit bei 1.
b. *Segment von mittleren Frequenzen mit kritischer Robustheit unter 1.* Die komplementäre Sensitivität hat hier einen Peak und deren Kehrwert einen Einbruch. Daher ist hier die Robustheit am geringsten, und damit besteht auch die Gefahr von Instabilität bei Abweichungen der Regelstrecke vom Nominalmodell.
c. *Segment von höheren Frequenzen mit wachsender Robustheit >> 1.* Die Robustheit wächst mit steigender Frequenz auf hohe Werte. Dort sind dann auch fast beliebige Abweichungen von der Nominalstrecke unkritisch. Den Anfang dieses Segments darf

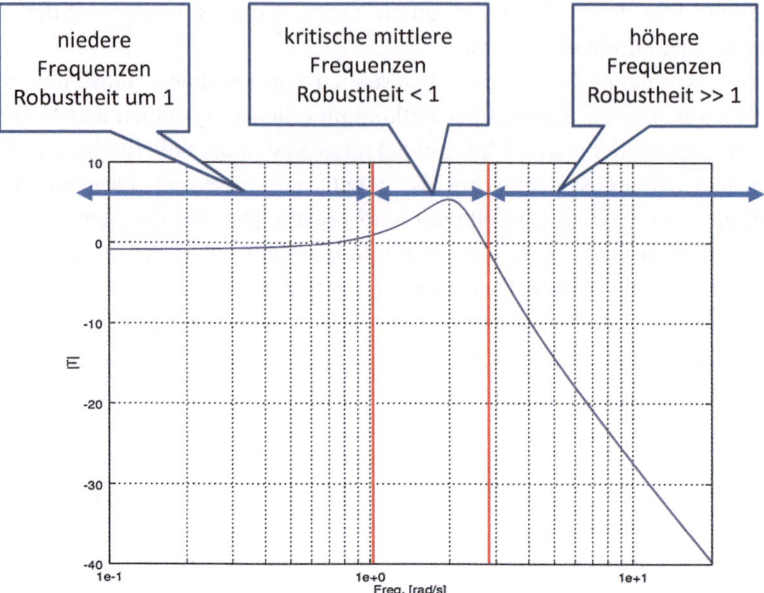

Abb. 6.4 Frequenzabhängige Segmente der komplementären Sensitivität

man jedoch nicht aus den Augen verlieren – hier haben viele nominelle Modelle ihre Schwächen, sodass auch Robustheiten im einstelligen Bereich über 1 unzureichend sind (Abb. 6.4).

Im Gegensatz zur Sensitivität gilt kein Gesetz, welches die Notwendigkeit eines Peaks der komplementären Sensitivität oberhalb von 0 dB erzwingt. Daher können Regler konstruiert werden, die minimal (oder theoretisch überhaupt nicht) 0 dB überschreiten. Dann ist eine Robustheit gegen Perturbationen von 1 (d. h. 100 % der Nominalstrecke) bei allen Frequenzen gegeben. Eine Einschränkung gilt hier trotzdem. Aus der Gleichheit

$$S = 1 - T \tag{6.8}$$

ergibt sich, wie bereits oben erwähnt,

$$|S| - |T| \leq 1. \tag{6.9}$$

Daher kann der Peak von $|T|$ nicht mehr als um 1 tiefer liegen als der Peak von $|S|$. Bei Sensitivitäten mit Maximum über 2 (d. h. 6 dB) ist der „peak-freie" Verlauf der komplementären Sensitivität nicht erreichbar.

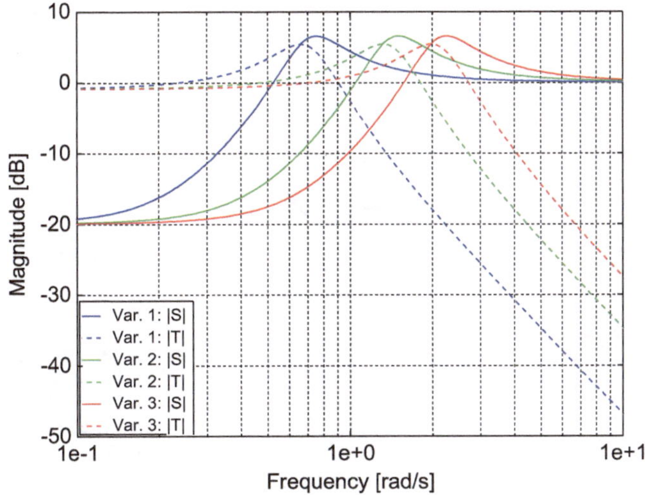

Abb. 6.5 Zusammenhang zwischen Sensitivität und komplementärer Sensitivität

Das Gesetz „there is no free lunch“ könnte uns zur Annahme verleiten, die Performanz könnte nur unter Verzicht auf Robustheit erreicht werden. Das gilt nicht ganz, wie drei beispielhafte Regelkreisvarianten mit gleicher Regelstrecke, aber drei verschiedenen Reglern 1, 2 und 3 (von „langsam“ bis „schnell“) zeigen (Abb. 6.5). Die schnellste Variante ist bis ca. 0,9 rad/s den anderen beiden Varianten sowohl in der Störunterdrückung als auch in der Robustheit überlegen. Erst dann wird sie in Bezug auf Robustheit zuerst vom langsamen Regler und dann auch vom mittleren überholt. Den höherfrequenten Bereich mit hohen, steigenden Robustheiten erreicht sie deutlich später. Dieses differenzierte Bild muss man sich bei der Auslegung vor Augen halten. Einen wirklichen Zielkonflikt gibt es also vor allem zwischen der niederfrequenten Performanz und der höherfrequenten Robustheit.

Noch eine zusätzliche Implikation ergibt sich aus Gl. 6.8. Bei jeder Frequenz muss mindestens einer der Beträge $|S|$ und $|T|$ über dem Wert 0,5 (d. h. -6 dB) liegen. Mit anderen Worten, die Frequenzgänge von $|S|$ und $|T|$ können sich nicht unterhalb von -6 dB kreuzen.

6.3.1 Robustheit und Wahl des Streckenmodells

Die Segmentierung der Robustheit nach Abb. 6.4 ist bei der Wahl des geeigneten Modells für den Reglerentwurf zu berücksichtigen. Die Vorstellung, dass sich eine Modellperfektionierung immer auszahlt, ist nur zum Teil zutreffend. Die Abweichungen in den Frequenzsegmenten *a* und *b* der komplementären Sensitivität können sich leicht nachteilig auf die Leistung des Regelkreises auswirken. Im Segment *c* kann jedoch die Wirkung unter Umständen unerheblich sein. Die Abweichung des Modells von der Realität kann so weit

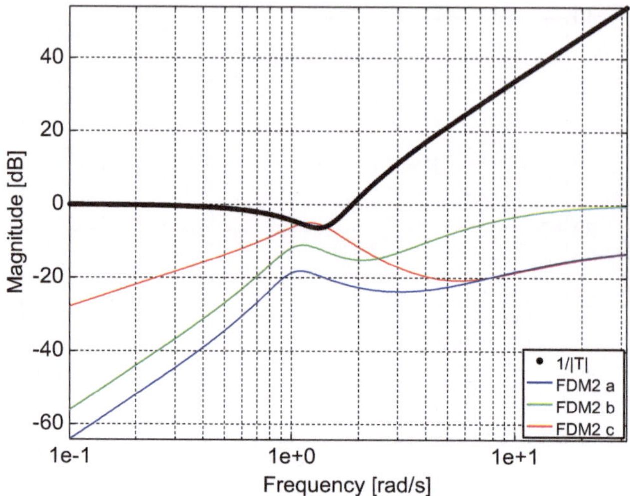

Abb. 6.6 Perturbationen von Doppel-FDM-Systemen in Bezug auf ein einfaches FDM-System

von der Robustheit abgedeckt sein, dass eine Modellverbesserung keinen spürbaren Einfluss auf den Regelkreis hat. Im gewissen Umfang ist diese Robustheit „kostenlos" – sie kann oft nicht gegen Performanz eingetauscht werden. Die Verbindung von zwei Feder-Dämpfer-Massen-Systemen aus Abschn. 2.3.1, deren Vereinfachung ein einziges Feder-Dämpfer-Massen-System wäre, ist ein solcher Fall. Legen wir das vereinfachte Modell zugrunde, sind die Streckenperturbationen der komplexeren Modellvarianten (Abb. 6.6) nur scheinbar groß.

Die Werte um 0 dB (entsprechend 100 % Perturbation) liegen im Frequenzbereich nahe 20 rad/s, wo viele Regler auch bei Perturbationen von 20 dB robust blieben. Das ist auch bei dem ausgewählten Regler, der für die vereinfachte Regelstrecke entworfen wurde, der Fall. Deutlich gefährlicher dürfte die Perturbation von −3 dB der Variante c (mit erheblicher zweiter Masse) sein, die im kritischen Frequenzsegment liegt.

Daher sollte vor einer akribischen Entwicklung und Parametrierung detaillierter, hochdimensionaler Modelle (die auch hochdimensionale Regler nach sich ziehen können) überlegt werden, ob die gewonnene Präzision im Regelkreis nutzbar ist.

6.4 Weitere Charakteristiken der Reglerleistung

Sensitivität als umfassende Charakteristik der Performanz deckt Anforderungen ab, die praktisch bei jeder Regelungsanwendung essenziell sind. Fallweise können jedoch andere Charakteristiken wichtig sein. Sie können unter anderem die Wirkung von Störungen abbilden, die an Stellen angreifen, die vom Standard abweichen. So können beispielsweise im Doppel-Feder-Dämpfer-Massen-System aus Abb. 2.8 Störungen an Masse 2 besonders wichtig sein und daher ihre Übertragung zur Regelgröße von Bedeutung sein. Das einzige Prinzip, welches hier herrscht, ist: Alle denkbaren und für die Anwendung wichtigen Übertragungen können als Performanzcharakteristiken einbezogen werden. Durch gezielte Bewertung von Merkmalen, die vom Standard abweichen, wird man nicht zum Exzentriker, sondern man leistet einen wichtigen Beitrag zum guten Abschluss des Anwendungsprojekts.

Im Folgenden werden zwei einfache Beispiele für zusätzliche Performanzcharakteristiken erklärt.

Die Regelstrecke mit externen Störungen am Input und Output von Abb. 6.1 ist durch das Gleichungssystem Gl. 6.3 beschrieben. Seine Auflösung in Gl. 6.4 enthält auch den Term

$$(1 + GC)^{-1}G = SG, \tag{6.10}$$

der die Übertragung von der Input-Störgröße d_I zur Regelgröße y darstellt. Es handelt sich also um ein Produkt der Sensitivität, die den Regler C enthält, und der Regelstrecke G, die vom Regler unabhängig ist. Daher kann die Übertragung SG nicht unabhängig von S gestaltet werden – es herrscht zwischen ihnen immer eine feste Proportionalität. Trotzdem kann der Frequenzgang SG wichtig für die Beurteilung der gewünschten Performanz sein. Der Grund ist in Abb. 6.7 zu sehen. Hier wurde das Feder-Dämpfer-Massen-System mit einem gut optimierten Regler verknüpft. Die Sensitivität S ist sehr glatt und weist nur eine minimale und zu hohen Frequenzen hin gezogene Überhöhung über 0 dB aus. Die Übertragungsfunktion SG hat jedoch einen ausgeprägten Peak bei 1 rad/s, den sie von der Regelstrecke „geerbt" hat. Dieser Peak wird bewirken, dass Input-Störungen mit 1 rad/s an der Regelgröße deutlich zu spüren sein werden. Je nach Zielsetzung der Regelung kann es wichtig sein, dieses Verhalten zu verhindern. Dann wäre ein Regler, der die hohen Werte von SG verhindert, vorzuziehen, auch um den Preis von Kompromissen bei anderen Leistungsmerkmalen.

Eine andere Charakteristik bewertet einen möglichen Einfluss auf das Verhalten der Stellgröße. Das Gleichungssystem Gl. 6.3, das ein System mit Input- und Output-Störungen beschreibt, wurde bis jetzt nach der Regelgröße y aufgelöst (Gl. 6.4). Eine andere Auflösung, nach der Stellgröße u, ist genauso einfach und ergibt

$$u = (I + CG)^{-1}Cr - (I + CG)^{-1}CGd_I - (I + CG)^{-1}Cd_O. \tag{6.11}$$

Der Term

$$(I + CG)^{-1} \tag{6.12}$$

erinnert an die Definition der Sensitivität, jedoch mit umgekehrter Reihenfolge des Produkts der Regelstrecke G und des Reglers C. Bei Eingrößensystemen sind beide Defini-

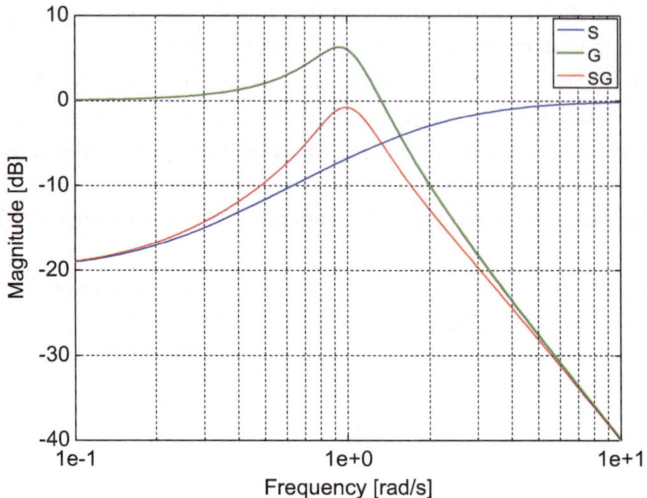

Abb. 6.7 Frequenzgang SG (Input-Störung => Regelgröße)

tionen wegen der Kommutativität der Skalare identisch, bei Mehrgrößensystemen sind sie jedoch unterschiedlich: Gl. 6.12 stellt die sogenannte Input-Sensitivität dar, während die übliche Definition als Output-Sensitivität bezeichnet wird.

Alternativ kann die Auflösung nach u über die Auflösung nach e hergeleitet werden, wo die übliche Sensitivitätsdefinition vorzufinden ist:

$$\begin{aligned} e &= (I+GC)^{-1}r - (I+GC)^{-1}Gd_I - (I+GC)^{-1}d_O \\ u &= Ce = C(I+GC)^{-1}r - C(I+GC)^{-1}Gd_I - C(I+GC)^{-1}d_O \\ &= CSr - CSGd_I - CSd_O \end{aligned} \tag{6.13}$$

Hier erscheint ein anderer wichtiger Frequenzgang: CS. Es ist das Produkt des Reglers C und der Sensitivität S. In der Literatur wird dieser Frequenzgang häufig auch als „KS" bezeichnet, falls dort für den Regler das Symbol K gewählt wurde. Beide Faktoren dieses Produkts enthalten den Regler und werden daher beide vom Reglerentwurf beeinflusst. Da sich diese Charakteristik im Eingrößenfall (SISO) von der komplementären Sensitivität nur um den Faktor G, d. h. um die vom Reglerentwurf unabhängige Regelstrecke, unterscheidet, handelt es sich bei CS und T wieder um keine unabhängigen Charakteristiken. Trotzdem kann der Reglerentwurf Ziele verfolgen, die sich eher mit Hilfe von CS beschreiben lassen. Dieser Frequenzgang stellt die Übertragung von der Output-Störung d_O zur Stellgröße u dar. Das ist besonders bei einem Störungstyp wichtig: dem Messrauschen. Dieses Messrauschen, das z. B. die Form eines Quantisierungsfehlers bei der Rundung von realzahligen Messwerten auf Festkommazahlen annimmt, wird über den Regler auf die

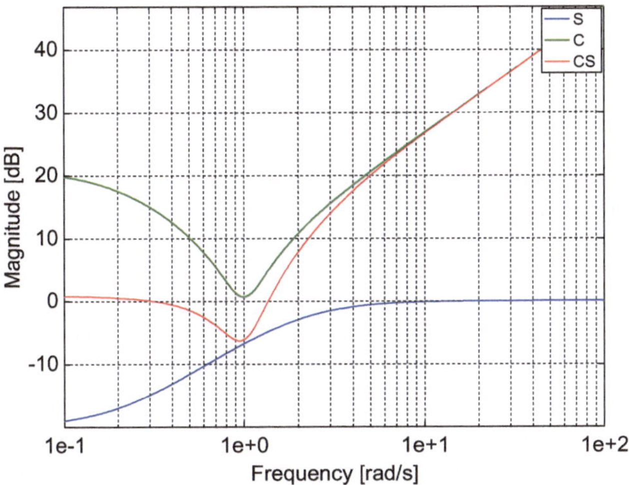

Abb. 6.8 Frequenzgang CS (Output-Störung => Stellgröße)

Stellgröße übertragen. Insbesondere seine hochfrequenten Anteile können bei vielen Stellgliedern akustisch problematisch sein. Ein typischer Verlauf kann wie in Abb. 6.8 aussehen. Man sieht auch, woher das problematische Verhalten herrührt. Bei höheren Frequenzen bleibt die Sensitivität in der Nähe von 0 dB. Es findet praktisch keine wirksame Rückkopplung statt. Es ist der Frequenzgang des Reglers selbst (z. B. durch sein ausgeprägtes D-Verhalten), der hier die akustischen Probleme verursachen kann.

6.5 Robuste Performanz

Robuste Stabilität, deren Analyse in Abschn. 5.4 vorgestellt wurde, begnügt sich mit der Beschreibung des Variabilitätsbereichs der Regelstrecke, bei dem der Regelkreis garantiert stabil bleibt. Diese Anforderung kann erhöht werden, indem nicht nur die Einhaltung der Stabilität, sondern auch die eines spezifizierten Performanzniveaus unter variierender Regelstrecke gefordert wird. Diese Eigenschaft heißt *robuste Performanz*.

Wie wir gesehen haben, kann ein wesentlicher Teil der Performanz durch die Sensitivität charakterisiert werden. Daher ist es logisch, die Obergrenze des Sensitivitätsbetrags S_{max} zu betrachten. Wir sprechen von einer Obergrenze, da ein niedriger Wert der Sensitivität sowohl besseres Führungsverhalten als auch bessere Störgrößenunterdrückung bedeutet. Sie stellt jedoch eine Mindest- und nicht etwa eine Höchstanforderung an die Performanz dar. Diese Obergrenze wird für die nominelle Regelstrecke nicht überschritten, falls für jede Frequenz gilt:

$$\frac{|S_0|}{S_{\max}} = \left| \frac{\frac{1}{S_{\max}}}{1 + G_0 C} \right| < 1 \tag{6.14}$$

Fordern wir diese Performanz für alle Streckenvarianten, deren Perturbationsbetrag maximal P_{max} beträgt, muss

$$\left| \frac{\frac{1}{S_{\max}}}{1 + G_0(1 + P_{\max}\Delta)C} \right| = \frac{\frac{1}{S_{\max}}}{|1 + G_0 C + G_0 C P_{\max}\Delta|} < 1 \tag{6.15}$$

für alle komplexen Zahlen Δ, mit $|\Delta|<1$, gelten. Diese Ausdrucksweise ist in der Theorie der robusten Regelung üblich: Sie bedeutet, dass keine Perturbation der nominellen Regelstrecke G_0 im Betrag größer als P_{max} ist. Die Menge aller komplexen Zahlen $|\Delta|<1$ ist das Innere eines Kreises mit Radius 1 in der komplexen Ebene.

Gl. 6.15 ist äquivalent zur Forderung

$$\frac{\frac{1}{S_{\max}}}{|1 + G_0 C| - |G_0 C| P_{\max}} = \frac{\frac{1}{S_{\max}|1 + G_0 C|}}{1 - \frac{|G_0 C| P_{\max}}{|1 + G_0 C|}} = \frac{\frac{|S_0|}{S_{\max}}}{1 - |T_0| P_{\max}} < 1. \tag{6.16}$$

Diese Bedingung, umgeschrieben als

$$\frac{|S_0|}{S_{\max}} + |T_0| P_{\max} < 1, \tag{6.17}$$

können wir als diejenige der robusten Performanz festhalten. Sie besagt, wie die maximal auftretende Regelstrecken-Perturbation P_{max} mit der garantierten Mindestperformanz (formuliert als Sensitivitätsobergrenze) S_{max} zusammenhängt.

(In der Literatur wird meistens eine abweichende Symbolik mit „Gewichten" verwendet, die wir hier jedoch wegen der Anschaulichkeit modifizieren.)

So ergibt sich für einen bestimmten Regler und eine bestimmte nominelle Regelstrecke für alle Streckenvarianten mit maximaler Perturbation P_{max} die Mindestperformanz

$$S_{\max} = \frac{|S_0|}{1 - |T_0| P_{\max}}. \tag{6.18}$$

Der Sensitivitätsbetrag S_{max} wird für keine Regelstrecke unterhalb der maximalen Perturbation überschritten. Das Produkt $|T_0|P_{max}$ ist immer sinnvollerweise kleiner als 1, was der

Bedingung für robuste Stabilität aus Gl. 5.32 entspricht. Die Logik dieser Forderung besagt, dass es keinen Sinn hat, die robuste Performanz für eine Perturbationsbreite zu untersuchen, für die nicht einmal die robuste Stabilität garantiert ist.

Wie nicht anders zu erwarten, wird mit steigender maximaler Perturbation (d. h. mit steigenden Anforderungen an die Größe des Robustheitsbereichs) die garantierte Sensitivitätsgrenze steigen, d. h., die Performanz wird schwächer.

Im Folgenden legen wir das Feder-Dämpfer-Massen-System mit relativer Dämpfung von 0,5 als nominelle Regelstrecke und einen festen Regler C zugrunde. (Die Entstehung des Reglers ist hier irrelevant, er wird für die Untersuchung der robusten Performanz als gegeben angesehen.)

Streckenvarianten mit relativen Dämpfungen von 0,25, 0,30, 0,35 und 0,40 werden zur Illustration der robusten Performanz untersucht. Aus der Gegenüberstellung der diesen Varianten entsprechenden Perturbationen und des Kehrwerts der komplementären Sensitivität der nominellen Strecke (Abb. 6.9) ist ersichtlich, dass die Variante mit Dämpfung 0,25 nicht einmal die Bedingung für robuste Performanz erfüllt – ihre Perturbation übersteigt den Kehrwert der komplementären Sensitivität um die Frequenz 1 rad/s. Der Perturbationsbereich muss also verkleinert werden. Es wird die Variante mit Dämpfung 0,30 gewählt – ab hier ist die Bedingung für robuste Stabilität erfüllt. Der Verlauf der maximalen Perturbation ist in Abb. 6.10 gezeigt.

Nun kann die Mindestperformanz S_{max} nach Gl. 6.18 bestimmt werden. Diese und die tatsächlichen Performanzen der Varianten, charakterisiert durch ihre Sensitivitäten, sind in Abb. 6.11 dargestellt. Alle Sensitivitäten ab Dämpfung 0,3 zeigen tatsächlich mindestens die geforderte Performanz – ihre Sensitivitäten liegen unterhalb der garantierten Grenze S_{max}. Gut zu erkennen ist auch der etwas konservative Charakter der Obergrenze: Im Bereich um 1 rad/s (Resonanzbereich der Regelstrecken) wird deutlich weniger garantiert, als tatsächlich erreicht wird. Im kritischen Bereich um 2 rad/s ist hingegen die Garantie kaum konservativ. Kritisch ist dieser Bereich wegen der relativ geringen nominellen Robustheit des Regelkreises (vgl. Abb. 6.9).

Wird die Breite der garantierten Perturbationen verringert, steigt auch die garantierte Performanz. Bei einer Perturbationsbreite ab Dämpfung 0,35 (Abb. 6.12) erhalten wir garantierte Performanz wie in Abb. 6.13. Sie ist stellenweise im Vergleich zu Abb. 6.10 um bis zu 10 dB (Bereich um 1 rad/s) verbessert.

Der Zusammenhang zwischen der geforderten Robustheit und dem Verlust erreichbarer garantierter Performanz ist in Abb. 6.14 und 6.15 verdeutlicht.

Die am meisten robuste Variante erlaubt eine Perturbation von 0,67 („67 % der Nominalstrecke“) im kritischen Resonanzbereich der Regelstrecke. Der Performanzverlust ist sehr hoch (ca. 17 dB). Bei den weniger robusten Varianten ist das Verhältnis günstiger. Da der Dezibelwert der Perturbation nicht besonders anschaulich ist, sind die drei Fälle nochmals mit Hilfe von dimensionslosen Faktoren in Abb. 6.16 verdeutlicht. Bei der Variante mit größter Robustheit (Perturbation von bis zu ca. 67 %) ist ein

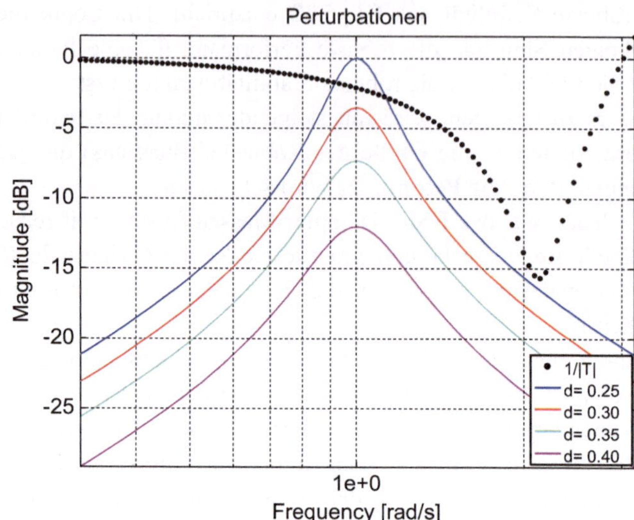

Abb. 6.9 Robuste Performanz: Prüfung der Bedingung für robuste Stabilität

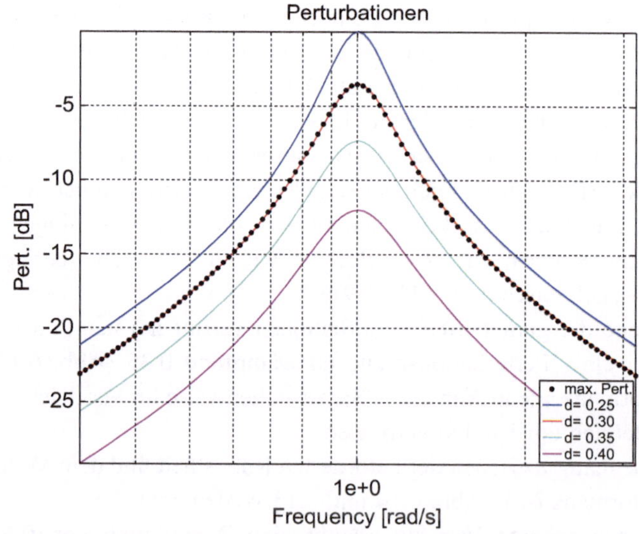

Abb. 6.10 Maximale Perturbation (ab d = 0,3)

Performanzverlust um den Faktor 6,7 zu erwarten. Die Störgrößenunterdrückung sowie der Fehler beim Führungsverhalten verschlechtern sich bei gewissen Frequenzen um diesen Faktor. Bei der geringsten Robustheit (Perturbation bis 24 %) liegt dieser Faktor bei nur 1,6.

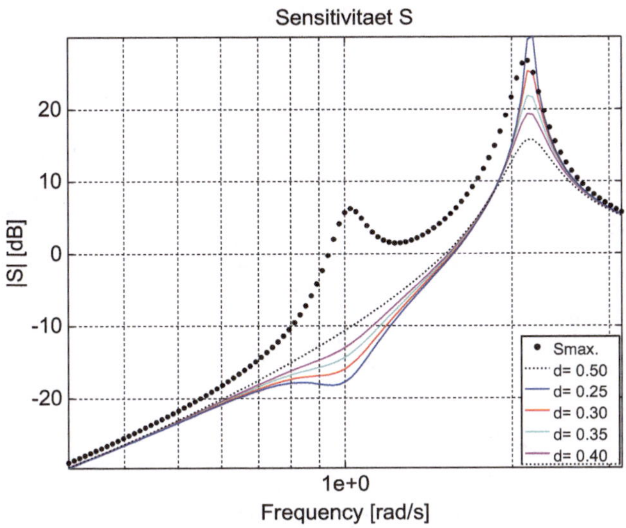

Abb. 6.11 Maximale Sensitivität und Sensitivitäten von Varianten (ab d = 0,25)

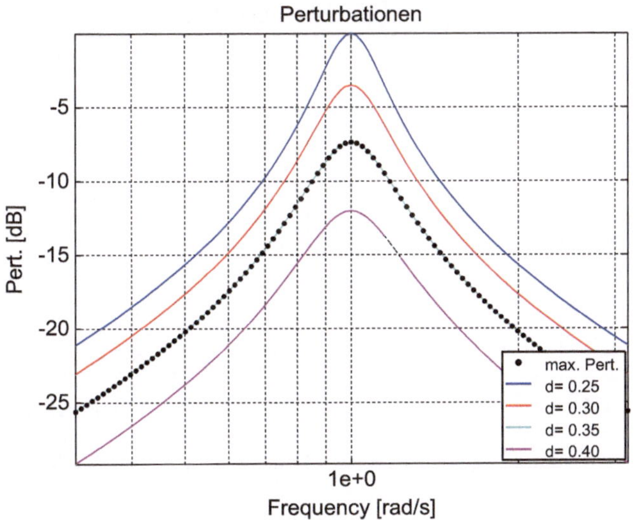

Abb. 6.12 Maximale Perturbation (ab d = 0,35)

6.5.1 Robuste Performanz von Mehrgrößenregelstrecken

Die Verallgemeinerung der Bedingungen für die robuste Performanz erfolgt analog zur robusten Stabilität (Abschn. 5.4.1). An die Stelle des Betrags in Gl. 6.17 und 6.18 tritt die Systemnorm $||.||_\infty$, die für jede einzelne Frequenz der quadratischen Matrixnorm $||.||_2$ der Übertragungsmatrizen $S_0(i\omega)$ und $T_0(i\omega)$ entspricht. Die resultierende Bedingung ist

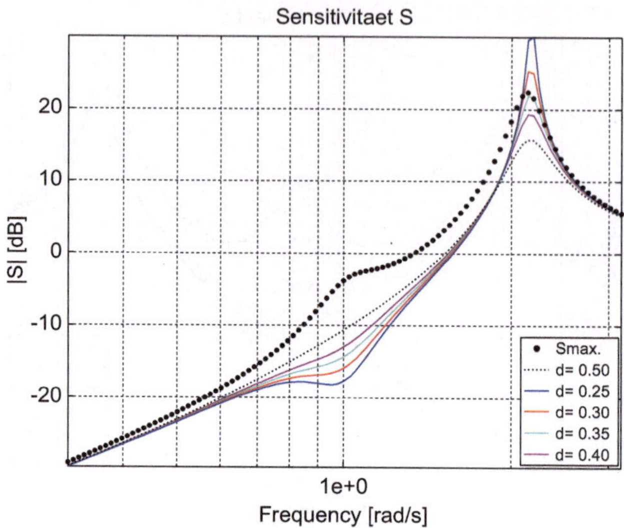

Abb. 6.13 Maximale Sensitivität und Sensitivitäten von Varianten (ab d = 0,25)

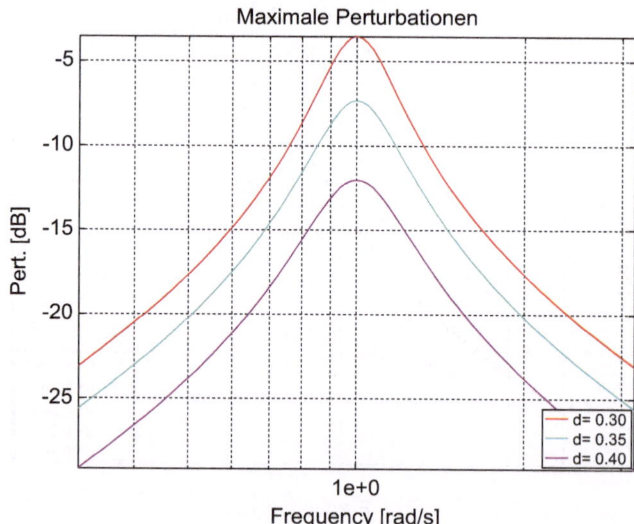

Abb. 6.14 Varianten maximaler Perturbationen (entsprechend verschiedenen minimalen Dämpfungen)

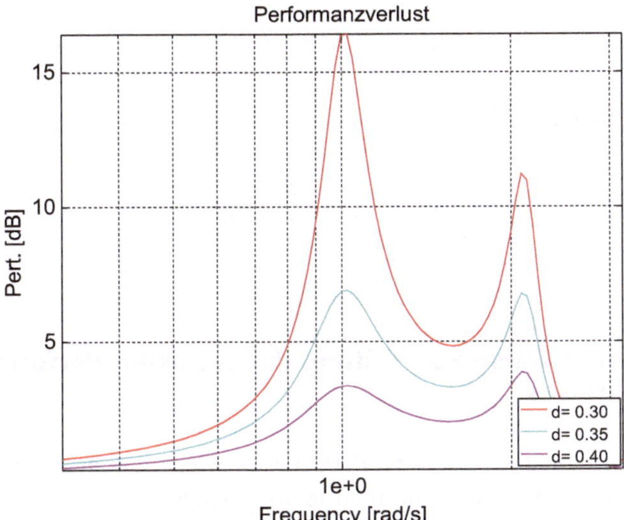

Abb. 6.15 Verlust erreichbarer garantierter Performanz für verschiedene Robustheitsanforderungen

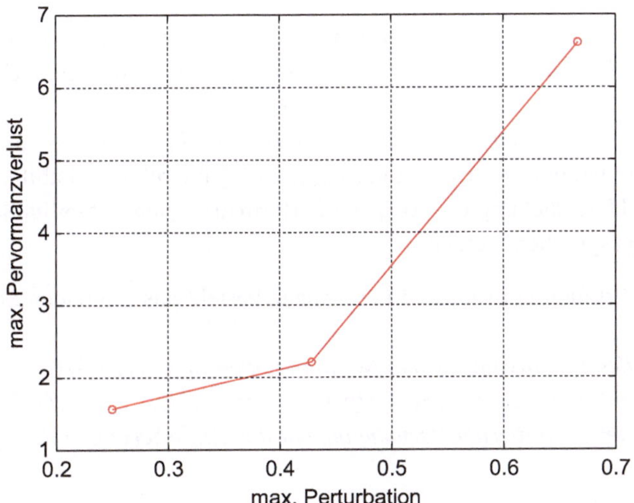

Abb. 6.16 Zusammenhang zwischen maximaler Robustheit und Performanzverlust (als dimensionslose Faktoren)

$$\frac{\|S_0\|_\infty}{S_{\max}} + \|T_0\|_\infty P_{\max} < 1 \tag{6.19}$$

und die Obergrenze der Sensitivität

$$S_{\max} = \frac{\|S_0\|_\infty}{1 - \|T_0\|_\infty P_{\max}}. \tag{6.20}$$

6.6 Vorgehensweise zur Prüfung der robusten Performanz eines Regelkreises

Die Schritte zur Prüfung der robusten Performanz (wieder bei **gegebenem** Regler) sind teilweise identisch mit denjenigen für robuste Stabilität. Sie sind in Abschn. 5.5 detailliert aufgeführt, deshalb folgt hier nur deren Kurzfassung:

1. *Auswahl der nominellen Regelstrecke und Bestimmung ihres Frequenzgangs G_0.*
2. *Bestimmung des Frequenzgangs des gegebenen Reglers C.*
3. *Bestimmung der Frequenzgänge von Streckenvariationen G_i, gegen die Robustheit gefordert wird.*
4. *Bestimmung von maximaler Perturbation P_{max}, gegen die Robustheit gefordert wird.*
5. *Berechnung der komplementären Sensitivität für das Nominalmodell $T_0 = G_0C/(1+G_0C)$.*
6. *Vergleich der maximalen erwarteten Perturbation P_{max} mit der Robustheitsgrenze $1/|T_0|$.* Die Einhaltung der Bedingung $P_{max} < 1/|T|$ für robuste Stabilität ist Voraussetzung für die Untersuchung der robusten Performanz – ohne Stabilität kann von keiner Performanz gesprochen werden.

Die eigentliche Prüfung der robusten Performanz besteht aus folgenden Schritten:

a. *Berechnung der Sensitivität für das Nominalmodell $S_0 = 1(1+G_0C)$.*
b. *Bestimmung der garantierten Mindestperformanz mit $S_{max} = |S_0|/(1-|T_0|P_{max})$.*
c. *Vergleich dieser garantierten Performanz mit den Anforderungen der Applikation.*

Literatur

1. Skogestad, S., Postlethwaite, I.: Multivariable Feedback Control. Wiley, New York (2005)
2. Zhou, K., Doyle, J., Glover, K.: Robust and Optimal Control. Prentice Hall, Englewood Cliffs (1995)

Robustheit und Performanz bei funktionaler Sicherheit

7

Zusammenfassung

Die funktionale Sicherheit, beschrieben durch die Norm ISO 26262 und die ASIL-Klassifikation, kann, sofern sie mit geregelten Komponenten im Zusammenhang steht, mit den Begriffen der Robustheit und Performanz in Verbindung gebracht werden. Betroffen sind die ASIL-Kriterien „Wahrscheinlichkeit des Auftretens eines Ausfallereignisses", und „Grad der Beherrschbarkeit durch den Fahrer". Ersteres hat einerseits mit der Wahrscheinlichkeit einer Regelstreckenvariation (z. B. durch Fertigungsschwankungen oder Betriebspunkte der Komponente) zu tun – ein Aspekt der Robustheit. Andererseits können hier Wahrscheinlichkeiten von extremen Störungen eine Rolle spielen, was der Performanz zuzuordnen ist. Die Beherrschbarkeit durch den Fahrer kann ebenfalls mit der Performanz bzw. ihrem jeweiligen Abfall zu tun haben. Beide Eigenschaften können durch den Begriff der robusten Performanz verbunden werden.

In Kap. 4 haben wir das Gebiet der funktionalen Sicherheit kurz umrissen. Als wichtiges Beispiel eines standardisierten Verfahrens wurde die Norm ISO 26262 genannt. Sie enthält das Klassifikationssystem ASIL, mit dem die funktionale Sicherheit im automobilen Bereich bewertet wird. Aus diesem System wurden Merkmale herausgegriffen, die in gewissen Fällen durch die Eigenschaften der Regelkreise beeinflussbar sind:

- die Wahrscheinlichkeit des Auftretens eines Ausfallereignisses und
- der Grad der Beherrschbarkeit durch den Fahrer.

Der Ausfall eines Regelkreises, der auf den Reglerentwurf zurückzuführen ist, liegt vor, wenn ein Situationskontext eintritt, für den der Regelkreis nicht mehr funktionsfähig ist. Die mangelnde Funktionsfähigkeit kann durch

T. Hrycej, *Robuste Regelung*,
https://doi.org/10.1007/978-3-662-54168-5_7

- eine Veränderung der Regelstrecke oder
- eine externe Störung

verursacht werden.

Die Veränderung der Regelstrecke kann z. B. durch den Verschleiß wesentlicher Teile, die Veränderung der Materialeigenschaften durch Temperatur oder die Fertigungsabweichungen der Komponenten erfolgen. Auch Veränderungen der Reifenhaftung auf bestimmten Untergründen wären ggf. formal der Regelstrecke zuzuordnen.

Die externe Störung kann z. B. in einem vom Ausmaß her nicht berücksichtigten Seitenwind, schlechter Straßenbeschaffenheit oder, aus der Sicht der linearen Modellierung, aus erhöhtem Anteil nicht linearer Phänomene wie Reibung bestehen (Abschn. 2.3.2 und Abschn. 3.2).

Der Grad der Beherrschbarkeit kann durch das Ausmaß des Abfalls der Reglerleistung beeinflusst und z. B. für folgende Fälle bewertet werden:

- Ausfallereignis bei voller Performanz des Reglers (z. B. extremer Seitenwindstoß, sehr tiefe Längsrille)
- Ausfallereignis bei komplettem Ausfall des Reglers (z. B. durch Instabilität des Regelkreises, verursacht durch eine Regelstreckenveränderung durch Umwelteinflüsse)
- Ausfallereignis bei einem wesentlichen Performanzabfall des Reglers (ebenfalls durch Regelstreckenveränderung, die Reglerperformanz reicht für die autonome Spurhaltung nicht aus)

In diesem Kapitel werden einige Überlegungen bezüglich der funktionalen Sicherheit aufgezeigt. Es handelt sich keinesfalls um Aussagen, die die Erfüllung der entsprechenden Normen garantieren. Das wäre in dieser Allgemeinheit auch gar nicht denkbar, denn jede sicherheitsrelevante Fragestellung muss in ihrem einzigartigen Sachkontext behandelt werden.

Obwohl der Grad der Beherrschbarkeit von Natur aus eine kontinuierliche Größe darstellt, ist er in der ASIL-Klassifikation in diskrete Klassen eingeteilt. Dementsprechend können dort, wo die Beherrschbarkeit einem Regelkreis zuzuordnen ist, kritische Stufen der Reglerperformanz definiert werden.

Sind die von der Regelung nicht beeinflussbaren Faktoren „Wahrscheinlichkeit des Kontext-Ereignisses (E)“ und „Grad der Gefährdung (S)“ gegeben, ergibt sich aus

- einer durch die Robustheit des Regelkreises determinierten Ausfallwahrscheinlichkeit und
- einem durch den Performanzabfall bestimmten Grad der Beherrschbarkeit

die Vereinbarkeit mit der Norm ISO 26262 für funktionale Sicherheit. Entspricht z. B. die Wahrscheinlichkeit des Kontext-Ereignisses E3 und der Grad der Gefährdung S4, wird bei einem Performanzabfall, der die Beherrschbarkeit auf die kritischste Klasse C3 absenkt, die

Anforderung nach funktionaler Sicherheit nach Klasse ASIL D gültig. Die Ausfallwahrscheinlichkeit, d. h. die Wahrscheinlichkeit, dass der Regler den genannten Performanzabfall erleidet, muss also unter 10^{-8} liegen, was der maximalen Ausfallanzahl 10 pro 10^9 Betriebsstunden entspricht. Bei einem ausfallbedingten Performanzabfall, der die Beherrschbarkeit lediglich auf die Klasse C2 absenkt, reicht die Anforderung nach ASIL C aus, d. h., die Regler-Ausfallwahrscheinlichkeit muss unter 10^{-7} liegen, was der maximalen Ausfallanzahl 100 pro 10^9 Betriebsstunden entspricht.

Mit den Bezeichnungen aus Gl. 4.1 und 4.2, den gegebenen Niveaus S_k, E_l und C_m sowie der maximalen Ausfallwahrscheinlichkeit P_{max} der Klasse ASIL X (mit $X = h(k+l+m)$) gilt für die Art des Ausfalls mit Kontrollverlust C_m die Begrenzung ihrer Wahrscheinlichkeit P auf

$$P(C_m) \leq P_{\max}(k + l + m). \tag{7.1}$$

Die Logik der Zusammenhänge ist in Abb. 7.1 dargestellt. Die Reglereigenschaft Performanz beeinflusst einerseits die Beherrschbarkeit, andererseits die Wahrscheinlichkeit eines durch seltene, externe Störungen verursachten Ausfallereignisses. Die Robustheit des Reglers impliziert – bei gegebener Verteilung der Streckenvariationen – die Wahrscheinlichkeit eines durch eine seltene, extreme Variation verursachten Ereignisses.

Zur Illustration kann als vereinfachtes Beispiel das Feder-Dämpfer-Massen-System aus Abschn. 6.5 herangezogen werden. Die strukturelle Darstellung in Abb. 6.1 zeigt eine externe Störung, die genauso wie die Stellkraft an der Masse wirkt. Im automobilen Kontext kann man sich hier beispielsweise eine Servolenkung vorstellen, die im Assistenzbetrieb nach Vorgabe des Lenkwinkels die Spur halten soll. Die Masse entspricht der Trägheit des Antriebs, die Steifigkeit den Achsrückstellkräften und die Dämpfung den linearisierten Reibungen. Als externe Störung kommen Kräfte infrage, die z. B. durch Fahrbahnunebenheiten wie Spurrillen auf die Achse und dann über die Spurstangen auf die Lenkung wirken.

Nehmen wir an, das System gewährleistet die volle Funktion mit nominellem Modell mit Dämpfung gleich 0,5. Bei einem solchen Regelkreis werden Störungen im (angenommenen kritischen) Frequenzbereich um 2 rad/s im ungefährlichen Umfang weitergeleitet. Betrachten wir nun verschiedene maximale Perturbationsgrenzen (Abb. 6.14) und entsprechende maximale Sensitivitäten (Abb. 6.15). Die Verstärkung der kritischen Störungen um 2 rad/s verschlechtert sich um verschiedene Beträge. Nehmen wir weiter an, die Verschlechterung um bis zu 5 dB führt zur Einstufung der Beherrschbarkeit in maximal C1. Oberhalb von 5 dB verschlechtert sich die Beherrschbarkeit jedoch auf C2 und oberhalb von 10 dB auf C3. Dann wäre die Performanz der Robustheitsklasse, die durch die unterste Kurve in Abb. 6.15 beschrieben ist, für C1 ausreichend. Bei der mittleren Performanzverlust-Kurve wäre jedoch die Einstufung C2 und bei der oberen C3 gültig. Bei Wahrscheinlichkeit des Kontext-Ereignisses E3 und Grad der Gefährdung S4 ergeben sich hier jeweils die Anforderungen ASIL B, C und D. Das bedeutet, dass die Überschreitung der entsprechenden Perturbationsgrenze, der untersten Kurve aus Abb. 6.14 (d. h. „Reglerausfall"), bei einer Wahrscheinlichkeit unter 10^{-7} (für B empfohlen), 10^{-7} (für C verpflichtend) bzw. 10^{-8} (für D verpflichtend) liegen muss.

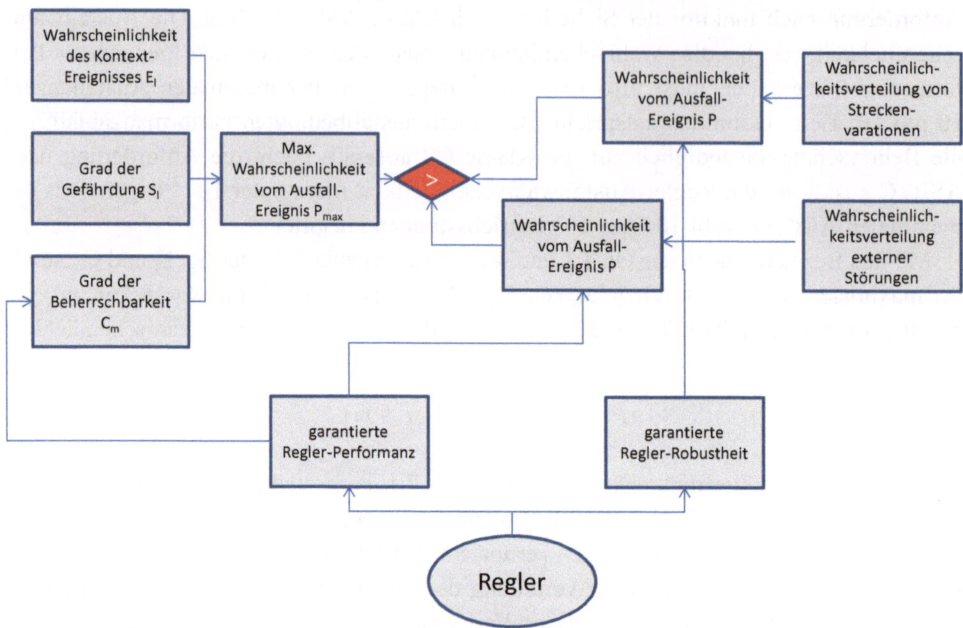

Abb. 7.1 Zusammenhänge zwischen ASIL-Kategorien und Reglereigenschaften

Hier kommen die Anforderungen an die Komponenten, die zu Streckenvariationen führen können, ins Spiel. Die geforderte Wahrscheinlichkeit muss aus Fertigungstoleranzen, Alterung und umgebungsabhängigen Betriebspunkten begründet werden. In unserem Beispiel war die Perturbationsgrenze lediglich aus den Dämpfungskoeffizienten hergeleitet. Unterschreitet die Dämpfung den Wert 0,40, kann ein Kontrollverlust der Klasse C2 auftreten. Dann müsste diese Dämpfung mit entsprechender Wahrscheinlichkeit eingehalten werden – die Wahrscheinlichkeit, dass der Dämpfungskoeffizient den Wert 0,40 unterschreitet, müsste unterhalb von 10^{-7} liegen. Das ist, unter der Annahme einer Gauß-Verteilung, in Abb. 7.2 zwar verzerrt, aber anschaulich dargestellt (ohne korrekte Skalierung der Y-Achse, da die gesuchte Wahrscheinlichkeit für die grafische Darstellung zu gering ist). Um die Sicherheitsanforderung zu erfüllen, müsste die Standardabweichung der Dämpfung maximal 0,019 betragen. Die wirkliche Form der entsprechenden Gauß-Verteilung ist wie in Abb. 7.3.

Des Weiteren wäre jedoch zu prüfen, ob Dämpfungswerte oberhalb von ca. 0,30 völlig ausgeschlossen sind. Da unserer Annahme nach oberhalb von ca. 0,32 der Kontrollverlust der Klasse C3 stattfindet, müsste die Wahrscheinlichkeit solcher Dämpfungswerte auf 10^{-8} begrenzt werden.

Diese Überlegungen zur statistischen Betrachtung der Parameterverteilung sind verwandt mit dem Gedankengang, der dem Six-Sigma-Prozess zugrunde liegt, jedoch mit anderen Wahrscheinlichkeitssollwerten.

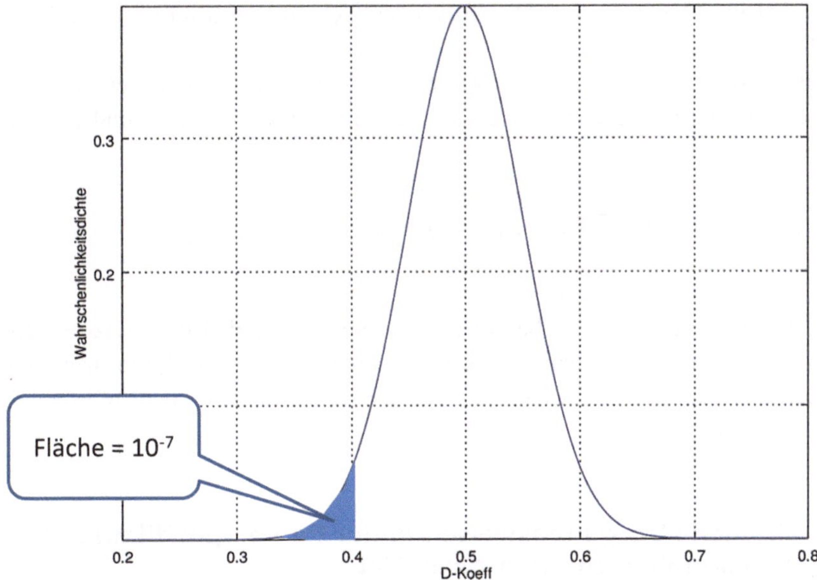

Abb. 7.2 Verteilung des Dämpfungskoeffizienten – anschauliche Umskalierung

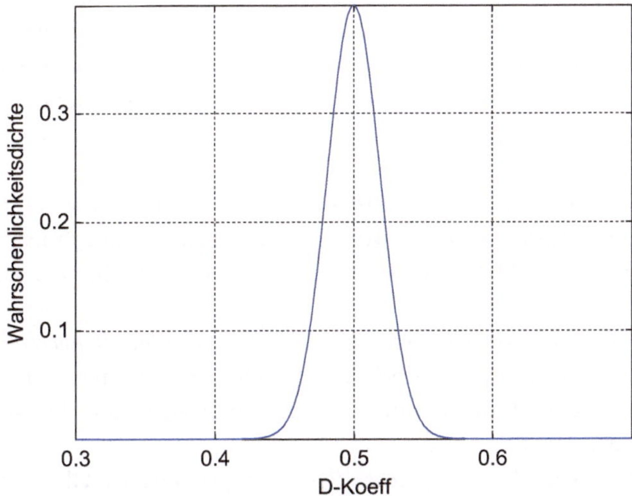

Abb. 7.3 Verteilung des Dämpfungskoeffizienten – korrekte Skalierung

Die Realität ist selbstverständlich nicht so einfach. Die Variabilität wird sich in kaum einer wirklichen Anwendung durch einen einzigen Parameter darstellen lassen. Bei mehreren solchen Parametern ist unter der Annahme ihrer Unabhängigkeit (d. h., dass ihre Werte nicht statistisch korreliert sind, z. B. Abweichungen der Dämpfung mit Abweichungen der Steifigkeit) und bei bekannter Verteilung eine Produktregel gültig. Diese

Unabhängigkeit ist bei weitem nicht selbstverständlich und muss auf Plausibilität überprüft werden!

Die Produktregel ist folgendermaßen zu verwenden: Bei Parametern q_k, $k = 1,\ldots$ müssen Unter- und Obergrenzen l_k und u_k für die Parameterwerte gefunden werden, bei denen gilt:

$$1 - \prod_j 1 - P\left(l_j \leq q_j \leq u_j\right) \leq P_{\max}(ASIL_X) \tag{7.2}$$

Diese Parameterunter- und -obergrenzen, im Streckenmodell eingesetzt, ergeben eine Perturbationsgrenze, für die der Regelkreis ausreichende robuste Performanz aufweisen muss. Die erforderliche Performanz ergibt sich wiederum aus den Anforderungen der Beherrschbarkeit.

7.1 Mögliche Vorgehensweise bei der Reglerspezifikation für funktionale Sicherheit nach ASIL

Im Gegensatz zu den rein regelungstechnischen Aufgaben wie Prüfung der robusten Stabilität und Performanz, Modellidentifikation und Reglerentwurf kann für die Formulierung der Reglerspezifikation für funktionale Sicherheit kein fester Ablauf vorgeschlagen werden. Dafür sind die einzelnen Anwendungen zu vielfältig und an spezielle technische Begebenheiten anzupassen. Der folgende Vorschlag kann höchstens als Inspiration dienen. Er orientiert sich an den Konzepten der funktionalen Sicherheit nach der ASIL-Klassifikation.

1. *Bestimmung der Wahrscheinlichkeitsklasse des Kontext-Ereignisses (E – Exposure) sowie des Schweregrades (S – Severity).* Diese beiden Kategorien sind durch die Reglerspezifikation nicht beeinflussbar, jedoch notwendig für die Bestimmung der ASIL-Klasse.
2. *Bestimmung der Reglerperfomanzstufen, die für einzelne Beherrschbarkeitsklassen (C – Controllability) notwendig sind.* Als schlechteste Performanzstufe gilt der Verlust der Stabilität. Die Performanzstufen können für ausgewählte kritische Frequenzen definiert werden.
3. *Zuordnung von ASIL-Klassen zu diesen Performanzstufen* nach Gl. 4.1 und 4.2. Hieraus ergeben sich die entsprechenden maximalen Ausfallwahrscheinlichkeiten.
4. *Prüfung, mit welchen Robustheitsanforderungen, d. h. maximalen Streckenperturbationen, diese Stufen zu garantieren sind* (im Sinne von Gl. 6.17 und 6.18).
5. *Prüfung, ob diese Höchstgrenzen von Streckenperturbationen bei gegebener Bandbreite der Fertigungsschwankungen, umgebungsbedingten Betriebspunkten usw. mit den für die zutreffenden ASIL-Klassen gültigen maximalen Ausfallwahrscheinlichkeiten zu erfüllen sind.*

8 Prüfung der Robustheit direkt aus empirischen Frequenzgängen

Zusammenfassung

Die bisher vorgestellten Charakteristiken der Robustheit und Performanz basieren auf Frequenzgängen. Neben der Möglichkeit einer analytischen Berechnung aus dem mathematischen Regelstreckenmodell kann ein Frequenzgang auch aus Messdaten der Eingangs- und Ausgangsvariablen der realen Regelstrecke direkt bestimmt werden. Die Methode dafür ist bekannt: die Fourier-Transformation für aperiodische, abklingende Signale sowie die Fourier-Reihe für periodische Signale. Für die Qualität des Ergebnisses ist die Wahl eines geeigneten Messexperiments, insbesondere des Anregungssignals, maßgeblich. Obwohl theoretisch alle Anregungssignale zum Ergebnis führen können, sind einige populäre Signale wie Impuls oder Sprungfunktion durch ihre ungünstigen spektralen Eigenschaften nicht immer empfehlenswert. Bessere Ergebnisse können von periodischen Signalen wie Sinusanregung oder Anregung durch eine binäre Pseudozufallssequenz (PRBS) erzielt werden. Dazu werden Vergleichsbeispiele vorgestellt. Eine besondere Problematik stellen driftende Signale bei Integralstrecken dar, die einer Trendbereinigung unterzogen werden müssen. Eine weitere Besonderheit sind Regelstrecken, deren Stellgröße grundsätzlich nichtnegativ ist (wie Signale mit Charakter einer physikalischen Leistung oder Energiezufuhr). Auch hier ist eine Behandlung der Messreihe notwendig.

In der Regelungstheorie wird fast immer mit Modellen von Regelstrecken gearbeitet. Es wird vorausgesetzt, dass die Regelstrecke in einer der in Abschn. 2.1 beschriebenen Formen dargestellt ist. Das hat einen guten Grund: Die meisten Theoreme der Systemtheorie können nur auf Basis dieser Modelle hergeleitet werden.

Die Theorie der robusten Regelung macht hier keine Ausnahme. Die Robustheit (und Performanz) wird mit Hilfe von theoretischen Frequenzgängen, die sich aus den Systemgleichungen ergeben, charakterisiert. Aus den Frequenzgängen verschiedener Betriebs-

T. Hrycej, *Robuste Regelung*,
https://doi.org/10.1007/978-3-662-54168-5_8

punkte oder verschiedener Systemvarianten (z. B. aus den Fertigungstoleranzen) wird die notwendige Robustheitscharakteristik gewonnen, die durch den gegebenen Regler erreicht werden muss. Genauso kann aus dem Reglerfrequenzgang die Bandbreite aller Systemvarianten bestimmt werden, für die der Regelkreis stabil bleibt, oder ermittelt werden, wie es um seine robuste Performanz bestellt ist.

Liegt die Theorie schon mal vor, ist der Ursprung der Frequenzgänge nicht mehr maßgeblich. Es reicht aus, anzunehmen, dass sie ein lineares System beschreiben. Eine Möglichkeit ist die Anlehnung an eine Systembeschreibung und das Einsetzen der Frequenz in eine Übertragungsfunktion im Bildbereich. In diesem Fall ist der Frequenzgang eine stetige komplexe Funktion der Frequenz.

Alternativ kann der Frequenzgang als gemessene Antwort des realen Systems auf Sinusanregungen gewonnen werden. Bei jeder einzelnen Frequenz ist er durch eine komplexe Zahl dargestellt, die die Verstärkung und die Phase der realen Strecke bei dieser Frequenz beschreibt. Die Gesamtheit dieser Zahlen bildet den Frequenzgang. Da die Messung nicht für alle realzahligen Frequenzen, sondern nur für deren diskrete Menge durchgeführt werden kann, liegt der Frequenzgang nicht als Funktion, sondern als Vektor der komplexen Übertragungszahlen zusammen mit dem Vektor der zugehörigen Frequenzen vor.

Für die Analyse der robusten Stabilität und der robusten Performanz haben Frequenzgänge von bestimmten besonderen Übertragungen, wie der Sensitivität und der komplementären Sensitivität, eine Schlüsselrolle gespielt. Wie in Kap. 5 und 6 mehrfach betont, können diese Charakteristiken direkt aus gemessenen, empirischen Frequenzgängen bestimmt werden.

Bei der Überlegung, ob theoretische oder empirische Frequenzgänge für die Analysen verwendet werden sollen, ist der Ursprung der Information, das „Original", wichtig. Gewinnt man ein Modell durch Anpassung an Messdaten – und eine andere Alternative ist selten vorhanden –, liegt es nahe, die Messdaten als das Original zu sehen. Die Modellfrequenzgänge beschreiten einen Umweg über

- die Anpassung eines Modells an die Messdaten und
- Bestimmung des theoretischen Frequenzgangs dieses Modells.

Damit erzeugt man eine unnötige Fehlerquelle durch die immer unvollständige Anpassung des Modells, was die Ergebnisse mehr oder weniger verfälscht.

Diese Aussagen gelten für die Prüfung der Performanz und Robustheit eines gegebenen Reglers. Erst beim Reglerentwurf kann, je nach gewählter Methode, die Kenntnis eines Modells erforderlich sein – auch hier gibt es jedoch Ausnahmen.

8.1 Frequenzgang aus Fourier-Transformation der Messdaten

Theoretisch kann jedes Input- und Output-Signal aufgezeichnet und daraus das System identifiziert werden. Dabei muss man sich der Integraltransformationen, konkret der Laplace- und Fourier-Transformation, bedienen. Die zu deren Verständnis notwendigen Grundbeziehungen werden nun kurz vorgestellt. Wichtig ist dabei die Unterscheidung zwischen aperiodischen und periodischen Signalen. Die eigentlichen Berechnungen können dann mit Hilfe von eingebauten Funktionen in regelungstechnischer Software mühelos durchgeführt werden.

Durch die Laplace-Transformation, die für den Output y als

$$Y(s) = Y(a+ib) = \int_0^\infty e^{-st} y(t)dt = \int_0^\infty e^{-at}(\cos(b) + i\sin(b))y(t)dt \tag{8.1}$$

und für den Input u analog definiert ist, werden beide Signale *u(t)* und *y(t)* in den komplexen Bildbereich als *U(s)* und *Y(s)* überführt. Die Systembeschreibung im Bildbereich ist dann nichts anderes als der Quotient

$$G(s) = \frac{Y(s)}{U(s)}. \tag{8.2}$$

Den Frequenzgang des Systems erhält man, wie immer, durch das Einsetzen von $i\omega$ für s:

$$G(i\omega) = \frac{Y(i\omega)}{U(i\omega)} \tag{8.3}$$

Hier handelt es sich um die Fourier-Transformation, die mit der Laplace-Transformation eng verwandt ist, jedoch lediglich das rein imaginäre Argument verwendet und in der Regel beidseitig, d. h. ab $-\infty$, integriert:

$$Y(ib) = \int_{-\infty}^{\infty} e^{-ibt} y(t)dt = \int_{-\infty}^{\infty} (\cos(b) + i\sin(b))y(t)dt \tag{8.4}$$

Diese Form der Fourier-Transformation ist für endliche (d. h. abklingende) Signale gedacht, da sonst das Integral unendlich werden kann. Für periodische Signale ist ein verwandtes Konzept, dasjenige der Fourier-Reihe (welches verwirrenderweise ebenfalls oft Fourier-Transformation genannt wird), entwickelt worden:

$$Y(i\omega) = \frac{1}{T}\int_0^T e^{-i\omega t} y(t)dt = \int_0^T (\cos(\omega) + i\sin(\omega))y(t)dt \tag{8.5}$$

Hier wird über eine Periode der Grundfrequenz $f = 1/T$ integriert. Jedes periodische Signal mit dieser Periodenlänge kann als eine Summe der Terme aus Gl. 8.5 für Frequenzen

$$\omega_k = \frac{f_k}{2\pi} = \frac{k}{2\pi T}, \tag{8.6}$$

d. h. für ganzzahlige Vielfache der Grundfrequenz, vollständig zerlegt werden. Hier gibt es einen Unterschied zwischen periodischem und aperiodischem Signal. Ersteres kann als Summe von periodischen Signalen mit diskreten Frequenzen, letzteres nur als kontinuierliche Funktion der Frequenz ausgedrückt werden. Wird ein Frequenzgang (der bei jedem System kontinuierlich ist) berechnet, kann er natürlich (als empirischer Frequenzgang) nur mit Hilfe einer endlichen Anzahl von Frequenzstützstellen dargestellt werden.

In beiden Fällen bestimmt die Fourier-Transformation für eine gegebene Frequenz ihren Frequenzgehalt, charakterisiert durch Amplitude und Phase. Ihre diskrete Variante für periodische Signale (DFT, Discrete Fourier Transform) ermittelt das aus einem endlichen Abschnitt von N äquidistant aufgenommenen Messwerten

$$x_j = x(j\Delta t), j = 0, \ldots, N-1. \tag{8.7}$$

Die Zeit ist beim ersten aufgenommenen Messwert auf 0 gesetzt.

Der Anteil der Frequenz ω ist

$$a(\omega) = \frac{2}{N}\sum_{j=0}^{N-1} e^{-i\omega j\Delta t} x_j. \tag{8.8}$$

Der exponentielle Term entspricht einer periodischen Funktion

$$e^{-i\omega j\Delta t} = \cos(-\omega j\Delta t) + i\sin(-\omega j\Delta t). \tag{8.9}$$

Die kontinuierliche Fourier-Transformation ist ein Integral über die Zeit von $-\infty$ bis ∞. Die diskrete Variante arbeitet mit einem Zeitfenster, in welchem der Term Gl. 8.9 eine ganze Zahl von Perioden durchläuft. Die ganzzahlige Periodenanzahl ist wichtig, sonst drohen schwer einzuschätzende Verfälschungen der Ergebnisse.

Die Periodenlänge ist so zu bestimmen, dass im N-ten Messwert (der dem Abschnitt unmittelbar folgt) wieder der 0-te Wert wiederholt worden wäre. Die Periodenlänge ist also $N\Delta t$. Es können daher nur Frequenzen mit Periode

$$\frac{N\Delta t}{k}, k = 1, 2, \ldots \tag{8.10}$$

d. h. Frequenzen in Hz

$$f_k = \frac{k}{N\Delta t}, k = 1, 2, \ldots \tag{8.11}$$

bzw. in rad/s

$$\omega_k = \frac{k}{2\pi N\Delta t}, k = 1, 2, \ldots \tag{8.12}$$

auf ihren Gehalt im Signal hin geprüft werden. Für keine anderen Frequenzen kann die Formel Gl. 8.8 exakt verwendet werden. Die Länge des Abschnitts bestimmt also vollständig die Frequenzanteile, für die die Auswertung durchgeführt wird.

Die diskrete Fourier-Transformation führt eine vollständige Zerlegung des Signals in seine Frequenzkomponenten durch. Für k gleich der Hälfte der Anzahl der Messwerte N ist diese Zerlegung reversibel, d. h., aus den Fourier-Koeffizienten a kann das Messsignal wieder rekonstruiert werden. Bei numerischen Implementierungen der FFT (Fast Fourier Transform) erhält man genau die Zerlegung in passende Frequenzen. Im Prinzip ist es also gleichgültig, wie die Länge der Messreihe gewählt wird – die Grundfrequenz ist diejenige, deren Periode genau dieser Länge entspricht.

Bei einem periodischen Signal fester Frequenz f erreicht man zwar theoretisch ebenfalls eine vollständige Zerlegung – sie wird als „Interpolation" der sich aus der Messreihenlänge ergebenden Frequenzen ausgedrückt. Unter diesen Frequenzen kommt f jedoch eventuell nicht vor. Falls wir gehofft haben, die Übertragung genau für die Frequenz f berechnen zu können, wird unser Ziel nicht erreicht. Daher soll die Messreihenlänge so gewählt werden, dass sie die Bedingung in Gl. 8.11 genau erfüllt. Sie soll also so lang sein, dass $N\Delta t$ einer ganzen Anzahl der Perioden der vorgegebenen Frequenz f entspricht.

Für aperiodische Signale existiert die diskrete Variante DTFT (Discrete Time Fourier Transform). Wie die DFT berechnet sie für jede gegebene Frequenz aus einem zeitdiskreten Signal den Frequenzgehalt dieser Frequenz. Die Transformation ist in Frequenzen stetig, sie existiert also für beliebige Frequenzen. Da die Berechnung nicht für die kontinuierliche Menge der Frequenzen durchgeführt werden kann, muss eine Frequenzauswahl (z. B. in der Form eines Frequenzvektors) getroffen werden.

Wie ihre zeitkontinuierliche Variante muss sie eigentlich bis in die unendliche Zeit summiert werden.

$$a(\omega) = \sum_{j=0}^{\infty} e^{-i\omega j\Delta t} x_j. \tag{8.13}$$

Das ist natürlich nicht möglich und für endliche Signale auch nicht notwendig – sowohl das Anregungssignal als auch die Systemantwort klingen einmal mit beliebiger Genauigkeit ab. Für nicht abklingende Signale kann man dieses Verfahren nicht direkt verwenden.

Sowohl DFT als auch DTFT können durch den FFT-(Fast-Fourier-Transform-)Algorithmus vorteilhaft berechnet werden. Bei nichtperiodischen, abklingenden Signalen wird die Frequenzauswahl aus dem Frequenzkontinuum durch die Länge der Messung bestimmt. Bei periodischen Signalen muss die Länge der Messung, wie oben ausgeführt, entsprechend der Signalperiode gewählt werden.

8.2 Anregungssignale für Frequenzgangaufnahme

Theoretisch kann man beliebige Anregungssignale verwenden. Dabei sind die in Abschn. 8.1 genannten Randbedingungen zu beachten. In der Praxis sollte man von dieser Beliebigkeit Abstand nehmen. Das Ziel ist es, einen möglichst nachprüfbar zutreffenden Frequenzgang zu erhalten. Beides, „nachprüfbar" und „zutreffend", sind Attribute, die verschiedene Anregungssignale im verschiedenen Maße erfüllen. Zu beachten sind vor allem zwei Gesichtspunkte:

- *Das Signal sollte die Regelstrecke im benötigten Frequenzband anregen.* Ist die Anregung gering, kann die Antwort der Regelstrecke aus verschiedenen Gründen verzerrt sein. Einer diese Gründe ist die Messungenauigkeit. Die relative Ungenauigkeit wächst in der Regel mit abnehmender Amplitude. Eine fast omnipräsente Verzerrung dieser Art ist der Quantisierungsfehler. Digitalisierte Sensorwerte nehmen nur gewisse, binär darstellbare Werte an, die der Festkomma-Arithmetik folgen. Davon sind kleine Werte deutlich stärker betroffen als große. Ein anderer Nachteil niedriger Amplituden sind nicht lineare Effekte. Bei mechatronischen Systemen wird man zwangsläufig auf Reibung stoßen. Die Reibung (in der typischen Form der Gleitreibung) ist eine konstante Kraft, die beim Wechsel der Drehrichtung ihr Vorzeichen ändert. Sie kann linear nicht modelliert werden. Bei geringen Kraftamplituden, die unterhalb dieser Konstante liegen, kommt keine Bewegung zustande. Auch oberhalb dieser Konstante sind kleine Amplituden wesentlich verzerrt. Erst wenn die Kraftamplitude ein Vielfaches der Reibkraft erreicht, kann eine akzeptable Linearisierung erzielt werden. Beim Streben nach einer ausreichenden Anregung kommt uns die Begrenzung der Stellgröße in die Quere. Verschiedene Signale unterscheiden sich deutlich in der Fähigkeit, trotz dieser Begrenzung eine breitbandige Anregung zu verwirklichen.
- *Das Ergebnis sollte auf seine Glaubwürdigkeit hin überprüfbar sein.* Diese Wunscheigenschaft ist nicht besonders einfach zu quantifizieren. Bereits bei einem Feder-

Dämpfer-Massen-System ist ohne Kenntnis seiner Parameter (die wir ja erst durch die Messung erfassen wollen) die Reaktion auf die meisten Anregungssignale kaum auf Glaubwürdigkeit zu überprüfen. Zu dem wenigen Handfesten gehört die Tatsache, dass ein lineares System auf eine Sinusanregung mit Sinus antwortet. Diese Anregungsart hebt sich also von allen anderen ab und ist zumindest zur Überprüfung der Ergebnisse empfehlenswert.

Im Folgenden werden wir einige populäre Anregungssignale auf diese Eigenschaften hin prüfen.

8.2.1 Anregung durch einen Impuls

Die Impulsantwort spielt in der Theorie eine herausragende Rolle. Sie ist wohl die einfachste denkbare Anregung und charakterisiert trotzdem ein lineares System eindeutig. Durch die Laplace-Transformation der Impulsantwort erhalten wir direkt die Übertragungsfunktion und durch die Fourier-Transformation den Frequenzgang. Das Spektrum des Impulses ist gleichmäßig über alle Frequenzen, was ihn als geeignete Anregung erscheinen lässt. Die zeitkontinuierliche Definition vom Impuls ist ein unendlich kurzes und unendlich starkes Signal mit Integral gleich 1. Die zeitdiskrete Analogie ist ein Rechtecksignal der Länge eines Abtastschritts. Um bei der Vorstellung des Einheitsintegrals zu bleiben, wäre die Höhe dieses Rechtecks gleich $1/\Delta t$. Diese Höhe ist durch die Begrenzung der Stellgröße oft kaum einzuhalten. Da lineare Systeme theoretisch beliebig skalierbar sind, kann auch jede andere Impulsstärke verwendet werden.

Bei einem Impuls der Höhe u_0 und Länge der Messreihe N ist die Amplitude aller spektralen Komponenten gleich

$$u(2\pi f_1) = \frac{2u_0}{N}. \tag{8.14}$$

Falls wir also einen Frequenzgang ab Frequenz f_1 erfassen wollen, benötigen wir

$$N = \frac{1}{f_1 \Delta t} \tag{8.15}$$

Messwerte und erhalten daher die Anregungsamplitude

$$u(2\pi f_1) = 2u_0 f_1 \Delta t. \tag{8.16}$$

Bei unserem beispielhaften Feder-Dämpfer-Massen-System läge diese Grundfrequenz bei ca. 0,01 Hz (0,063 rad/s). Andererseits erscheinen auch Frequenzen um 10 Hz (63 rad/s) noch wichtig. Allein aufgrund des Abtasttheorems müsste man das Abtastintervall auf mindestens 0,05 s legen. In Wirklichkeit würde man eher 0,01 s wählen. Dann kommt die Anregungsamplitude bei Impulsstärke u_0 auf 0,0005 u_0. Damit ist auch das Hauptproblem der Impulsanregung genannt: Die Impulsstärke ist genauso begrenzt wie die Stellgröße selbst – mehr gibt das reale System mit seinem Aktuator nicht her. Und mit solchen realisierbaren Impulsstärken sind die Anregungsamplituden in den allermeisten Fällen für die Frequenzgangerfassung zu gering.

8.2.2 Anregung durch eine Sprungfunktion

Die Sprungfunktion ist eine beliebte Anregungsart, da einige einfache Performanzspezifikationen direkt für diese Anregung definiert sind, wie z. B.:

- Die Zeit zum Erreichen eines gewissen Anteils (z. B. 90 %) der Sprunghöhe
- Das maximale Überschwingen über den Sprungzielwert
- Die Konvergenz zu einem definierten Korridor um den Sprungzielwert

Die Aufnahme eines empirischen Frequenzgangs ist mit einer Sprungfunktion möglich, jedoch mit einigen gravierenden Nachteilen verbunden.

Die Sprungfunktion hat ein mit dem Logarithmus der Frequenz linear sinkendes Anregungsspektrum (wie z. B. in Abb. 8.1 gezeigt).

Da ein typischer Frequenzgang einer Regelstrecke ebenfalls in der Amplitude abfällt, führt diese Anregung zu sehr niedrigen Amplituden der Ausgangsgröße bei höheren Frequenzen, und zwar

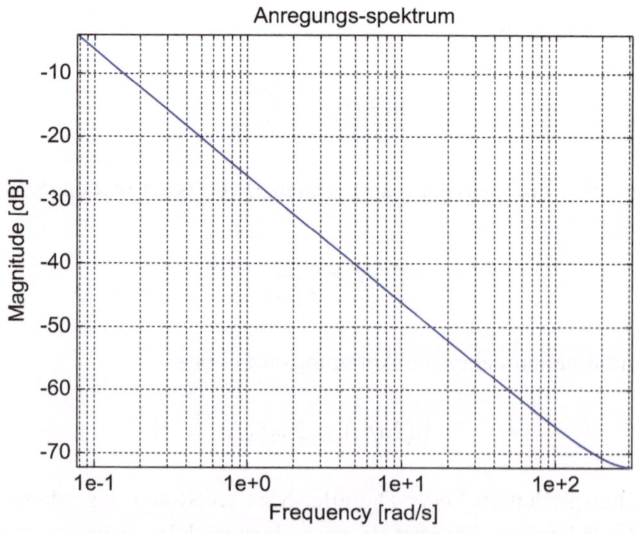

Abb. 8.1 Anregungsspektrum einer Sprungfunktion (Amplitude)

- einmal durch die sinkende Input-Anregung
- und anschließend durch die sinkende Übertragung der Strecke.

Diese Eigenschaft führt zu großen Fehlern bei der Schätzung des empirischen Frequenzgangs bei diesen Frequenzen.

Die Sprungfunktion ist nicht unendlich integrierbar. Das endliche Messfenster muss so gewählt werden, dass die Anregung durch den Sprung vor dem Ende des Fensters abgeklungen ist.

Bei der Wahl des Fensters muss man auf die Position des Sprungs achten. In demjenigen Teil des Fensters, der den positiven Sprungverlauf enthält, werden Frequenzen ausgelöscht, deren Periode einem Mehrfachen der Länge dieses Fensters entsprechen. Auch aus anderen Gründen kann die Berechnung inkorrekte Ergebnisse liefern. Eine funktionierende Konfiguration ist die Positionierung des Sprungs in die Mitte des Fensters, mit einem Sprung von einem positiven Startwert auf null.

Die Länge des Fensters entspricht der Periode der Grundfrequenz. Die Frequenzen mit geradem Faktor der Grundfrequenz werden ausgelöscht und müssen aus der Betrachtung ausgeschlossen werden. Der Grund für die Auslöschung ist in Abb. 8.2 dargestellt. Im rechten Teil des Verlaufs ist das Input-Signal gleich null, und daher auch sein Produkt mit dem Sinus-/Cosinusterm. Im linken Teil wird über eine ganze Periode von Sinus und Cosinus integriert, was immer null ergibt. Die spektrale Komponente für diese Frequenz ist also null.

Aus diesen Gründen muss man von der Verwendung der Sprungfunktion für die Frequenzgangerfassung abraten. Periodische Anregungen sind deutlich vorteilhafter.

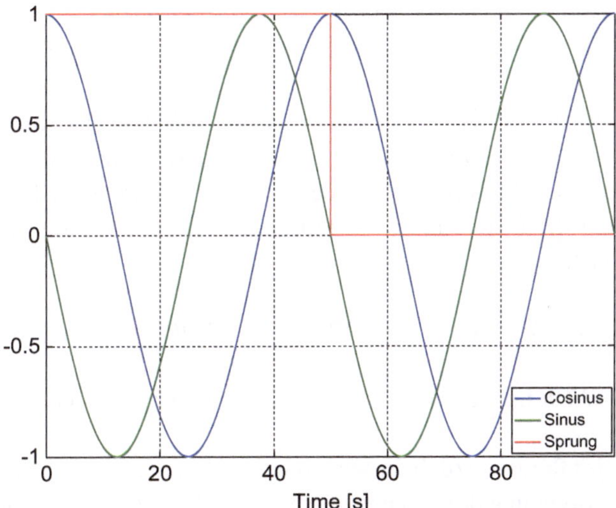

Abb. 8.2 Frequenzen mit geradem Faktor der Grundfrequenz werden nicht angeregt

8.2.3 Anregung durch Pseudo Random Binary Sequence (PRBS)

Die in Abschn. 8.2.1 und 8.2.2 diskutierten Anregungssignale Impuls und Sprungfunktion haben offensichtliche Mängel. Die Impulsanregung ist von Natur aus „energiearm" – sie besteht nur aus kurzer Anregung und anschließendem Abklingen. Die Konsequenz ist die geringe Amplitude bei einzelnen Frequenzen. Die Sprungfunktion leidet an einem Abfall der Amplitude mit der Frequenz, d. h., die Amplitude ist gerade dort klein, wo man sie in der Regel groß braucht. Daher wurde eine Anregung gesucht, die über den Messzeitraum persistent ist, d. h. die Anregungsenergie immer zuführt und gleichzeitig ein ausgeglichenes Frequenzspektrum aufweist. Darüber hinaus ist es wünschenswert, wenn die Begrenzung der Stellgröße nach Möglichkeit voll ausgeschöpft ist. Eine gute Antwort auf diese Anforderungen ist die Pseudo Random Binary Sequence (PRBS). Sie wird in der Systemidentifikation vielfach eingesetzt und kann für die Bestimmung des empirischen Frequenzgangs vorteilhaft verwendet werden.

Es handelt sich um eine Sequenz von binären Zahlen (0 und 1), die durch Verdoppelung und Abzug von 1 in eine Sequenz von -1 und 1 überführt werden kann. Je nach Stellgrößenbegrenzung kann sie mit einem geeigneten Faktor (entsprechend einem geeigneten, hohen Prozentsatz der Begrenzung) umskaliert werden.

Die Erzeugung dieser Sequenz beruht auf dem Konzept eines linearen Schieberegisters: einem Vektor, dessen Werte in jedem Zeittakt um eine Stelle verschoben werden. Die erste frei gewordene Stelle wird durch einen Input-Wert ersetzt, der sich als logischer Ausdruck von vorgegebenen Registerstellen ergibt. Dieser logische Ausdruck ist typischerweise eine exklusive Disjunktion (XOR) oder die Negation davon (NXOR). Die Rechenvorschrift ist also bei einer Länge P des Schieberegisters:

$$\begin{aligned} x(t+1,k) &= x(t,k-1), k = 2,..,P \\ x(t+1,1) &= F\left[x(t,h_1),\ldots,x(t,h_Q)\right] \end{aligned} \tag{8.17}$$

Die Funktion F ist ein logischer Operator auf einen Vektor der Registerelemente mit Indizes $h_1,\ldots,h_Q$. Diese Indexliste ist das Schlüsselelement der Berechnung. Ein solcher Satz von Indexlisten zur Verwendung mit der Funktion NXOR ist in Tab. 8.1 angeführt.

Die Auswertung der Liste erfolgt von links nach rechts. So wird für P = 8 die Liste {8,6,5,4} verwendet:

$$x(k+1,1) = NXOR(x(k,4), NXOR(x(k,5), NXOR(x(k,6), x(k,8)))) \tag{8.18}$$

Die Funktion *NXOR* hat den Wert 1, falls beide Argumente verschieden sind, sonst den Wert 0.

Am Ausgang des Registers (d. h. in seinem letzten Element) entstehen Werte, die durch die wiederholte Anwendung des Schiebevorgangs eine binäre Zahlensequenz ergeben. Der Ausgang bildet eine periodische Sequenz der Länge

Tab. 8.1 Indexlisten für Schieberegisterlängen 2 bis 19

Schieberegisterlänge (P)	Indexliste
2	2,1
3	3,2
4	4,3
5	5,3
6	6,5
7	7,6
8	8,6,5,4
9	9,5
10	10,7
11	11,9
12	12,11,10,4
13	13,12,11,8
14	14,13,12,2
15	15,14
16	16,15,13,4
17	17,14
18	18,11
19	19,18,17,14

$$N = 2^P - 1, \tag{8.19}$$

die sich bei weiterer Anwendung des Schiebevorgangs wiederholt.

Es entsteht also ein periodisches Signal mit Periode N. Das Spektrum dieses Signals ist gleichmäßig für Frequenzen der Form

$$f_k = \frac{k}{N\Delta t}, k = 1, \ldots, 2^{P-1} - 1. \tag{8.20}$$

Die höchste Frequenz

$$f_{2^{P-1}-1} = \frac{2^{P-1} - 1}{2^P - 1} \frac{1}{\Delta t} = \frac{2^{P-1} - 1}{2^{P-1} - \frac{1}{2}} \frac{1}{2\Delta t} \tag{8.21}$$

entspricht der Nyquist-Frequenz (der höchsten Frequenz, die mit dem Abtastschritt Δt eindeutig darstellbar ist) multipliziert mit einem Faktor, der bereits bei kleinem P sehr nah unter 1 liegt. Mit anderen Worten, das Frequenzspektrum von PRBS geht sehr nahe an die Nyquist-Frequenz heran.

Die Amplitude aller dieser Signale (bei symmetrischer Anregung mit -1 und 1) ist

$$a_P = \frac{2^{\frac{P}{2}+1}}{2^P - 1} \approx \frac{2^{\frac{P}{2}+1}}{2^P} = 2^{1-\frac{P}{2}}. \tag{8.22}$$

Es werden also auch bei üblichen Schieberegisterlängen von 10 Stellen akzeptable Anregungsamplituden für alle Frequenzen erreicht.

8.2.4 Anregung durch eine Sinussequenz

Das PRBS-Signal weist einige erhebliche Vorteile auf. Das einzige Problem bei seiner Verwendung ist seine völlige Undurchschaubarkeit. Das Input-Signal ist (im symmetrischen Fall) eine Abfolge von positiven und negativen Zahlen, denen man ihre Periodizität nicht ansieht. Der gemessene Streckenausgang sieht im günstigsten Fall wie eine Sinusmixtur aus, bestehend aus dominanten Übertragungsfrequenzen der Strecke. Im seltenen Fall, in dem alles, angefangen vom Messaufbau über die Messung selbst bis zur Berechnung eines glaubwürdigen Frequenzgangs, glattgeht, kann man auf Anhieb zufrieden sein. Leider überwiegen Arbeitsgänge, die weniger glatt verlaufen: Die Messung ist abgeschnitten, falsch abgetastet, über- oder untersteuert und der Frequenzgang sieht nach keinem linearen System aus dieser Welt aus. Bei den ersten Versuchen an einer neuen Regelstrecke ist die transparenteste Alternative eine Sinusanregung. Was damit **nicht** gemeint ist, ist der bekannte „Sinus-Sweep". Hierbei handelt es sich um ein populäres, jedoch völlig unperiodisches Signal. Es besteht in der Regel aus einer sich kontinuierlich beschleunigenden Frequenz, in der keine einzige Periode keiner einzigen Frequenz komplett und präzise wiedergegeben ist. Dieses Signal kann für die Modellidentifikation im Zeitbereich problemlos verwendet werden, eignet sich jedoch nicht für die direkte Bestimmung des Frequenzgangs.

Dafür ist eine andere Variante der Sinusfolge zu verwenden. Diese Variante besteht aus einer Abfolge der Sinusabschnitte mit jeweils einer Frequenz und einer ganzen Anzahl der Perioden. Die Wahl der Frequenzen ist im Wesentlichen frei, sie sollen lediglich den Frequenzgang mit ausreichender Dichte beschreiben. Um die anschließende Berechnung der diskreten Fourier-Transformation zu optimieren, sollten Frequenzen gewählt werden, die aus einer ganzen Anzahl der Abtastschritte bestehen. Deren Abstand kann beispielsweise aus einer festen prozentualen Anhebung der kleinsten Periode und dem Runden auf ganze Abtastschritte (z. B. 20, 25, 32, 40, 50, …) bestehen. Aus jedem monofrequenten Sinusabschnitt wird eine oder mehrere Perioden für die DFT verwendet:

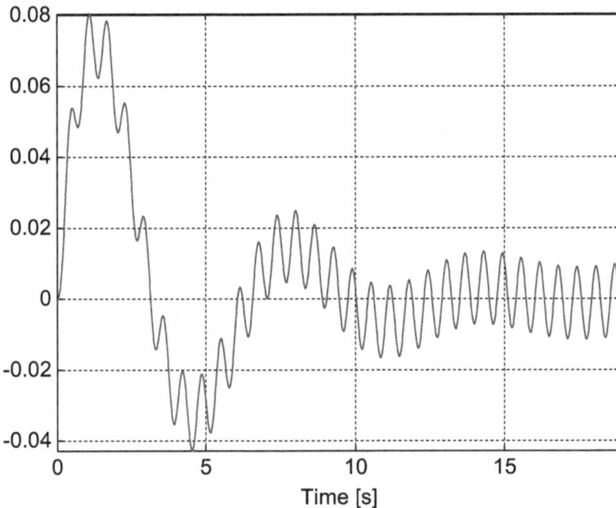

Abb. 8.3 Transientes Verhalten einer Sinusantwort

$$\begin{aligned} X(\omega) &= \frac{2}{N}\sum_{k=0}^{N-1} x(k\Delta t)e^{-i\omega k\Delta t} \\ &= \frac{2}{N}\sum_{k=0}^{N-1} x(k\Delta t)\left(\cos(\omega k\Delta t) - i\sin(\omega k\Delta t)\right) \\ N &= \frac{2\pi}{\omega\Delta t} \end{aligned} \tag{8.23}$$

Die oben erwähnte Wahlfreiheit des Frequenzsatzes steht im Kontrast zum PRBS-Signal. Das PRBS-Signal ist periodisch und wird in feste Frequenzkomponenten (Mehrfache der Grundfrequenz, die einer PRBS-Periode entspricht) vollständig zerlegt. Andere als diese Frequenzen zu analysieren ist also nicht mathematisch korrekt. Bei der Sinusfolge wird jede Sequenz frei gewählt und dann die Antwort des Systems auf Verstärkung und Phasenverschiebung für jede dieser Einzelfrequenzen untersucht. Da das System für alle erdenklichen Frequenzen eine Antwort aufweist, ist diese Wahlfreiheit begründet.

Theoretisch reicht für die Anwendung der DFT eine einzige Sinusperiode. Bei einer tatsächlichen Messung wird das durch Sinus angeregte System jedoch einige Zeit brauchen, bis die transienten Effekte des Frequenzwechsels verschwinden. Dass dieses Verhalten erheblichen Einfluss haben kann, lässt sich anhand eines Beispiels vom Feder-Dämpfer-Massen-System illustrieren. Die Anregung des Modells durch 30 Sinusperioden führt zum Verlauf von Abb. 8.3. Erst die letzten fünf Perioden sind grob um die Null zentriert. Die Fourier-Transformation von vorderen Signalabschnitten würde zu einer wesentlichen Verzerrung des Frequenzgangs führen, wie in Abschn. 8.2.5 argumentiert wird. Daher

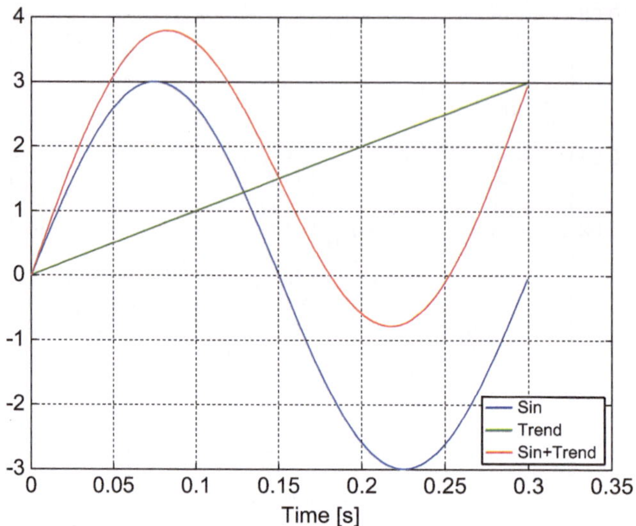

Abb. 8.4 Sinusverlauf mit aufgeschaltetem linearen Trend

muss die Anzahl der Anregungsperioden insbesondere für höhere Frequenzen mit kurzer Periodendauer ggf. relativ hoch gewählt werden.

8.2.5 Einfluss des linearen Trends auf den empirischen Frequenzgang

Bei der Identifikation stark integrierender Strecken (die entweder ein Integral oder einen sehr niederfrequenten Tiefpass enthalten) wird es bei einer Sinusanregung zum Driften der Ausgangsgröße kommen. Die Ursache kann in leicht asymmetrischer Anregung (z. B. durch Quantisierungseinflüsse) oder an Sensor- und Aktuator-Offsets liegen. Auch unbekannte Nichtlinearitäten wie asymmetrische Reibung oder Reibungsschwankungen können zum Driften aufintegriert werden. Durch solche nicht linearen und zufälligen Einflüsse kann dieses Driften unsystematisch sein und dem Verhalten aus Abb. 8.3 ähneln. Zum Glück wird das Driften oft im Verhältnis zu wichtigen Anregungsfrequenzen ausreichend langsam sein, um über die Dauer einer Anregungsperiode als aufgeschalteter linearer Trend zu erscheinen. Dann liegt eine Situation wie in Abb. 8.4 vor.

Die Anwesenheit eines Trends im Messsignal bereitet Probleme: Sie verfälscht die Amplitude und die Phase des Signals. Die Verfälschung ist gravierend und wird daher im Folgenden kurz analysiert, um die Abhilfe zu begründen.

Die Fourier-Transformation ist ein linearer Operator, der daher für die Summe einer Sinus- und einer linearen Funktion der Zeit ebenfalls eine Summe von beiden

Übertragungen ergibt. Die (kontinuierliche) Fourier-Transformation der linearen Funktion bt allein ist

$$\begin{aligned}
&\frac{\omega}{\pi}\int_0^{\frac{2\pi}{\omega}} bt(\cos(\omega t) - i\sin(\omega t))dt \\
&= b\frac{\omega}{\pi}\int_0^{\frac{2\pi}{\omega}} t\cos(\omega t)dt - ib\frac{\omega}{\pi}\int_0^{\frac{2\pi}{\omega}} t\sin(\omega t)dt \\
&= b\frac{\omega}{\pi}\left[\frac{\cos(\omega t)}{\omega^2} + \frac{t\sin(\omega t)}{\omega}\right]_0^{\frac{2\pi}{\omega}} - ib\frac{\omega}{\pi}\left[\frac{\sin(\omega t)}{\omega^2} - \frac{t\cos(\omega t)}{\omega}\right]_0^{\frac{2\pi}{\omega}} \\
&= ib\frac{\omega}{\pi}\frac{2\pi}{\omega^2} = ib\frac{2}{\omega}
\end{aligned} \tag{8.24}$$

und wird zu der Sinusübertragung addiert, die eine komplexe Zahl mit Betrag gleich der Sinusamplitude und Winkel gleich der Sinusphase ist. Durch die Addition der Trendübertragung ist nach Gl. 8.24 – je nach Sinusphase – sowohl die resultierende Amplitude als auch die resultierende Phase verfälscht.

Während das Auslaufen von transienten Effekten durch eine ausreichend lange Messung abgewartet werden kann, ist das beim integrationsbedingten Driften keine Lösung. In solchen Fällen ist eine Bereinigung durch den Abzug des gleitenden Mittels über genau eine Periode empfehlenswert. Unter einer Periode ist hier die längste Periode des gerade analysierten Signalabschnitts zu verstehen. Beim PRBS-Signal ist es also die PRBS-Periode, bei einem monofrequenten Sinusabschnitt die Periode dieser Sinusfrequenz.

Bei ungerader Periodenlänge N wird das gleitende Mittel wie folgt berechnet:

$$\hat{x}(t) = \sum_{s=t-\frac{N-1}{2}}^{t+\frac{N-1}{2}} x(s) \tag{8.25}$$

Bei geraden Periodenlängen können halbe Zeitschritte interpoliert werden (oder der Unterschied zwischen N und $N-1$ vernachlässigt werden).

8.2.6 Vergleich von Anregungssignalen

Die Anregungssignale aus Abschn. 8.2.1 bis 8.2.4 können theoretisch alle für die Identifikation verwendet werden, mit den angeführten Vor- und Nachteilen. Bei unvermeidbaren Messfehlern (wie z. B. die Quantisierungsfehler durch Diskretisierung des analogen

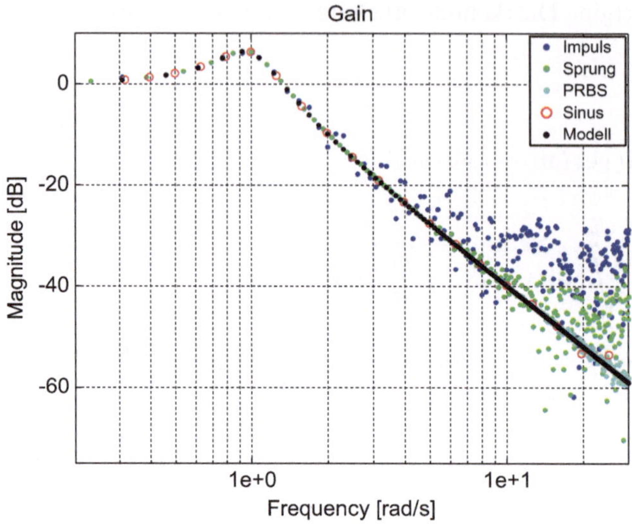

Abb. 8.5 Empirische Frequenzgänge mit Rundung der Ausgangsgrößen – Verstärkung

Signals) spricht einiges für periodische Anregungen wie PRBS oder Sinussequenz. Das kann mit der Anregung des Feder-Dämpfer-Massen-Systems illustriert werden. Von den Anregungssignalen Impuls, Sprungfunktion und PRBS wurden 4095 Messwerte mit Abtastrate 0,01 s, d. h. insgesamt eine Messdauer von 40,95 s, aufgenommen. Die Zahl 4095 entspricht einer Periode von PRBS mit Schieberegisterlänge 12. Die Sinusanregung bestand aus 21 Einzelfrequenzen mit logarithmisch konstantem Abstand. Die Input-Anregung war auf jeweils Maximum 1 gesetzt: beim Impuls die Impulshöhe, beim Sprung die Sprunghöhe, bei PRBS die PRBS-Amplitude und bei Sinus die Sinusamplitude. Die Ausgangsgröße wies wegen der stationären Verstärkung der Regelstrecke gleich 1 bei niedrigen Frequenzen ebenfalls eine Amplitude um 1 auf. Die Ausgangsgröße wurde auf ganze Tausendstel gerundet – eine durchaus realistische Situation bei gängigen Sensoren und AD-Wandlern.

Die Verstärkung und Phase der empirischen Frequenzgänge ist in Abb. 8.5 und 8.6 dargestellt. Beides kann als Perturbation gegenüber der nominellen Strecke zusammengefasst werden (Abb. 8.7).

Der aus der Impulsantwort gewonnene Frequenzgang ist bereits ab ca. 3 rad/s kaum brauchbar, denn die Perturbationen nähern sich 0 dB, d. h. 100%iger Abweichung. Die Anregung durch die Sprungfunktion ist durch ihre größeren Einzelamplituden besser, bei höheren Frequenzen ab 10 rad/s jedoch ebenfalls problematisch. Bei einer Resonanzfrequenz um 1 rad/s wäre das so identifizierte Modell wahrscheinlich zu ungenau für den Reglerentwurf, da sein Robustheitsbedarf sehr hoch wäre. Die periodischen Signale PRBS und Sinus schneiden hier deutlich besser ab und sind bis über 30 rad/s zufriedenstellend.

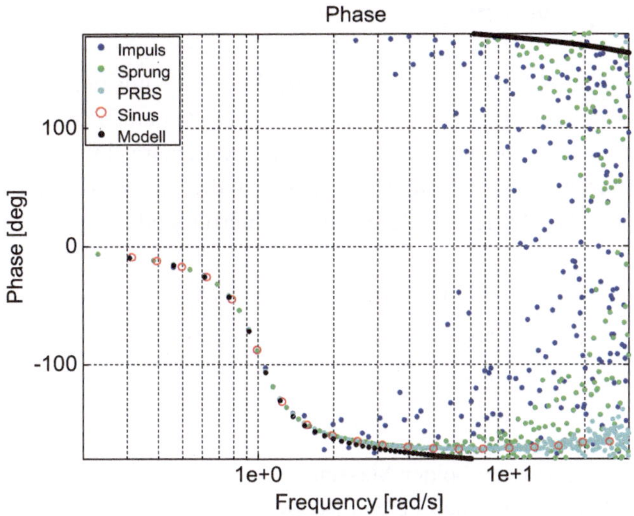

Abb. 8.6 Empirische Frequenzgänge mit Rundung der Ausgangsgrößen – Phase

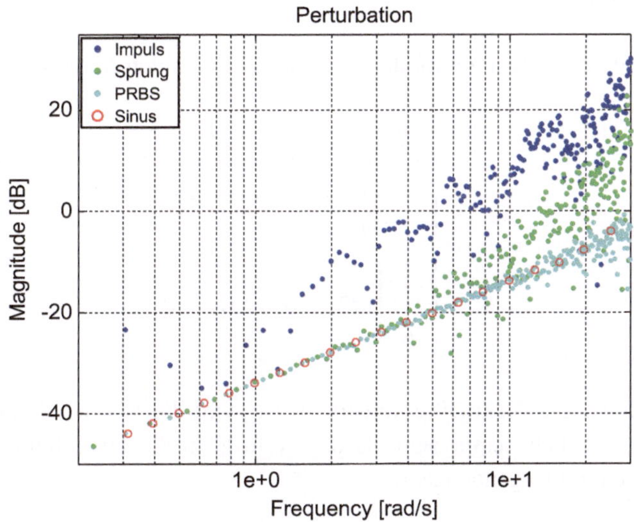

Abb. 8.7 Empirische Frequenzgänge mit Rundung der Ausgangsgrößen – Perturbation zum Nominalmodell

(Man muss sich hier immer die typische Robustheit des Regelkreises wie in Abb. 5.11 und deren Segmentierung nach Abb. 6.4 vor Augen halten.) Der Verlauf von Sinus ist demjenigen von PRBS (in Perturbation gemessen) nicht deutlich überlegen, jedoch glatter.

8.2.7 Nichtnegative Anregungen

Ein Spezialfall sind Anwendungen, in denen die Stellgröße nur positive Werte annehmen kann. Typischerweise ist das der Fall, wenn die Stellgröße den Charakter einer Energiezufuhr oder Leistung hat. Ein Beispiel dafür wäre eine steuerbare Heizquelle, mit deren Hilfe eine Verkettung zweier Massen erhitzt wird, sodass die zweite Masse eine vorgegebene Temperatur erreicht. Die Differenzialgleichungen hierfür sind:

$$\begin{aligned} m_1\dot{x}_1 &= c_{12}(x_2 - x_1) - c_{1e}x_1 + u \\ m_2\dot{x}_2 &= c_{12}(x_1 - x_2) - c_{2e}x_2 \end{aligned} \tag{8.26}$$

Dabei sind

- $m_{1,2}$ die Wärmekapazitäten beider Massen,
- c_{12} die Wärmeleitung zwischen beiden Massen,
- c_{1e} und c_{2e} die Wärmeleitungen zwischen den Massen und der Umgebung,
- $x_{1,2}$ die Temperaturen, skaliert auf Umgebungstemperatur $= 0$, und
- u die Heizleistung.

Das entsprechende Zustandsraummodell besteht aus folgenden Matrizen:

$$\begin{aligned} A &= \begin{bmatrix} \frac{-c_{12} - c_{1e}}{m_1} & \frac{c_{12}}{m_1} \\ \frac{c_{12}}{m_2} & \frac{-c_{12} - c_{2e}}{m_2} \end{bmatrix} \\ B &= \begin{bmatrix} \frac{1}{m_1} \\ 0 \end{bmatrix}, C = [0 \;\; 1], D = [0] \end{aligned} \tag{8.27}$$

Falls dieses System zweckmäßig konstruiert ist, wird die Wärmeleitung zwischen den beiden Massen erheblich besser sein als die Verluste in die Umgebung. Hypothetische Parameter könnten die folgenden sein:

- $m_1 = 5$
- $m_2 = 1$
- $c_{12} = 0{,}01$
- $c_{1e} = 0{,}001$
- $c_{2e} = 0{,}0001$

Die Heizleistung kann selbstverständlich nicht negativ sein. Daher ist eine PRBS- oder Sinusanregung nur als periodisch zwischen null und einem festen Wert möglich. Das

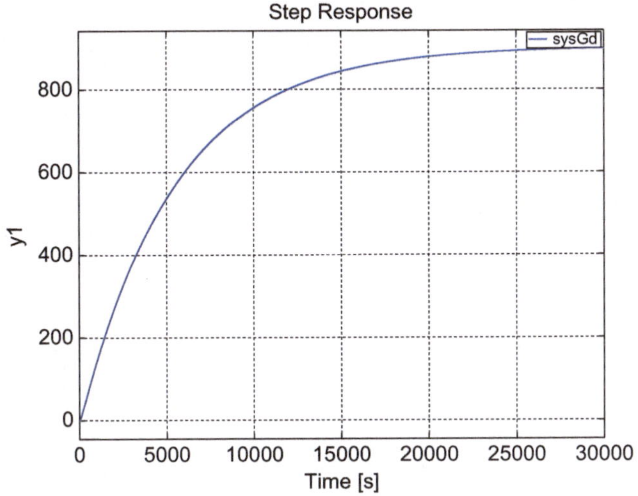

Abb. 8.8 Temperaturentwicklung bei konstanter Heizleistung

entspricht einem symmetrischen PRBS oder Sinus zuzüglich eines konstanten Wertes. Die Anregung ist dann als eine Zusammensetzung aus diesen beiden Komponenten zu betrachten.

Durch die Eigenschaften linearer Systeme kann diese zusammengesetzte Anregung gut behandelt werden. Bei einem linearen System gleicht seine Antwort auf eine Summe von zwei Anregungssignalen einer Summe von Antworten auf beide Anregungen. Die erste Antwort wird ein Sinus sein. Bei der zweiten kann man Folgendes erwarten: Da die Wärmeverluste in die Umgebung relativ gering sind, wird es sich um einen sehr niederfrequenten Tiefpass handeln, d. h., über eine lange Anfangszeit hinaus ist mit einem Integrator-ähnlichen Verhalten zu rechnen. In unserem Fall handelt es sich um den Verlauf aus Abb. 8.8. Der asymptotische Wert, bei dem die konstante Wärmezufuhr u_0 durch Heizung den Wärmeverlusten aus der Umgebung entspricht, ist:

$$y_0 = CA^{-1}Bu_0 \tag{8.28}$$

Der Wert liegt hier mit Einheitsheizleistung bei 900° über der Umgebungstemperatur.

Ein so hoher Wert kann für reale Messexperimente unrealistisch sein. Entweder ist die Anzahl der höherfrequenten Perioden zu groß, um diese Messung durchzuführen, oder diese Temperatur ist einfach aus Betriebsgründen unzulässig. Dann muss man mit einem Messsegment aus der steigenden Integrationsphase, wie in Abb. 8.9, vorliebnehmen.

Hier kann von einem linear ansteigenden Trend ausgegangen werden. Diesen Trend kann man durch den Abzug eines gleitenden Mittelwerts nach Gl. 8.25 herausrechnen, wie in Abb. 8.9 dargestellt. Damit beugt man einer deutlichen Verfälschung des Frequenzgangs

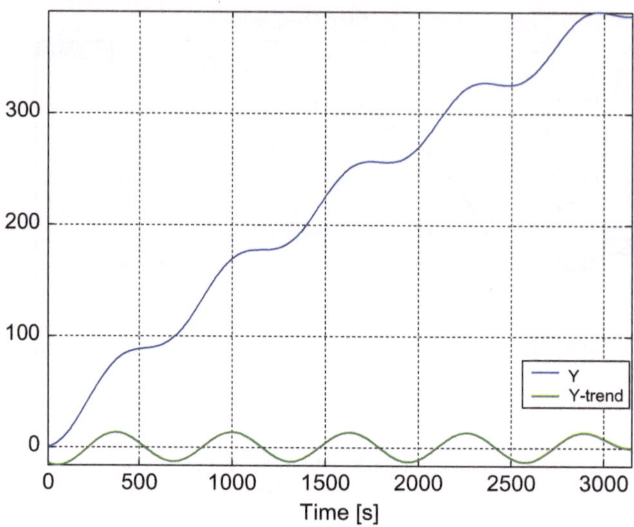

Abb. 8.9 Sinusanregung mit Trendbereinigung durch Abzug des gleitenden Durchschnitts

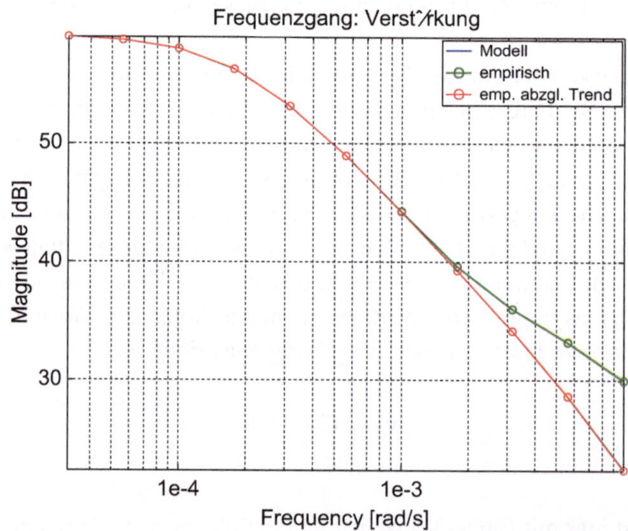

Abb. 8.10 Empirischer Frequenzgang mit und ohne Trendbereinigung – Verstärkung

sowohl in der Verstärkung als auch in der Phase (Abb. 8.10 und 8.11) vor. Der Frequenzgang ohne Korrektur wäre eine schlechte Approximation, wie die kritisch hohe Perturbation gegen das tatsächliche System (hier in der Form eines Simulationsmodells) zeigt (Abb. 8.12). Nach der Trendbereinigung ist das Ergebnis akzeptabel.

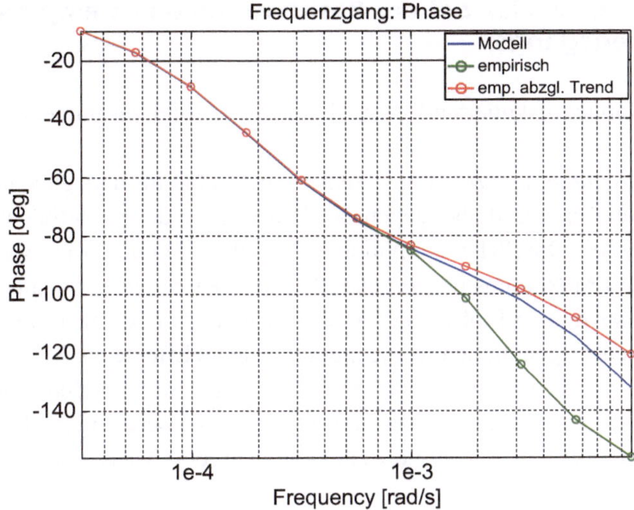

Abb. 8.11 Empirischer Frequenzgang mit und ohne Trendbereinigung – Phase

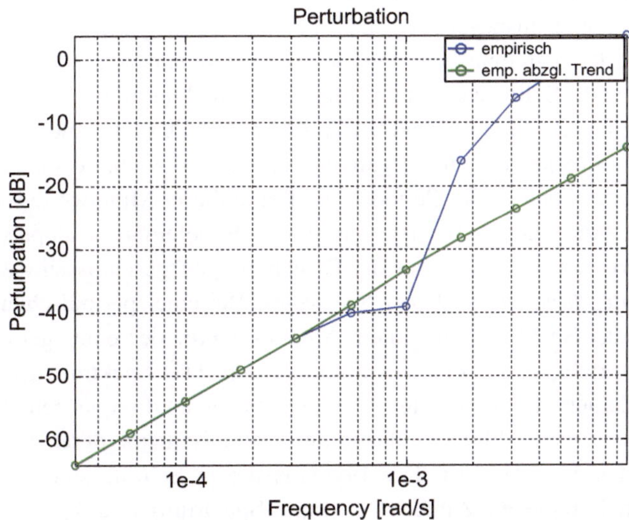

Abb. 8.12 Empirischer Frequenzgang mit und ohne Trendbereinigung – Perturbation zum Modell

8.3 Vorgehensweise bei der Bestimmung eines empirischen Frequenzgangs

Die in diesem Kapitel diskutierten Schritte können wie folgt zusammengefasst werden:

1. *Wahl des Anregungssignals.* Wegen seiner Spektralbreite und gleichmäßiger, relativ hoher Anregungsamplitude bei gegebener Begrenzung der Stellgröße wird das PRBS-Signal empfohlen. Die PRBS-Amplitude sollte relativ hoch gewählt werden (ein hoher Prozentsatz des Maximums der Regelgröße), um den Anteil der nicht linearen Effekte wie Reibung sowie den Einfluss des Messrauschens zu begrenzen. Es sollten mehrere PRBS-Perioden aufgenommen werden, um transiente Effekte am Messanfang nicht mit auswerten zu müssen – es werden nur einige spätere Perioden ausgewertet. Eine Sequenz von Sinusabschnitten hat zum Teil noch bessere Eigenschaften, ist jedoch deutlich länger, was bei Routinewiederholungen des Messverfahrens ein Problem sein kann.
2. *Überprüfung durch Sinusanregung.* Bei erstmaliger Vermessung eines konkreten Streckentyps wird ergänzend eine Anregung durch Sinusabschnitte empfohlen, da das Messergebnis durch Ansicht gut auf Plausibilität kontrolliert werden kann. Jeder Abschnitt besteht aus mehreren Perioden von Sinuskurven einer bestimmten Frequenz. Auch hier sollte die Anregungsamplitude relativ groß sein. Die Auswahl der Frequenzen sollte das für das Verhalten der Strecke wichtige Frequenzband abdecken. Bei der Überprüfung sollte insbesondere auf die Linearität geachtet werden: Eine Sinusanregung sollte auch eine Sinusantwort am Streckenausgang erzeugen.
3. *Trendbereinigung.* Sollte das Output-Messsignal nichtperiodischen Trend aufweisen, muss das Signal von diesem Trend bereinigt werden. Das ist insbesondere der Fall bei integrierenden Strecken mit nichtnegativer Stellgröße. Dazu bildet man einen gleitenden Mittelwert in der Länge einer Periode. Die Reihe dieser Mittelwerte wird vom eigentlichen Signal abgezogen. (Die erste und die letzte bereinigte Halbperiode wird durch Randeffekte verzerrt und sollte aus der Berechnung ausgeschlossen werden.)
4. *Bestimmung des Input- und Output-Spektrums.* Bei einer periodischen Anregung wie PRBS kann das Spektrum aus einem Messabschnitt, der einer ganzen Anzahl von Perioden entspricht, durch FFT bestimmt werden. Das Spektrum ist ein Vektor von komplexen Zahlen mit Elementen, die den einzelnen Frequenzen entsprechen Die Frequenzen sind ganzzahlige Vielfache der Grundfrequenz, deren Periode gleich der Länge des Messabschnitts ist. Das Ergebnis dieses Schritts sind zwei gleich lange Vektoren von komplexen Zahlen U_{sp} (Input-Spektrum) und Y_{sp} (Output-Spektrum) sowie ein Frequenzvektor.
5. *Bestimmung des Input- und Output-Spektrums der Sinusanregung.* Jeder Sinusabschnitt besteht nur aus einer einzigen Frequenz. Deshalb kann seine Übertragung mit der DFT (Gl. 8.8 und 8.9) bestimmt werden. Das Ergebnis ist auch hier U_{sp_sin} (Input-Spektrum)

und Y_{sp_sin} (Output-Spektrum) und ein Frequenzvektor, dessen Elemente die Frequenzen der einzelnen Abschnitte sind.

6. *Bestimmung des empirischen Frequenzgangs*. Der empirische Frequenzgang (die Übertragung der vermessenen Regelstrecke vom Input zum Output) ergibt sich als Vektor $G = Y_{sp}/U_{sp}$ mit elementweiser Division. Das Ergebnis sollte demjenigen aus der Sinusanregung $G_{sin} = Y_{sp\_sin}/U_{sp\_sin}$ gegenübergestellt werden.

Systemidentifikation aus dem Frequenzgang

9

Zusammenfassung

Obwohl für die Analyse der Robustheit und Performanz empirische Frequenzgänge ausreichend sind, wird spätestens beim Reglerentwurf ein weitgehend zutreffendes mathematisches Modell der Regelstrecke gefordert. Die meistverwendeten Methoden zur Modellidentifikation beziehen sich auf die Zeitbereichsdarstellung des Modells, und die Anpassung findet direkt an die gemessenen Daten statt. Alternativ kann aber auch eine Modellanpassung an den empirischen Frequenzgang vorgenommen werden. Das methodische Instrumentarium basiert, genauso wie dasjenige für den Zeitbereich, auf linearer Regression. Der Vorteil dieser Vorgehensweise liegt in der besseren Bewertungsmöglichkeit des Ergebnisses. Während die Abweichungen zwischen Modell und Messdaten im Zeitbereich nicht mit den Robustheitsbegriffen in Verbindung gebracht werden können, ist diese Verbindung im Frequenzbereich offensichtlich: Die Abweichung kann direkt in die früher erwähnte Modellperturbation umgerechnet werden. Dadurch lässt sich direkt abschätzen, welcher Anteil der verfügbaren Reglerrobustheit durch die Modellungenauigkeit „aufgebraucht“ wird, und zwar auch dann, wenn das Modell in einer strukturierten, physikalisch motivierten Form gesucht wird.

Die Analysen der robusten Stabilität und Performanz (Kap. 5 und 6) können direkt mit Hilfe empirischer Frequenzgänge durchgeführt werden. Mit dieser Begründung widmete sich Kap. 8 der Frequenzgangerfassung mit Hilfe von Messdaten. Die Voraussetzung für die Gültigkeit dieser Analyse ist, dass sowohl die Regelstrecken als auch die Regelkreise stabil sind und daher aussagekräftige Frequenzgänge besitzen. Die Stabilität der Regelstrecke ergibt sich im Allgemeinen aus der physikalischen Überlegung (Abschn. 2.3.3). Bei der Regelkreisstabilität geht man davon aus, dass der Regler für die Nominalstrecke korrekt (d. h. stabil) entworfen wurde. Bis auf diesen Vorbehalt wären die Robustheitsanalysen ohne explizite Systemmodellierung möglich. Und nicht nur möglich, sondern auch

T. Hrycej, *Robuste Regelung*,
https://doi.org/10.1007/978-3-662-54168-5_9

empfehlenswert, um die Modellierungsfehler (d. h. Abweichungen zwischen dem Modell und dem realen Originalsystem) als Ungenauigkeitsfaktor zu eliminieren.

Irgendwann kommt jedoch der Reglerentwurf ins Spiel. Und dann gibt es meistens einen guten Grund, ein Streckenmodell zu identifizieren. In der Wirklichkeit benötigen praktisch alle Entwurfsmethoden für Regler ein explizites Modell in einer der Formen aus Abschn. 2.1. Die einzigen Ausnahmen bilden einige Methoden für den experimentellen Entwurf von PID-Reglern, die jedoch keine Garantien, auch nicht eine für die Stabilität, bieten. Sie haben daher mehr den Charakter von Empfehlungen als von wirklichen Entwurfsmethoden.

Die Systemidentifikation aus Messdaten ist ein umfangreiches Theoriegebiet. Für eine vollständige Darstellung aller Optionen mit theoretischem Hintergrund kann das umfangreiche Werk von Ljung [1] empfohlen werden. In diesem Kapitel wird lediglich auf diejenige Methode im Detail eingegangen, die am einfachsten mit der auf Frequenzgängen basierenden Arbeitsweise zu vereinbaren ist, und es wird argumentiert, warum sie vorzuziehen ist. Trotzdem wollen wir zuerst mit einem kurzen Überblick beginnen.

9.1 Kurzer Überblick der Identifikationsmethoden

Trotz der großen Vielfalt von Modellierungsansätzen ist es im Kontext der Regelung sinnvoll, sich an die linearen Ansätze aus Abschn. 2.1 zu halten. Der zwangsweise zeitdiskrete Charakter der Messreihen legt ebenfalls die Entscheidung für zeitdiskrete Modelle (Abschn. 2.1.1) nahe.

Die meistverbreiteten Methoden arbeiten direkt mit den gemessenen Zeitreihen, die Messungen von Strecken-Input u_k und -Output y_k umfassen. Es entstehen dadurch Modelle im Zeitbereich, die durch einfache formale Transformationen in den Frequenzbereich überführt werden können.

In Abschn. 2.1.1 wurde auf die Beziehung der zeitdiskreten Modelle zu deren Ursprung in zeitkontinuierlichen Differenzialgleichungen hingewiesen. Im Gegensatz zu diesem analytischen Ansatz werden oft Modelle mit Black-Box-Charakter aus Daten identifiziert. Dem Standardmodell liegt die Annahme zugrunde, dass der Output-Messwert eine lineare Funktion von

- n vergangenen Output-Messwerten (der „autoregressive" Teil, AR),
- dem gegenwärtigen sowie m vergangenen Input-Messwerten (der als „moving average" bezeichnete Teil, MA) ist.

Insgesamt nennt man diese Modellart, als Zusammensetzung von AR- und MA-Teilen, das ARMA-Modell.

Diese zeitdiskrete Modellform ist

$$y_k = -\sum_{j=1}^{n} a_j y_{k-j} + \sum_{j=0}^{m} b_j u_{k-j}, m \leq n. \tag{9.1}$$

Der Index k bezeichnet einen Abtastschritt, dessen Länge Δt beträgt.

Da es sich um eine Gleichung mit $n+m+1$ unbekannten Parametern a_j und b_j handelt, hätten auch $n+m+1$ solche Gleichungen aus $2n+m+1$ aufeinander folgenden Messpunkten ausgereicht, um die Parameter eindeutig zu berechnen, vorausgesetzt, dass

- der generierende Prozess tatsächlich einem linearen System n-ter Ordnung entspricht und
- die Messungen absolut genau sind.

Die Gl. 9.1 in Matrixschreibweise ist:

$$\begin{aligned} y_k &= cx_k \\ &= [a_1 \ \dots \ a_n \ b_0 \ \dots \ b_m][y_{k-1} \quad \dots \quad y_{k-n} \quad u_k \quad \dots \quad u_{k-m}]^T \end{aligned} \tag{9.2}$$

Aus $n+m+1$ solchen Gleichungen kann man das System

$$Y = cX \tag{9.3}$$

bilden (Y – Matrix mit einer Zeile und $n+m+1$ Spalten, X – quadratische Matrix mit $n+m+1$ Zeilen und Spalten) mit der Lösung

$$c = YX^{-1}. \tag{9.4}$$

In der Wirklichkeit treffen aber die genannten Voraussetzungen praktisch niemals zu. Der Prozess ist in der Regel

- nur näherungsweise linear,
- seine tatsächliche Ordnung ist höher als es für eine praktische Identifizierung sinnvoll wäre, und
- die Messungen sind mit Mess- und Quantisierungsfehlern behaftet.

Die Gleichungen Gl. 9.1 und 9.3 gelten also mit eingesetzten tatsächlichen Messwerten nur näherungsweise – mit Abweichungen bzw. Fehlern, deren Größe unbekannt ist.

Aus dieser Erkenntnis heraus wurden verschiedene statistische Fehlermodelle ausgearbeitet. Die einfachste Annahme, die man „Modellfehler-Annahme" nennt, geht davon aus, dass Gl. 9.1 bis auf einen stochastischen Fehler gilt. Seine Verteilung wird als Gauß-Verteilung angenommen. Der Grund ist weniger die Überzeugung, dass diese Verteilung wirklich genau zutrifft (das ist z. B. bei den Quantisierungsfehlern sicherlich nicht der Fall), sondern dass die Annahme der Gauß-Verteilung rechnerische Vorteile bietet und diese Verteilung viele andere Verteilungen gut annähert.

Eine der alternativen Fehlerannahmen ist, dass nicht die Modellgleichung, sondern die Output-Messung mit einem Gauß-verteilten Fehler behaftet ist („Output-Fehler"). Die korrekte Behandlung dieser an sich ebenfalls vernünftigen Annahme ist jedoch wegen der rekursiven Beziehung in Gl. 9.1 rechnerisch komplexer. Da in der Praxis selten eindeutige Gründe für oder gegen die eine oder andere Annahme sprechen, wird überwiegend das einfachere Konzept des Modellfehlers verwendet.

Auch bei zufallsfehlerbehafteten Messwerten könnte nach Gl. 9.3 mit $n+m+1$ Spalten von Y und X vorgegangen werden, mit Lösung nach Gl. 9.4. Der Parametervektor c würde jedoch immer anders ausfallen, ggf. mit großen Schwankungen von Messabschnitt zu Messabschnitt. Aus statistischer Sicht ist es daher sinnvoll, einen längeren Messabschnitt als denjenigen zu verwenden, der Gl. 9.3 zugrunde liegt. Da die Statistik den sogenannten konsistenten Schätzer liefert, werden die Schwankungen des Parametervektors c mit steigender Anzahl der Messungen sinken. Für eine längere Messreihe ist aber die Matrix X nicht mehr quadratisch – ihre Zeilen sind länger als ihre Spalten. Da die Anzahl der Gleichungen größer ist als diejenige der Variablen, ist das Gleichungssystem nicht lösbar. Es existiert allenfalls die beste Näherung der Lösung:

$$c = YX^T\left(XX^T\right)^{-1} \tag{9.5}$$

Der resultierende Parametervektor c „trifft" die Werte von Y nicht genau. Es bleibt eine Abweichung von

$$Y - cX = Y\left(I - X^T\left(XX^T\right)^{-1}X\right), \tag{9.6}$$

die offenbar nur im Falle einer quadratischen Matrix X gleich null ist.

Dies ist eine beste Lösung aus zweierlei Gründen:

- Sie besitzt die kleinste quadratische Abweichung lt. Gl. 9.6.
- Sie ist der beste unverzerrte Schätzer des wahren Vektors c (falls ein solcher existiert), solange das Modellfehler-Konzept mit Gauß-verteilten Gleichungsfehlern gilt.

Diese zweifache Begründung der Lösung von Gl. 9.5 macht sie zum bevorzugten Konzept für die Identifikation des Modells aus gemessenen Zeitreihen.

Das so gewonnene Modell in der Form von Gl. 9.1 entspricht (unter Verwendung des Operators z^{-1} für einen Zeitverzug in der Länge eines Abtastschritts) einer zeitdiskreten Übertragungsfunktion von u nach y:

$$\frac{\sum_{j=0}^{m} b_j z^{-j}}{1 + \sum_{j=1}^{n} a_j z^{-j}} \tag{9.7}$$

9.1.1 Methoden für Mehrgrößensysteme

Die Übertragungsfunktion der Mehrgrößensysteme (MIMO) ist eine Matrixfunktion. Auf den ersten Blick spricht nichts dagegen, alle Matrixelemente als getrennte Funktionen der Form aus Gl. 9.7 zu sehen und in ihrer Zeitbereichsgestalt (Gl. 9.1) durch die Berechnungsformel Gl. 9.5 zu identifizieren. Ein Problem offenbart sich jedoch, wenn wir uns vor Augen führen, dass die „primäre" Systembeschreibung irgendeiner mathematisch-physikalischen Form eines Differenzialgleichungssystems entspringt. Diese Beschreibung findet ihre direkte Abbildung in der Zustandsraumbeschreibung des Modells.

Bei jedem Systemmodell sind seine Pole von entscheidender Bedeutung. Sie determinieren die Dynamik des Modellverhaltens einschließlich seines Stabilitätsverhaltens. Ein Zustandsraummodell hat einen einzigen Satz von Polen: die Eigenwerte der Systemmatrix A.

Bei einer getrennten Identifikation einer Matrix von Übertragungsfunktionen erhalten wir mehrere Sätze der Pole: für jede Übertragungsfunktion einen, der den Nullstellen des jeweiligen Nennerpolynoms in Gl. 9.7 entspricht. Ohne Messdaten- und Modellfehler würde die Mengenvereinigung dieser Pol-Sätze genau den Satz der Eigenwerte der Systemmatrix A ergeben. Wegen der Fehler ist das jedoch nicht der Fall. Da aber ähnliche Werte der Pole nicht als identisch erkannt werden können, „vermehren sich" die Pole. Die Ordnung des MIMO-Systems kann dadurch stark anwachsen und dem Reglerentwurf im Wege stehen. Nur mit identischen Nennerpolynomen wäre das Problem gelöst. Das lässt sich jedoch nicht so einfach erzwingen.

Es besteht auch die Möglichkeit, ein zeitdiskretes Zustandsraummodell direkt aus den Messdaten zu gewinnen. Die Methoden dafür werden als Subspace-Methoden bezeichnet. Sie sind aus den gerade angeführten Gründen besonders bei der Identifikation von Mehrgrößenmodellen nützlich. Diese Methoden sind mathematisch anspruchsvoller. Ihre Implementierungen sind z. B. in *Matlab* verfügbar und können bei Bedarf verwendet werden. Um den Rahmen dieses Buchs nicht zu sprengen, wird hier aber auf ihre genauere Darstellung verzichtet.

9.2 Modellidentifikation im Frequenzbereich

Die Verfahren der robusten Regelung, sowohl die Analysen aus Abschn. 5.1 und Kap. 6 als auch der Reglerentwurf nach Kap. 13, verwenden die Frequenzbereichsdarstellung der Streckenmodelle. Folglich ist die Güte der Modellierung ebenfalls im Frequenzbereich besonders adäquat zu beurteilen. Daher liegt die Idee nahe, auch die Methode zur Modellidentifikation auf den Frequenzbereich auszurichten.

Deshalb gehen wir nach dem Exkurs in die Welt der Modellidentifikation aus gemessenen Zeitreihen zu der Frage über, ob und wie man ein Modell direkt aus einem empirischen Frequenzgang gewinnen kann.

Der Ausgangspunkt ist der empirische Frequenzgang selbst. Es ist ein Vektor von komplexen Zahlen, von denen jede einer bestimmten Frequenz ω_h zugeordnet ist. Für diese Frequenz gilt, dass die Übertragung eines Input-Sinussignals $U(i\omega_h)$ zu einem Output-Sinussignal $Y(i\omega_h)$ führt. Die Übertragung ist also analog zu Gl. 8.3:

$$G(i\omega_h) = \frac{Y(i\omega_h)}{U(i\omega_h)} \tag{9.8}$$

In einem empirischen Frequenzgang, dem Vektor

$$[\, G(i\omega_1) \quad \ldots \quad G(i\omega_H)\,], \tag{9.9}$$

sind die Zahlen $G(i\omega_h)$ bekannte Konstanten, die aus den gemessenen Spektren von Y und U (beispielsweise bei einer PRBS-Anregung lt. Abschn. 8.2.3) gewonnen wurden.

Auf der anderen Seite haben wir ein Modell des Typs aus Gl. 9.7, das für jede Frequenz eine Übertragung

$$\frac{\sum\limits_{j=0}^{m} b_j e^{-i\omega\Delta tj}}{1 + \sum\limits_{j=1}^{n} a_j e^{-i\omega\Delta tj}} \tag{9.10}$$

aufweist. Hier wurde für z der Term aus Gl. 2.19 eingesetzt. Aus den messbasierten Übertragungsdaten aus Gl. 9.9 und den Modelltermen aus Gl. 9.10 erhalten wir also über alle mit h indizierten Frequenzen ein Gleichungssystem:

$$G(i\omega_h) = \frac{\sum\limits_{j=0}^{m} b_j e^{-i\omega_h\Delta tj}}{1 + \sum\limits_{j=1}^{n} a_j e^{-i\omega_h\Delta tj}}, h = 1, \ldots, H \tag{9.11}$$

Nach Auflösung des Bruchs liegt ein lineares Gleichungssystem vor:

$$G(i\omega_h) = -G(i\omega_h) \sum_{j=1}^{n} a_j e^{-i\omega_h\Delta tj} + \sum_{j=0}^{m} b_j e^{-i\omega_h\Delta tj}, h = 1, \ldots, H \tag{9.12}$$

Hier handelt es sich um eine (aus Genauigkeitsgründen nicht genau erfüllbare) Gleichung des Typs aus Gl. 9.3, für die eine Lösung als beste Approximation zu suchen ist. Die entsprechenden Datenmatrizen sind:

$$
\begin{aligned}
Y_c &= [\,G(i\omega_1) \quad \ldots \quad G(i\omega_H)\,] \\
X_c &= \begin{bmatrix}
-G(i\omega_1)e^{-i\omega_1\Delta t} & \ldots & -G(i\omega_H)e^{-i\omega_H\Delta t} \\
\ldots & \ldots & \ldots \\
-G(i\omega_1)e^{-i\omega_1\Delta tn} & \ldots & -G(i\omega_H)e^{-i\omega_H\Delta tn} \\
1 & \ldots & 1 \\
\ldots & \ldots & .. \\
e^{-i\omega_1\Delta tm} & \ldots & e^{-i\omega_H\Delta tm}
\end{bmatrix}
\end{aligned}
\tag{9.13}
$$

Die Matrizen Y_c und X_c enthalten komplexe Zahlen (daher der Index c). So wäre die Lösung nach Gl. 9.5 ein komplexer Parametervektor, was nicht das Ziel der Berechnung ist, denn eine lineare Übertragungsfunktion besitzt nur realzahlige Koeffizienten. Deshalb muss die näherungsweise zu lösende Gleichung Gl. 9.3 sowohl für die Real- als auch für die Imaginärteile gelten:

$$
\begin{aligned}
re(Y_c) &= c \times re(X_c) \\
im(Y_c) &= c \times im(X_c)
\end{aligned}
\tag{9.14}
$$

oder in Matrixschreibweise:

$$
Y = [\,re(Y_c) \quad im(Y_c)\,] = c[\,re(X_c) \quad im(X_c)\,] = cX \tag{9.15}
$$

Daher müssen im Weiteren anstelle der Matrizen Y_c und X_c ihre realzahligen Varianten Y und X verwendet werden. Deren Zeilenlänge entspricht nun der doppelten Anzahl von Einzelfrequenzen im empirischen Frequenzgang, d. h. $2H$.

Die Minimierung der quadratischen Abweichung mit Gl. 9.5 führt definitionsgemäß zur kleinsten Summe der Abweichungen. In dieser Summe sind alle Abweichungen gleich wichtig und gleich skaliert. Das war bereits bei der Identifikation im Zeitbereich keine unbedingt sinnvolle Annahme. Dort, wo die Signalverläufe ruhig sind, könnte man einen kleineren stochastischen Fehler annehmen und daher eine höhere Genauigkeit der Gleichungsapproximation fordern. Nur ist dieses intuitive Konzept nicht nur schwer zu quantifizieren, sondern es ist auch schwierig, gezielte Überlegungen darüber anzustellen. Denn wie soll man die einzelnen Messwerte „ruhigen" und „unruhigen" Messsegmenten zuordnen?

Auch bei Approximationsgleichungen im Frequenzbereich tritt dieses Problem auf. So sind beispielsweise nach der Transformation von PRBS-Daten mit der FFT hohe Frequenzen ungleich stärker vertreten als niedrige. Das Frequenzspektrum besteht aus äquidistanten Frequenzen. Bei der Grundfrequenz 1 rad/s befinden sich im Spektrum die Frequenzen 1,2,3,. . ., aber auch 101,102,103, . . . Im niederfrequenten Bereich $<1,10>$ befinden sich also 10 Frequenzen und daher auch 10 Elemente des empirischen Frequenzgangs, im höherfrequenten Bereich $<10,100>$ jedoch 91. Das Übergewicht der hohen Frequenzen führt dazu, dass in der Summe von quadratischen Abweichungen die höherfrequenten Teile des Frequenzgangs vorrangig angepasst werden. Der tatsächliche Bedarf nach Modellgenauigkeit ist jedoch gerade umgekehrt. Da die Robustheit des Regelkreises (Abb. 6.4) bei hohen Frequenzen deutlich größer ist als bei niedrigen, müssen gerade die niederfrequenten Eigenschaften des Modells gut zutreffen. Für diese Zielsetzung muss eine gewichtete Summe der quadratischen Abweichungen minimiert werden.

Diese Aufgabe wurde unter der Bezeichnung *verallgemeinerte Methode kleinster Quadrate* gelöst. Ihre stochastische Interpretation besteht in angenommener variabler Varianz des Modellfehlers. Die Varianz variiert von einem Merkmalsvektor zum anderen, d. h. von einer Spalte der Matrizen Y und X zur anderen. Die Varianzen werden in einer Matrix G zusammengefasst, wo sie auf der Diagonalen liegen. Die Matrix kann auch besetzte Nichtdiagonalelemente besitzen, falls Korrelationen zwischen den Fehlern einzelner Modellgleichungen angenommen werden. Das wird in unserer Problemstellung jedoch kaum der Fall sein. Der optimaler Parametervektor c, der die gewichtete Summe der quadratischen Modellabweichungen minimiert, ist

$$c = YG^{-1}X^T\left(XG^{-1}X^T\right)^{-1}. \tag{9.16}$$

Bei der diagonalen Matrix G entspricht das Gewicht in der Abweichungssumme dem Kehrwert der Quadratwurzel der jeweiligen Varianz. Das folgt der intuitiven Logik, dass Daten mit hoher Zufallsvariabilität schwächer gewichtet werden sollen, um das Ergebnis nicht zu verzerren. In der invertierten Matrix G^{-1} liegen dann die Quadrate der Gewichte auf der Diagonale. Wollen wir einem Datensatz in der Summenbildung ein Gewicht w_h geben, ist die Gewichtsmatrix

$$G^{-1} = W = \begin{bmatrix} w_1^2 & \dots & 0 \\ \dots & \dots & \dots \\ 0 & \dots & w_H^2 \end{bmatrix}. \tag{9.17}$$

Die Reihe der Gewichte auf der Diagonale muss dupliziert werden, da sie einmal auf die realen und einmal auf die imaginären Teile des Frequenzgangs angewendet werden. Die Diagonale entspricht also der zweifachen Verkettung des Vektors der den einzelnen Frequenzen ω_h zugeordneten Gewichte w_h, d. h. dem Vektor

$$\begin{bmatrix} w_1^2 & \dots & w_H^2 & w_1^2 & \dots & w_H^2 \end{bmatrix}. \tag{9.18}$$

Durch Gl. 9.16, umgeschrieben als

$$c = YWX^T\left(XWX^T\right)^{-1}, \tag{9.19}$$

wird die quadratische Abweichung

$$(Y - cX)W(Y - cX)^T, \tag{9.20}$$

d. h. die quadratische Summe des Vektors (auch hier verdoppelt wegen der Verkettung der realen und imaginären Teile)

$$(Y - cX)\sqrt{W} = [\,(y_1 - cx_1)w_1 \;\ldots\; (y_H - cx_H)w_H \;\; (y_1 - cx_1)w_1 \;\ldots\; (y_H - cx_H)w_H\,], \tag{9.21}$$

minimiert.

Der Nutzen der Gewichtung kann anhand eines Beispiels mit FFT-basiertem Frequenzgang, wie er aus Messdaten mit PRBS-Anregung erstellt wurde, gezeigt werden. Durch die Quantisierung der Messdaten auf digitale Werte entstehen größere Fehler bei der Schätzung von Übertragungen höherer Frequenzen. Die relative Dichte der Frequenzpunkte ist proportional der Frequenz. Daher wird mit dem Kehrwert der Frequenz gewichtet. Die Diagonale der Matrix W ist

$$W_{hh} = W_{H+h,H+h} = w_h^2 = \frac{1}{\omega_h^2}, h = 1, \ldots, H. \tag{9.22}$$

Der Effekt der Gewichtung ist in Abb. 9.1 (Verstärkung) und 9.2 (Phase) zu beobachten. Das Modell aus ungewichtetem Frequenzgang ist bei wichtigen niedrigen Frequenzen offenbar völlig unzutreffend, während es höhere Frequenzen akzeptabel trifft. Das Modell aus gewichtetem Frequenzgang ist hingegen bei niedrigen Frequenzen (bis ca. 30 rad/s) sehr präzise. Noch anschaulicher ist die Betrachtung der Perturbation des empirischen Frequenzgangs gegenüber dem jeweiligen Modell (Abb. 9.3). Das ungewichtete Modell erkauft einen geringen Perturbationsvorteil bei Frequenzen oberhalb von 20 rad/s für gewaltige Abweichungen im niederfrequenten Bereich. Das ist höchst unerwünscht angesichts des typischen Verlaufs der maximal erlaubten Perturbationsgrenze, wie sie durch den Kehrwert *1/T* der komplementären Sensitivität bestimmt wird.

In realen Anwendungen kann man die Gewichtung weiteren Gesichtspunkten unterordnen, die für das Ziel der Regelung wichtig sind.

9.2.1 Spezialfall: Modell ohne Nullstellen

Die Ordnung des zu identifizierenden Modells zu bestimmen liegt in der Entscheidungsgewalt des Entwicklers und ist von erheblicher Bedeutung für die Adäquatheit des Modells. Dabei ist getrennt die Anzahl der Pole (Ordnung des Nenners) und diejenige der Nullstellen (Ordnung des Zählers) zu bestimmen. Während die Ordnung des Nenners teilweise durch physikalische Gegebenheiten abgeschätzt werden kann (z. B. jedes involvierte Feder-Dämpfer-Massen-System bringt die Ordnung 2 mit sich), ist das bei Nullstellen nicht so einfach. Einzelne typische Differenzialgleichungen laufen oft auf ein Modell ohne Nullstellen hinaus. Dieser Spezialfall ist sehr häufig, da er einer Differenzialgleichung ohne

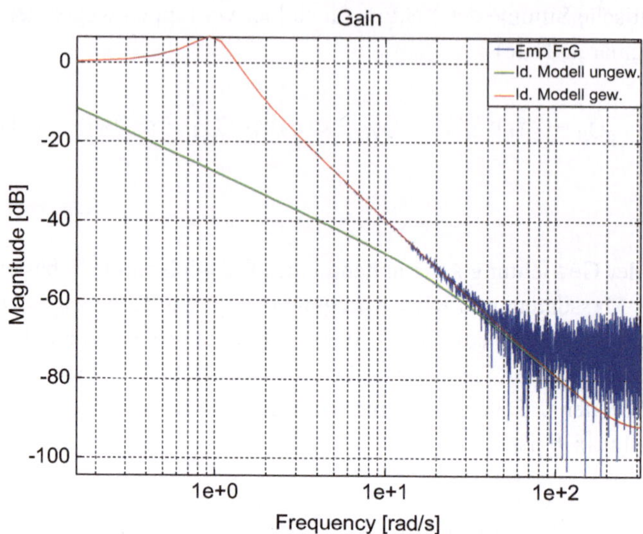

Abb. 9.1 Modellidentifikation aus dem Frequenzgang, gewichtet und ungewichtet – Verstärkung

Ableitungen der unabhängigen Variablen entspricht (z. B. das erwähnte Feder-Dämpfer-Massen-System).

Im Spezialfall von $m = 0$ ist alternativ zu Gl. 9.12 eine inverse Bruchauflösung möglich:

$$\frac{1}{G(i\omega_h)} = \frac{1}{b_0} + \sum_{j=1}^{n} \frac{a_j}{b_0} e^{-i\omega_h \Delta t j} = c_0 + \sum_{j=1}^{n} c_j e^{-i\omega_h \Delta t j}, h = 1, \ldots, H \tag{9.23}$$

Die komplexen Datenmatrizen sind dann etwas vereinfacht:

$$Y_c = \begin{bmatrix} \frac{1}{G(i\omega_1)} & \cdots & \frac{1}{G(i\omega_H)} \end{bmatrix}$$
$$X_c = \begin{bmatrix} 1 & \ldots & 1 \\ e^{-i\omega_1 \Delta t} & \ldots & e^{-i\omega_H \Delta t} \\ \ldots & \ldots & \ldots \\ e^{-i\omega_1 \Delta tn} & \ldots & e^{-i\omega_H \Delta tn} \end{bmatrix} \tag{9.24}$$

Einer der Vorteile dieser Formulierung ist, dass die Matrix X_c keine Terme mit empirischem Frequenzgang enthält. Die Prognose des Frequenzgangs $F(i\varpi_h)$ ist daher unabhängig von den Messdaten und dadurch glatt. Bei der Prognose nach Gl. 9.13, die mit Hilfe von Elementen des empirischen Frequenzgangs berechnet wird, die bei höheren Frequenzen z. T. stark streuen, ist das nicht der Fall.

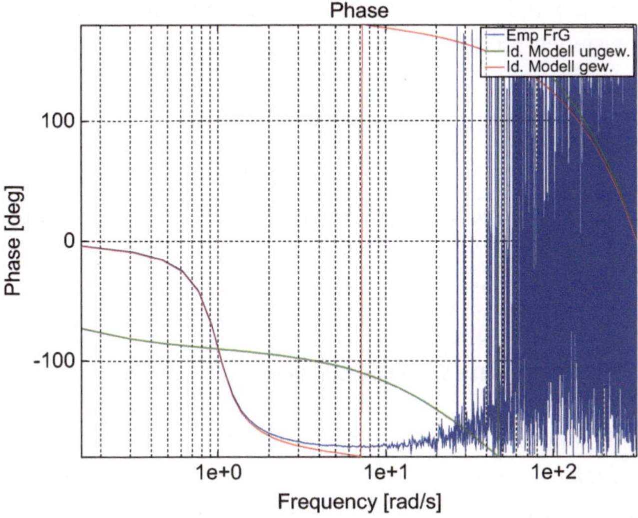

Abb. 9.2 Modellidentifikation aus dem Frequenzgang, gewichtet und ungewichtet – Phase

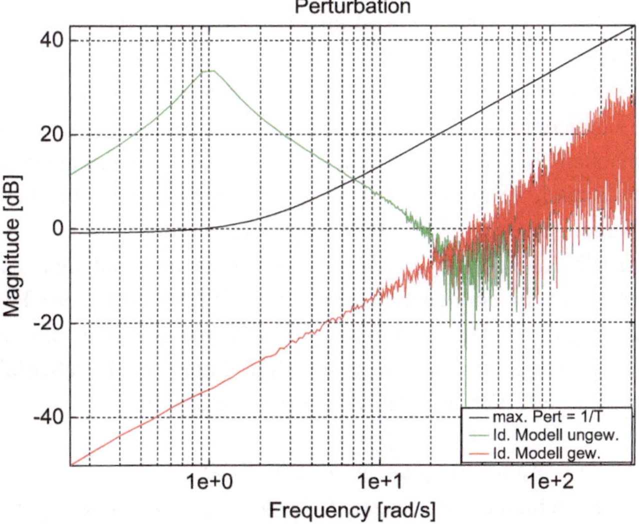

Abb. 9.3 Modellidentifikation aus dem Frequenzgang, gewichtet und ungewichtet – Gegenüberstellung Perturbation vs. typische Robustheit

Das weitere Vorgehen einschließlich Aufteilung auf Real- und Imaginärteile ist identisch. Die Übertragungen sinken im Betrag mit steigender Frequenz und deren Kehrwerte steigen (oft im relevanten Frequenzband um 80 dB, d. h. um das 10.000-Fache). Dabei ist deren messbasierte Genauigkeit bei höheren Frequenzen gering. Daher ist es empfehlenswert, deren Gewichtung (Gl. 9.19 und 9.22) entsprechend dem Betrag abzusenken, d. h. im Falle eines FFT-basierten Frequenzvektors als

$$w_h = \frac{|G(i\omega_h)|}{\omega_h}. \tag{9.25}$$

Die Division durch die Frequenz berücksichtigt wieder die mit der Frequenz steigende Dichte der Frequenzpunkte.

9.3 Identifikation eines strukturierten Modells

Neben der Identifikation eines allgemeinen linearen Modells sollte die Möglichkeit nicht verschwiegen werden, ein explizites analytisches Modell mit freien Parametern und ihren zulässigen Wertebereichen an den Frequenzgang anzupassen.

Bei guter Vorstellung über die physikalische Beschaffenheit der Regelstrecke ist das nicht nur irgendeine Alternative, sondern manchmal eine, die vorzuziehen ist. Man geht dabei den Problemen mit Schätzung der Modellordnung, Stabilität der Pole sowie Existenz und Stabilität der Nullstellen weitgehend aus dem Wege, da das analytische Modell mit sinnvollen Parameterwerten diese Fragen oft selbst beantwortet.

Einige Identifikations-Toolboxen bieten auch für diesen Identifikationsansatz Algorithmen. Man sollte sich jedoch über die Unbeirrbarkeit von solchen allgemeinen Algorithmen keine Illusion machen. In jedem Fall sollte der resultierende Frequenzgang mit seinem empirischen Gegenstück verglichen und die Abweichungen im Maßstab der erwarteten Robustheit des Regelkreises wie in Abb. 9.3 bewertet werden.

Scheitert man mit solchen eingebauten Algorithmen oder hat man Zweifel an deren Ergebnissen, kann man in einfacheren (aber in der Praxis üblichen) Fällen auf eigene Optimierung zurückgreifen. Die wichtigste Komponente ist dabei die zu minimierende Zielfunktion. Es handelt sich um eine realzahlige Funktion der ebenfalls realzahligen Modellparameter. Für jede Variante der Modellparameter wird

- die Übertragung $F(i\omega_h)$ für Frequenzen ω_h berechnet,
- der Vektor der gewichteten Differenzen $E_h = (F(i\omega_h) - F(i\omega_h))w_h$ gebildet,
- die quadratische Summe von $re(E_h)$ und $im(E_h))$ über alle h berechnet und
- die Parametervariante mit der geringsten Summe ausgewählt.

Zusammengefasst heißt das, der Parameterwert wird nach der minimalen Summe

$$\sum_{h=1}^{H} [re(G(i\omega_h) - F(i\omega_h))w_h]^2 + \sum_{h=1}^{H} [im(G(i\omega_h) - F(i\omega_h))w_h]^2 \tag{9.26}$$

ausgewählt.

Nun stellt sich die Frage, wie man das Minimum von Gl. 9.26 findet. Eine Möglichkeit besteht darin, Optimierungsverfahren aus dedizierten Funktionsbibliotheken zu verwenden. Da es sich um eine nicht lineare Aufgabe mit Randbedingungen (Wertebereiche der Parameter) handelt und der analytische Gradient der Zielfunktion Gl. 9.26 schwer zu ermitteln ist, sollte man von diesem Vorgehen nicht allzu viel erwarten. Ohne analytischen Gradienten muss die Optimierungsfunktion den numerischen Gradienten durch kleine Parametervariationen selbst ermitteln, was rechenaufwändig und ggf. ungenau ist. Darüber hinaus sind die meisten Funktionen nur auf konvexe Optimierungsaufgaben mit einem einzigen Minimum anwendbar, und diese Eigenschaften sind bei parametrisierten analytischen Modellen nicht gewährleistet. Noch unzuverlässiger sind Methoden, die gänzlich ohne Gradienten auskommen (oder, besser gesagt, es oft erfolglos versuchen). Allen voran ist hier die bekannte Downhill-Simplex-Methode zu nennen, deren Ergebnisse sehr vom Zufall, von der Initiallösung und vom Tagesglück abhängen. Selbstverständlich gilt aber: Ob eine Methode Erfolg hatte, wird im Nachhinein anhand der Übereinstimmung des empirischen und des modellbasierten Frequenzgangs entschieden, und zwar nach jeder Einzelberechnung. Bei guter Übereinstimmung kann das Ergebnis akzeptiert werden, auch wenn es einer wenig vertrauenswürdigen Methode entsprungen ist. Andererseits ist eine erfolgreiche Anwendung einer Methode keine Garantie für zukünftige Berechnungen.

Eine Methode bleibt weitgehend auf der sicheren Seite: die kombinatorische Suche über alle Kombinationen von diskreten Werten, die in einem bestimmten Raster durchsucht werden. Für jeden Modellparameter p_i wird ein Vektor der n_i diskreten Werte

$$p_{ij_i}, j_i = 1, \ldots, n_i \tag{9.27}$$

definiert. Die Zielfunktion wird über alle existierenden Kombinationen der parameterspezifischen Indizes j_i berechnet. Die Anzahl n_i der diskreten Werte vom i-ten Parameter kann verschieden sein, in den meisten Fällen gibt es jedoch für eine solche Differenzierung keinen wichtigen Grund.

Ihre Anwendbarkeit beschränkt sich auf Probleme mit wenigen zu bestimmenden Parametern. Je nach Rechenkapazität wird die Grenze unterhalb von 10 liegen – bei 10 Parametern und nur 5 diskreten Werten pro Parameter sind es $5^{10} = 9.765.625$ Auswertungen von Gl. 9.26. Manchmal ist die Universalität und Einfachheit der Methode trotzdem ein guter Ansatz: Sie kann mit Nichtlinearität, Nichtkonvexität und Wertebereichsbeschränkungen der Parameter problemlos umgehen.

Da einige Parameter oft zuverlässig bekannt sind, wird sich die Anzahl der wirklich freien Parameter in Grenzen halten. So ist beim Feder-Dämpfer-Massen-System mit empirischem Frequenzgang aus Abb. 9.1 und 9.2 offensichtlich, dass die Verstärkung bei asymptotisch sinkender Frequenz gleich 0 dB, d. h. gleich 1 ist. Damit ist der Wert der Steifigkeit in Gl. 2.1 bzw. 2.5 notwendigerweise ebenfalls gleich 1. Die bewegte Masse wird in der Regel genau zu ermitteln sein. Alternativ kann man sie aus der Resonanzfrequenz schätzen, die bei einem Feder-Dämpfer-Massen-System den Wert

$$\omega_{res} = \sqrt{\frac{c}{m}} \tag{9.28}$$

hat und die Masse daher

$$m = \frac{c}{\omega_{res}^2} \tag{9.29}$$

beträgt, was bei dem in Abb. 9.1 beobachteten $\omega_{res} = 1$ rad/s wieder auf den korrekten Wert $m = 1$ hinausläuft.

Damit bleibt nur noch die Dämpfung zu bestimmen. Dieser Wert wird angesichts der vorhandenen Resonanzüberhöhung unterhalb von

$$\sqrt{ms}, \tag{9.30}$$

d. h. oberhalb von 1, liegen. Es können also alternative Werte wie z. B. 1,0, 0,95, …, 0,3 durchgerechnet werden.

Daher ist es wichtig, die direkt messbaren Parameter in voraus zu bestimmen und sie nicht der Optimierung zu überlassen. Beim Beispiel des Feder-Dämpfer-Massen-Systems waren es die Parameter Steifigkeit und Masse. Bei einer Verkettung von zwei Feder-Dämpfer-Massen-Systemen (Gl. 2.32 bis 2.35) würde der asymptotische Wert der niederfrequenten Verstärkung der Gesamtsteifigkeit entsprechen, die beide Einzelsteifigkeiten nach Gl. 2.36 verkettet. Ist die Gesamtsteifigkeit bekannt, ist nur noch deren Aufteilung in der Optimierung zu bestimmen. Ähnliches gilt für die Gesamtmasse und deren Aufteilung.

Bereits bei der Wahl des zu parametrierenden Modells sollte die Modellordnung im Auge behalten werden. Mit steigender Ordnung steigt zwar die „Anpassungsfähigkeit" des Modells, jedoch auch die Anzahl der Parameter. Diese müssen aus dem Frequenzgang sicher bestimmbar sein. Die Grenzen „akzeptabler Ordnung" sind sicherlich fließend. Bei Eingrößenmodellen (SISO – ein Input, ein Output) wird bei Ordnungen über 4 selten eine belastbare Parameteranpassung möglich sein. Bei größerer Anzahl der Messgrößen können auch höhere Ordnungen infrage kommen.

Es sollte das einfachste, für die Zwecke der Regelung ausreichend anpassbare Modell verwendet werden. Das System aus zwei verketteten Feder-Dämpfer-Massen-Systemen kann durchaus akzeptabel mit einem einzelnen Feder-Dämpfer-Massen-System abgebildet werden (Abb. 9.4 und 9.5). Die Perturbation (Abb. 9.6) bleibt in Bezug auf die gewählte beispielhafte Robustheit tief im sicheren Bereich. Das muss selbstverständlich nicht immer gelten – maßgeblich ist der wirkliche Robustheitsverlauf mit dem tatsächlich zu verwendenden Regler.

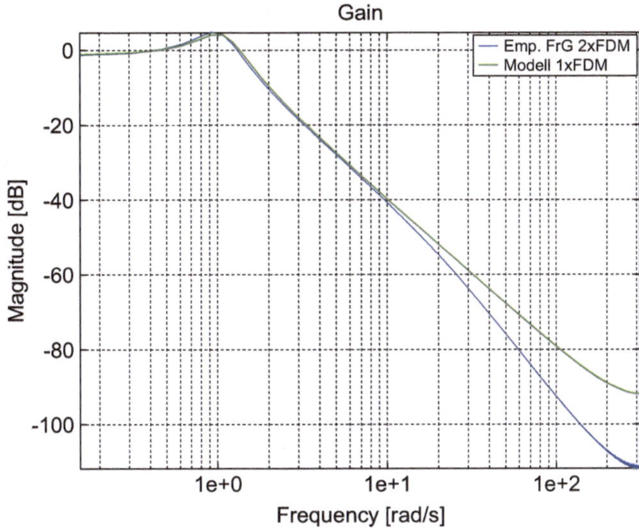

Abb. 9.4 Approximation des Frequenzgangs von System 2xFDM durch ein Modell 1xFDM – Verstärkung

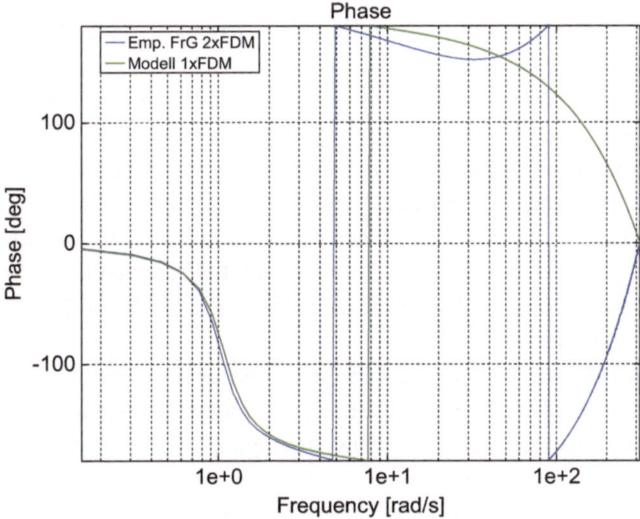

Abb. 9.5 Approximation des Frequenzgangs von System 2xFDM durch ein Modell 1xFDM – Phase

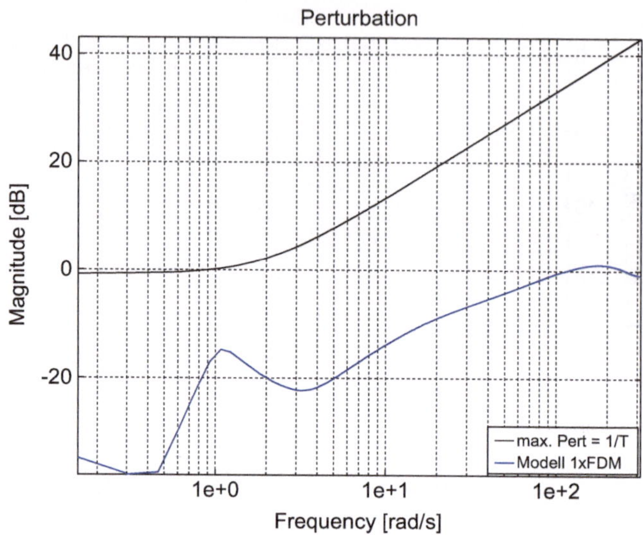

Abb. 9.6 Approximation des Frequenzgangs von System 2xFDM durch ein Modell 1xFDM – Vergleich der Perturbation mit beispielhaftem Robustheitsverlauf

9.4 Vorteile der Modellidentifikation im Frequenzbereich

Das Verfahren aus Abschn. 9.2 sieht gegenüber den zeitreihenbasierten Algorithmen aus Abschn. 9.1 etwas sperrig aus. Es setzt voraus, dass zuerst aus den Messdaten ein empirischer Frequenzgang bestimmt wird. Jeder Entwickler wird sich die Frage stellen, warum man das scheinbar komplexere Verfahren verwenden sollte. Um die Vorteile zu sehen, muss man sich das Gesamtziel der Modellidentifikation vor Augen führen: ein Modell zu gewinnen, welches mit den Messdaten, und daher auch mit dem sie generierenden System, gut übereinstimmt. Das führt zur nächsten Frage: Wie erkennt man, dass diese Übereinstimmung gut ist?

Die Verfahren, die direkt auf den Zeitreihen operieren, minimieren die quadratische Abweichung zwischen dem Messwert und der Modellprognose nach Gl. 9.1. Wann ist diese Abweichung klein genug? Das ist fast unmöglich zu beantworten, denn die Folgen einer größeren Abweichung sind kaum quantitativ einzuschätzen. Außerdem gibt es keine Stellhebel, mit denen man die Verteilung der Abweichung an die Spezifika des Problems anpassen könnte. Es ist zwar möglich, einzelne Messwerte unterschiedlich zu gewichten, aber es scheint kein plausibles Prinzip zu geben, nach dem man diese Gewichtung gezielt einsetzen könnte.

Bei verschiedenen Systemen und verschiedenen regelungstechnischen Anwendungen sind unterschiedliche Frequenzbereiche wichtig: Mal geht es um die Präzision bei langsamer Dynamik, mal um die Steigerung der schnellen Dynamik. Die Zeitbereichsalgorithmen

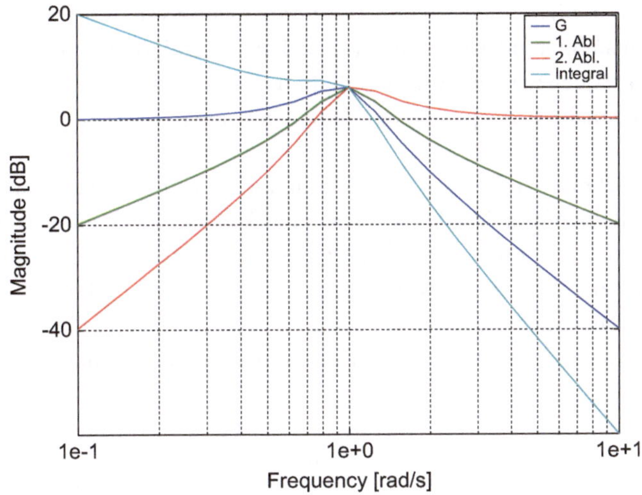

Abb. 9.7 Auswirkung der Ableitung oder der Integration des System-Outputs auf den Frequenzgang

geben uns hierfür kaum Einstellmöglichkeiten. Eine davon ist, anstelle des Strecken-Outputs seine Ableitung oder sein Integral zu betrachten. So erhält man durch die erste Ableitung des Outputs eines Feder-Dämpfer-Massen-Systems die Massengeschwindigkeit (statt ihrer Position) und durch die zweite Ableitung die Massenbeschleunigung. Damit verschiebt sich der Inhalt an Frequenzanteilen hin zu höheren Frequenzen, die damit auch in der quadratischen Abweichungssumme eine größere Rolle spielen werden. Das Ganze ist in Abb. 9.7 dargestellt, einschließlich der Auswirkung der Integration des Ausgangs, die hier keine explizite physikalische Bedeutung hat.

Je nach Verwendung des Originalsystems oder seiner Ableitungen können also verschiedene Modelle mit unterschiedlicher Betonung der Genauigkeit von niedrig- und hochfrequentem Verhalten entstehen. Aber auch dieses Steuerungsmittel ist nicht nur grob, sondern es ist auch schwierig, es gezielt einzusetzen.

Um die problemspezifische Anpassungsgüte beurteilen zu können, bleibt letztendlich nur der Vergleich mit dem empirischen Frequenzgang. Diesen kann man selbstverständlich auch bei einem aus Zeitreihen gewonnenen Modell durchführen, man hat dann aber keine Möglichkeiten, die Anpassungsgüte zu steuern.

Die Modellidentifikation aus dem empirischen Frequenzgang orientiert sich hingegen von Anfang an an diesem Maßstab. Durch geeignete Gewichtung kann man die Anpassungsgüte so steuern, dass die größeren Abweichungen in Frequenzbereichen liegen, die aus der Sicht der Robustheit unkritisch sind, wie in Abb. 9.3 gezeigt.

Trotz dieses Vorteils muss man sich auch bei dieser (und jeder anderen) Art der Modellidentifikation auf eine iterative Suche einstellen. Die zu überwindenden Hindernisse sind insbesondere

- Modelle mit instabilen Polen, obwohl das vermessene System offenbar stabil ist,
- Modelle mit instabilen oder sonst nicht physikalisch erklärbaren Nullstellen sowie
- Modelle mit Frequenzgängen, die außerhalb des durch den empirischen Frequenzgang erfassten Frequenzbereichs paradoxes Verhalten zeigen.

In der regelungstechnischen Software werden Funktionen angeboten, die als Ergebnis z. B. nur stabile Modelle liefern. Diese Funktionen sind aber im Allgemeinen wenig zuverlässig – man kann beliebig seltsame Ergebnisse erhalten, ohne große Einflussmöglichkeiten auf Verbesserung. Mit der direkten Verwendung der Formeln aus Abschn. 9.2 ist man oft nicht schlechter (manchmal auch nicht besser) dran, hat jedoch den Vorteil der Transparenz und die Möglichkeit, durch Gewichtung oder Einschränkung des anzupassenden Frequenzbereichs Abhilfe zu schaffen. Eine gute Lösung bleibt die Anpassung eines glaubwürdigen analytischen Modells.

In allen Fällen gelten folgende Empfehlungen:

1. Falls Kenntnisse über die Struktur und Parametrierung eines geeigneten analytischen Modells der Regelstrecke vorliegen, ist die Parameteranpassung dieses Modells an erster Stelle zu erwägen. Damit sind die nächsten beiden Probleme mit Modellordnung und Anzahl der Nullstellen entschärft, da die analytischen Modelle allein durch ihre Struktur und zulässige Parameterbereiche Stabilität gewährleisten.
2. Die Modellordnung (Anzahl der Pole n) sollte gezielt und minimal gewählt werden. Als gutes Indiz kann oft die maximale im empirischen Frequenzgang beobachtete Phasendrehung sein. Pro Ordnung beträgt sie 90°. So ist bei beobachteter Phasendrehung des empirischen Frequenzgangs von ca. 180° (wie beim Feder-Dämpfer-Massen-System) die zweite Ordnung des Modells anzusetzen, bei 270° wäre es die dritte Ordnung.
3. Die Anzahl der Nullstellen m sollte ebenfalls gezielt und minimal gewählt werden. Bei Systemen, die durch eine Differenzialgleichung ohne Ableitungen der Input- bzw. Stellgröße beschrieben werden, ist diese Anzahl gleich null. Im Frequenzgang manifestieren sich die Nullstellen (insbesondere deren komplexe Paare) durch einen deutlichen Einbruch bei bestimmter Frequenz. Ist kein Einbruch vorhanden, gibt es (bis auf Weiteres) keinen Grund, die Existenz von Nullstellen anzunehmen.
4. Frequenzbereiche, in denen der empirische Frequenzgang zwischen den benachbarten Frequenzen große Schwankungen in Verstärkung und/oder Phase aufweist, sollten für die Anpassung nicht verwendet werden. Sonst besteht die Gefahr, dass das Minimum der quadratischen Abweichung den großen zufälligen Schwankungen folgt und das Ergebnis der Identifikation unbrauchbar ist. Trotzdem sollte nach der Anpassung des Modells auch bei diesen Frequenzen kontrolliert werden, ob sich das identifizierte Modell hier von dem (optisch) geglätteten Frequenzgang nicht zu stark entfernt. Der Maßstab dafür ist die erwartete Robustheit bzw. maximale Perturbation des Regelkreises wie im Beispiel von Abb. 9.3.

9.5 Vorgehensweise für die Modellidentifikation

Im Gegensatz zur Überprüfung der robusten Stabilität (Abschn. 5.5), der robusten Performanz (Abschn. 6.5.1) und der Bestimmung des empirischen Frequenzgangs (Abschn. 8.3) ist die Modellidentifikation ein etwas weniger geradliniger Prozess. Fest steht nur sein Ziel: ein Modell, dessen Frequenzgang mit dem empirischen gut übereinstimmt, und, falls die Regelstrecke stabil ist, ebenfalls keine instabilen Pole besitzt. Da diese Übereinstimmung nie perfekt sein wird, sollten alle Analysen wie diejenige der robusten Stabilität oder der robusten Performanz mit Hilfe der empirischen Frequenzgänge zumindest ergänzend durchgeführt werden. Der wirkliche Bedarf nach einem Modell besteht vor allem beim Reglerentwurf mit Stabilitätsgarantie für den Regelkreis.

Wie in Abschn. 9.3 und 9.4 erwähnt, ist die Anpassung eines kontrolliert parametrierten analytischen Modells der Regelstrecke in vielerlei Hinsicht vorteilhaft. Steht ein solches technisch glaubwürdiges lineares Modell akzeptabler Ordnung zur Verfügung, ist dieser Weg empfehlenswert. Die Identifikation eines parametrierten analytischen Modells besteht aus folgenden Schritten:

1. *Bestimmung eines empirischen Frequenzgangs aus Messdaten nach* Abschn. 8.3.
2. *Formulierung eines analytischen Modells mit Parametern*. Die Ordnung sollte zur Anzahl von messbaren Output-Variablen passen, d. h. bei einer messbaren Größe nicht über ca. 4 sein.
3. *Bei zu hoher Ordnung des Modells: Vereinfachung*. Die Zulässigkeit der Vereinfachung wird anhand von Frequenzgängen geprüft, deren Perturbation (Abweichung des Originalmodells vom vereinfachten Modell) der zu erwartenden Robustheit gegenübergestellt wird. Für die zu erwartende Robustheit kann in der ersten Näherung ein Erfahrungsverlauf aus einer analogen Anwendung genommen werden. Eine bessere Schätzung erfolgt über die Berechnung der komplementären Sensitivität aus der zu betrachtenden vereinfachten Regelstrecke und einem „Versuchsregler". Am Ende muss jedoch der endgültige Regler eingesetzt und die Zulässigkeit der Vereinfachung des Modells nochmals überprüft werden.
4. *Bestimmung möglichst vieler Parameter (oder ihrer Kombinationen) durch direkte Messungen*. Dieser Schritt ist wichtig, um die Kombinatorik der Werte zahlenmäßig unbekannter Parameter zu begrenzen. Die direkten Messungen sollten die späteren Betriebsbedingungen berücksichtigen. Die Ansprüche an die Genauigkeit sind bescheiden – Abweichungen im einstelligen Prozentbereich sind in der Regel akzeptabel.
5. *Definition der Wertebereiche von Parametern, deren Werte durch direkte Messungen nicht bestimmbar sind*. Die Wertebereiche sollen physikalisch zulässig und für das gegebene System zu erwarten sein. Übermäßig breite Bereiche werden die kombinatorische Anzahl der Versuche erhöhen.
6. *Definition der diskreten Werte von Parametern*. Je nach Anzahl der freien Parameter N und Anzahl der Modelle $R = M^N$, die man bereit ist durchzurechnen, ist die Anzahl M der diskreten Werte pro Parameter zu wählen (falls es keinen guten Grund gibt, diese

Anzahlen unterschiedlich für verschiedene Parameter zu wählen). Für gegebenes R und N ist die Obergrenze für M $e^{log(R)/N}$ oder $10^{log10(R)/N}$. Sollte hier ein Wert unterhalb von 5 herauskommen, könnte die Diskretisierung zu grob sein. Dann ist eine weitere Absenkung der Anzahl freier Parameter zu empfehlen.

7. *Wahl der Gewichte einzelner Frequenzen.* Bei Frequenzen aus FFT (entsprechend der Fourier-Reihe) ω_0, $2\omega_0$, $3\omega_0$, ... werden wegen der steigenden relativen Dichte der Frequenzen Gewichte der Form $w_h = 1/\omega_h$ empfohlen.
8. *Berechnung der Anpassungskennzahl aus* Gl. 9.26 *für alle Kombinationen der diskreten Parameterwerte.* Für jede Parameterwertkombination wird Folgendes durchgeführt:
   a. *Berechnung des Frequenzgangs des Modells mit dieser Parameterkombination.* Das geschieht durch Einsetzen lt. Gl. 2.19 für alle Frequenzen des empirischen Frequenzgangs in die diskrete Übertragungsfunktion der aktuellen Modellvarianten. Solche Funktionen sind in vielen regelungstechnischen Softwarepaketen enthalten (z. B. *Matlab*-Funktion *freqresp()*).
   b. *Bewertung der gewichteten Summe quadratischer Abweichungen vom empirischen Frequenzgang nach* Gl. 9.26.
9. *Auswahl der Parameterkombination mit dem minimalen Wert von* Gl. 9.26.

Ist kein analytisches Modell verfügbar, muss auf die allgemeine lineare Modellform aus Gl. 9.7 ausgewichen werden. Die Verfahrensschritte sind die folgenden:

1. *Bestimmung eines empirischen Frequenzgangs aus Messdaten nach* Abschn. 8.3.
2. *Bestimmung der Modellordnung und der Anzahl der Nullstellen.* Die Empfehlungen aus Abschn. 9.4 können hierbei hilfreich sein. Die Modellordnung (Anzahl der Pole) sollte so gering wie möglich sein. Ohne analytische Hypothesen über das zu modellierende System kann sie nur durch iterative Versuche ermittelt werden. Für die Anzahl der Nullstellen gilt das Gleiche. Ohne guten Grund sollten keine Nullstellen zugelassen werden (vgl. Empfehlungen aus Abschn. 9.4).
3. *Berechnung des Modells durch lineare Regression.* Für Modelle ohne Nullstellen wird das Verfahren nach Gl. 9.23 bis 9.25 empfohlen, sonst nach Gl. 9.12 und 9.13. Selbstverständlich könnten auch eingebaute Funktionen aus regelungstechnischer Software verwendet werden – unter strenger Beachtung der nächsten Schritte.
4. *Bestimmung der Pole des Modells.* Bei einer stabilen Regelstrecke (und nur bei einer solchen ist das frequenzgangbasierte Verfahren sinnvoll) müssen die Pole stabil sein. Sind sie es nicht, ist das Modell nicht verwendbar. Es muss z. B. durch Veränderung der Systemordnung oder der Gewichte der Regression versucht werden, ein stabiles (aber gut angepasstes) Modell zu finden. Manchmal gibt die Ansicht des Modellfrequenzgangs einen Hinweis auf eine geeignete Gewichtsmodifikation.
5. *Gegenüberstellung des Modell- und des empirischen Frequenzgangs.* Die Signifikanz der Unterschiede wird anhand der Perturbation des empirischen Frequenzgangs gegenüber dem Modellfrequenzgang bewertet, und zwar als Vergleich zu der zu erwartenden

Robustheit. Für die zu erwartende Robustheit kann in der ersten Näherung ein Erfahrungsverlauf aus einer analogen Anwendung genommen werden. Eine bessere Schätzung ist über die Berechnung der komplementären Sensitivität aus der zu betrachtenden vereinfachten Regelstrecke und einem „Versuchsregler" erreichbar. Am Ende muss jedoch der endgültige Regler eingesetzt und die Zulässigkeit der Vereinfachung des Modells nochmals überprüft werden.

Literatur

1. Ljung, L.: System Identification – Theory for the User. Prentice Hall, Englewood Cliffs (1998)

Robuste Spezifikationen für Subsysteme 10

Zusammenfassung

Es gehört zur industriellen Realität, dass Systeme aus Komponenten bestehen, für deren Auslegung verschiedene Verantwortlichkeiten vorliegen. Bei einem geregelten sicherheitskritischen Gesamtsystem ist die Frage wichtig, welche Robustheitsspezifikationen eines Subsystems notwendig sind, um die funktionale Sicherheit des Gesamtsystems zu gewährleisten. Diese Information muss an den Verantwortlichen für die Komponente (z. B. den Zulieferer) in einer Weise weitergeleitet werden, dass er imstande ist, sie mit den Robustheitsmerkmalen seiner Komponente in Verbindung zu bringen. Das Hauptinstrument dazu ist die Beziehung zwischen der Perturbation einer Regelstrecke und der Perturbation des Regelkreises (z. B. der Variabilität des Führungsverhaltens der Komponente). Diese Beziehung wird erklärt und an einem Beispiel aus dem Bereich des automatisierten Fahrens erläutert.

Die heutige industrielle Realität zeichnet sich durch die ausgeprägte vertikale Gliederung des Entwicklungsprozesses aus. Die Produktkomponenten werden von spezialisierten Zulieferern entwickelt. Auch die Regelungsproblematik wird davon nicht verschont.

Ein Beispiel dafür dürfte das automatisierte Fahren sein. Eine der automatischen Funktionen ist das Spurhalten. Obwohl für die Spurplanung oft relativ komplexe Algorithmen verwendet werden, handelt es sich grob gesehen um einen Regler, der die Abweichung zwischen der geplanten und der tatsächlichen Spur des Fahrzeugs auch in dynamischen Situationen klein hält. Dabei verwendet der Regelkreis ein Lenksystem, welches typischerweise von einem Zulieferer bezogen wird. Dieses Lenksystem hat wiederum die Aufgabe, eine vorgegebene Position der Spurstangen mit Hilfe seiner Regelung zu stellen.

T. Hrycej, *Robuste Regelung*,
https://doi.org/10.1007/978-3-662-54168-5_10

Für die Erfüllung der Spurhalte-Aufgabe ist eine gewisse Performanz des Spurreglers erforderlich. Diese Performanz kann der Spurregler nur dann erbringen, wenn das Lenksystem die Spurstangenposition mit vorgegebener Präzision stellt. Es muss folglich eine Spezifikation der Performanz der Lenksystemregelung stattfinden.

Beide Regelkreise werden mit gewissen Variationen ihrer jeweiligen Regelstrecken ihre Funktion im Sinne der funktionalen Sicherheit garantieren müssen. Beim Spurhalte-Regelkreis (äußerer Regelkreis) handelt es sich um die Regelstrecke, die sich aus

- dem Fahrzeug, insbesondere der Fahrzeugachse,
- dem Lenksystem (welches seinerseits ein Regelkreis – der innere Regelkreis – ist) und
- der Sensorik für die Spurbeobachtung

zusammensetzt.

Die Regelstrecke des Lenksystems besteht aus

- Servolenkungsantrieb mit seinen Massen, Steifigkeiten und Dämpfungen,
- Kraftrückkopplung mit der Fahrzeugachse (z. B. Rückstell- und Trägheitskräfte, mit denen die Fahrzeugachse auf Positionswechsel der Spurstangen reagiert) sowie
- der Sensorik für die Position der Spurstange.

Insgesamt handelt es sich um eine Struktur wie in Abb. 10.1. Die Regelstrecke des Lenksystems ist hier mit G, diejenige des Fahrzeugs, die den Lenkungsregelkreis einschließt, mit H bezeichnet.

Die Regelstecke der Komponente, in unserem Falle des Lenksystems, unterliegt gewisser Variabilität. Diese kann durch Fertigungstoleranzen, Umweltbedingungen und Betriebspunkte des Fahrzeugs begründet sein. Die Funktion des Lenksystem-Regelkreises besteht darin, trotz dieser Variabilität seine Aufgabe, das Stellen der Spurstangenposition, im Sinne einer robusten Performanz sicher zu erfüllen.

Nun stellt sich die Frage, wie sich die nicht zu vermeidende Variabilität der Regelstrecke der Komponente auf die Leistung des übergeordneten Regelkreises (in unserem Beispiel der Spurhalte-Funktion des Fahrzeugs) auswirkt. Mit anderen Worten: Die geregelte Komponente ist als Teilstrecke mit einem definierten Bereich von Streckenperturbationen zu sehen.

Dabei muss man klar unterscheiden zwischen

- Perturbationen der ungeregelten Komponentenregelstrecke und
- Perturbationen der geregelten Komponente, d. h. des gesamten Regelkreises.

Letzteres ergibt sich aus ersterem unter Einbeziehung des Reglers, seiner Robustheit und Performanz. Die Perturbationen des Komponentenregelkreises sind wiederum die Grundlage für die Robustheitsanalyse des übergeordneten Regelkreises.

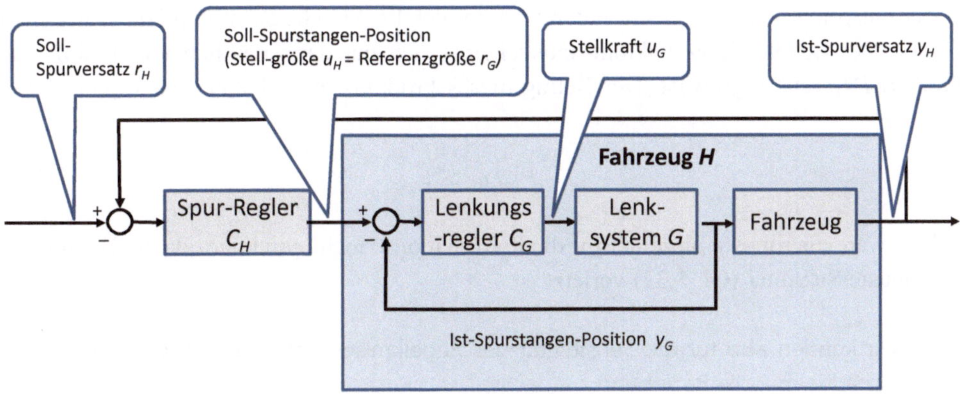

Abb. 10.1 Regelkreise eines Gesamtsystems mit Komponente

Es wird also eine quantitative Beziehung benötigt, die

- aus dem Perturbationsbereich der Regelstrecke (mit Übertragung Stellgröße => Regelgröße)
- auf denjenigen des Regelkreises (d. h. der Übertragung Referenzgröße => Regelgröße)

schließen lässt.

Bei einem SISO-System ist die letztere Übertragung identisch mit der komplementären Sensitivität, bei einem MIMO-System mit der komplementären Sensitivität auf die Output-Störung.

Diese Beziehung wird in [1], S. 237 und 539, analysiert. Da in einzelnen Anwendungen ähnliche, aber nicht identische Fragestellungen entstehen können, wird hier der Herleitungsweg aufgezeigt.

Betrachten wir eine Perturbation P der nominellen inneren Regelstrecke G_0 und ihre inverse Beziehung zu einer modifizierten Streckenvariante G:

$$\begin{aligned} G &= (I+P)G_0 \\ P &= (G-G_0)G_0^{-1} \end{aligned} \tag{10.1}$$

Die Sensitivität S unter modifizierter Streckenvariante G ist:

$$\begin{aligned} S &= (I+GC)^{-1} = (I+G_0C+PG_0C)^{-1} \\ &= \left(I+G_0C+PG_0C(I+G_0C)^{-1}(I+G_0C)\right)^{-1} \\ &= \left(\left(I+PG_0C(I+G_0C)^{-1}\right)(I+G_0C)\right)^{-1} \\ &= ((I+PT_0)(I+G_0C))^{-1} = (I+G_0C)^{-1}(I+PT_0)^{-1} \\ &= S_0(I+PT_0)^{-1} \end{aligned} \tag{10.2}$$

Sie entspricht also der Sensitivität mit der nominellen Strecke S_0, multipliziert mit einem Faktor. Der Betrag dieses Faktors unterscheidet sich nur dann deutlich von 1, falls das Produkt PT_0 relativ groß ist. Der Betrag dieses Produkts muss kleiner als 1 sein. Sollte nämlich

$$|P||T_0| > 1 \tag{10.3}$$

gelten, wäre die robuste Stabilität für die Perturbation P nicht garantiert, da die Bedingung für robuste Stabilität (Gl. 5.32) verletzt ist.

▶ Wir können also für die Sensitivität des Regelkreises unter Regelstreckenperturbationen P die Beziehung

$$S = S_0(I + PT_0)^{-1} \tag{10.4}$$

festhalten.

Für den Betrag der Sensitivität unter perturbierter Strecke gilt:

$$|S| \leq \frac{|S_0|}{1 - |P||T_0|} \tag{10.5}$$

d. h., die garantierte Sensitivität verschlechtert sich mit wachsendem Betrag des Produkts $|P||T_0|$.

Für die komplementäre Sensitivität T unter perturbierter Strecke gilt:

$$\begin{aligned} T - T_0 &= 1 - S - 1 + S_0 = S_0 - S \\ &= S_0\Big(I - (I + PT_0)^{-1}\Big) \\ &= S_0(I + PT_0)^{-1}PT_0 \\ T &= \Big(I + S_0(I + PT_0)^{-1}P\Big)T_0 \end{aligned} \tag{10.6}$$

Die komplementäre Sensitivität stellt die Übertragung von der Referenzgröße zur Regelgröße (d. h. von der Soll- zur Ist-Größe) dar. Es ist also die Übertragung des gesamten Regelkreises. In der Struktur von Abb. 10.1 ist das ein Teil desjenigen Blocks, den der äußere Regelkreis als seine Regelstrecke „sieht". (Der andere Teil ist die Fahrzeugdynamik, die dem Lenkungsregelkreis nachgeschaltet ist.) Um die Robustheitseigenschaften des äußeren Regelkreises zu untersuchen, benötigen wird den Perturbationsbereich für diese Regelkreisübertragung. Er kann wie folgt definiert werden:

$$P_T = (T - T_0)T_0^{-1} = SP = S_0(I + PT_0)^{-1}P \tag{10.7}$$

▶ Die Perturbation P_T des Komponentenregelkreises ergibt sich also aus der Perturbation P der Komponentenregelstrecke als

$$P_T = S_0(I + PT_0)^{-1}P. \tag{10.8}$$

Analog zur Überlegung bei Gl. 10.5 kann eine Ungleichung für den maximalen Betrag der Perturbation P_T bestimmt werden:

$$|P_T| \leq |P| \frac{|S_0|}{1 - |P||T_0|} \tag{10.9}$$

Die Perturbation des Regelkreises bei einer gewissen Frequenz ist also proportional der Perturbation der Regelstrecke und dem Betrag der Sensitivität. Das ist zu erwarten: Der Regelkreis vermindert die Empfindlichkeit gegen Streckenvariationen, und zwar umso mehr, je kleiner der Betrag der Sensitivität ist. Hinzu kommt ein Faktor, der ggf. größer als 1 ist und wiederum damit zusammenhängt, welchen Anteil der Robustheit des Regelkreises die Perturbation P „in Anspruch genommen" hat.

10.1 Beispiel eines Gesamtsystems mit einer robustheits-kritischen Komponente

Zur Illustration ziehen wir eine hypothetische Spurführung heran. Die Spurführungs-Regelstrecke H besteht aus

- dem Lenksystem-Regelkreis T_G, d. h. der Übertragung von der Soll- zur Ist-Spurstangenposition, und
- der Fahrzeugdynamik, d. h. der Übertragung von der Spurstangenposition zum Spur versatz.

Das dynamische Verhalten der Spursensorik wird hier nicht berücksichtigt. Die Fahrzeugdynamik ist trivial modelliert: Die Spurstangenposition bewirkt einen Radlenkwinkel ohne dynamisches Verhalten, der Radlenkwinkel führt zur proportionalen Querbeschleunigung, die zweifach integriert wird, um die Position zu erhalten. Die gesamte Fahrzeugdynamik wird also als ein Doppelintegrator modelliert mit Konstante a, die von der Fahrzeug-Längsgeschwindigkeit abhängt. Die zu regelnde Regelstrecke H ist insgesamt durch

$$H = \frac{T_G a}{s^2} \tag{10.10}$$

beschrieben und hat einen Frequenzgang wie in Abb. 10.2.

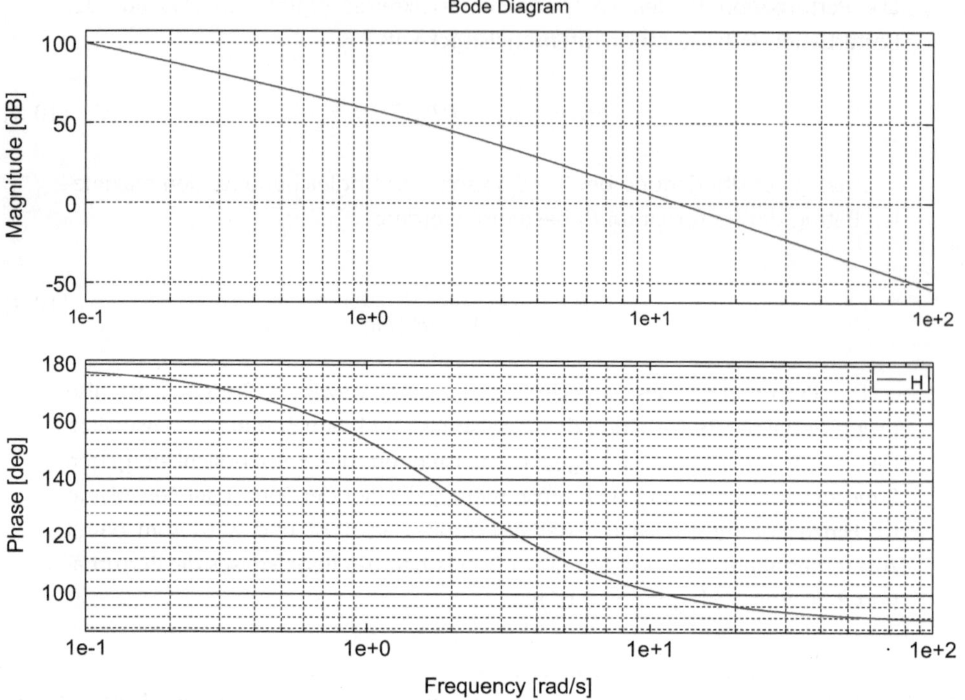

Abb. 10.2 Äußerer Regelkreis: Regelstrecke

Die Übertragungsfunktion T_G der Komponente, des Lenksystems, die ein Teil der Strecke H ist, wird nominell wie in Abb. 10.3 angenommen bzw. als Vorgabe für den Zulieferer spezifiziert. Aus der Sicht des Zulieferers handelt es sich also um die Spezifikation der Übertragung des geschlossenen Regelkreises.

Zusammen mit einem Regler (PI-Regler mit Pol-Kompensation und zusätzlichem Differenzierer wegen des zweiten Integrators der Regelstrecke) ergibt sich die nominelle Sensitivität und die nominelle komplementäre Sensitivität des Spurhalte-Regelkreises aus Abb. 10.4. Diese Performanz- und Robustheitsmaße definieren die nominellen Eigenschaften des Regelkreises.

Nun wird untersucht, wie sich die Variabilität der Komponente, d. h. des Lenksystems, auf die Performanz und Robustheit des Spurhalte-Regelkreises auswirken.

Die ungeregelte Komponentenstrecke besteht aus einem Lenksystem mit Stellkraft des Lenkungsantriebs als Stellgröße, die eine Spurstangenposition, beschrieben durch die Übertragung G, einstellt. Das Lenksystem wird als ein Feder-Dämpfer-Massen-System modelliert. Der Regler des Lenksystems, C_G, bewirkt ein Verhalten des Regelkreises, welches in Abb. 10.5 durch die nominelle Sensitivität S_G und die nominelle komplementäre Sensitivität T_G beschrieben ist. Es wird angenommen, dass T_G genau der spezifizierten Übertragung aus Abb. 10.3 entspricht.

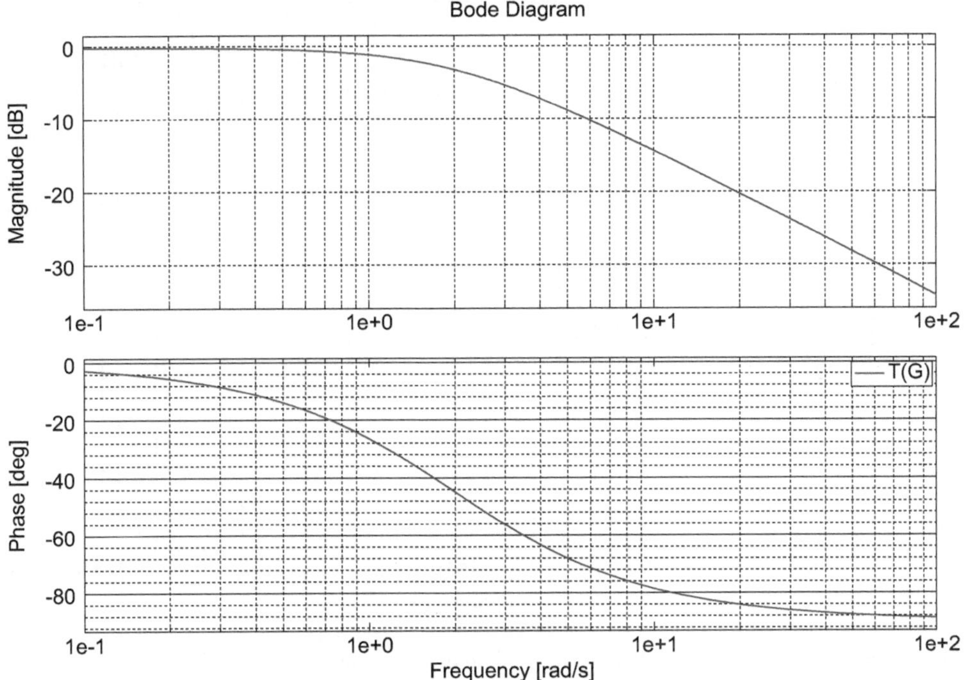

Abb. 10.3 Äußerer Regelkreis: Komponentenübertragung

Die Regelstrecke G unterliegt der Variabilität, die durch eine obere Perturbationsgrenze erfasst wird. In Abb. 10.6 sind einige Varianten der Perturbationsgrenzen gezeigt, die durch verschiedene Grenzfälle der Dämpfung des Feder-Dämpfer-Massen-Systems G definiert und entsprechend gekennzeichnet sind. Diese Perturbationsgrenzen würden in der Realität durch deutlich komplexere Überlegungen zustande kommen, wie in Kap. 5 und 6 argumentiert – ihre Verbindung mit konkreten Grenzfällen ist hier nur zur Vereinfachung hergestellt. Des Weiteren ist in Abb. 10.6 der Kehrwert der nominellen komplementären Sensitivität eingezeichnet. Da alle Varianten der Perturbationsobergrenze darunter liegen, ist die robuste Stabilität des Regelkreises in allen gezeigten Fällen garantiert.

Die Perturbationsgrenzen der Regelstrecke G ergeben der Gl. 10.9 folgend Perturbationsgrenzen des Komponentenregelkreises T_G, der ein Teil der äußeren Regelstrecke H ist. Diese Perturbationsgrenzen sind in Abb. 10.7 dargestellt. Sie sind in Frequenzbereichen, in denen hohe Performanz und große Robustheit herrscht (z. B. unterhalb von 0,5 rad/s), deutlich geringer als die Perturbationsgrenzen der Regelstrecke. Im kritischen Frequenzbereich um 1 rad/s, wo die Performanz bereits deutlich abgesunken ist, sind sie jedoch in gleicher Größenordnung. Hier findet die Robustheitserhöhung durch Feedback nicht mehr statt – als Folge dieser geringen Performanz.

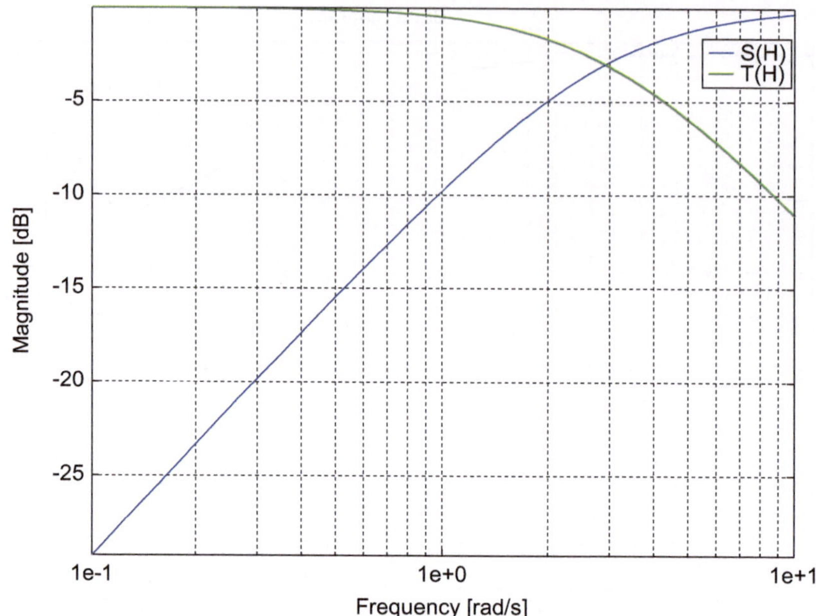

Abb. 10.4 Äußerer Regelkreis: Sensitivität und komplementäre Sensitivität

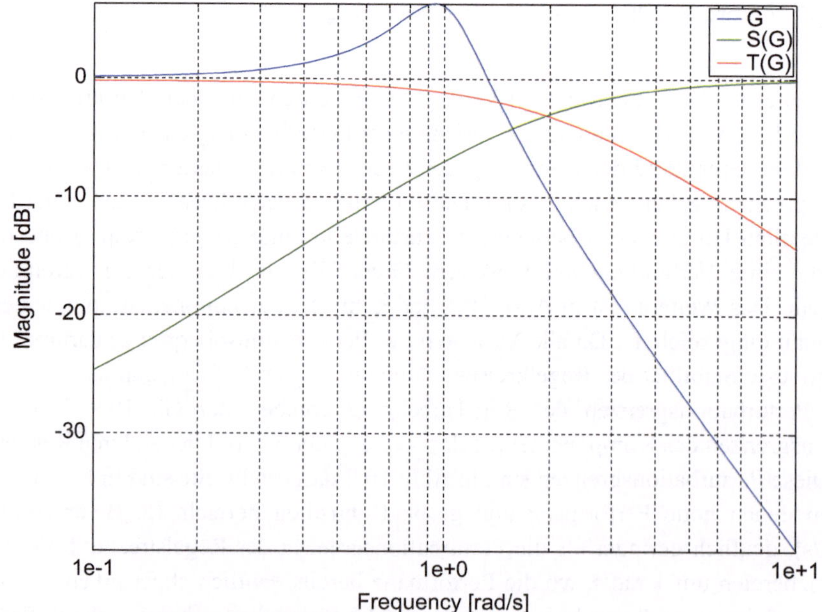

Abb. 10.5 Innerer Regelkreis: Regelstrecke, Sensitivität und komplementäre Sensitivität

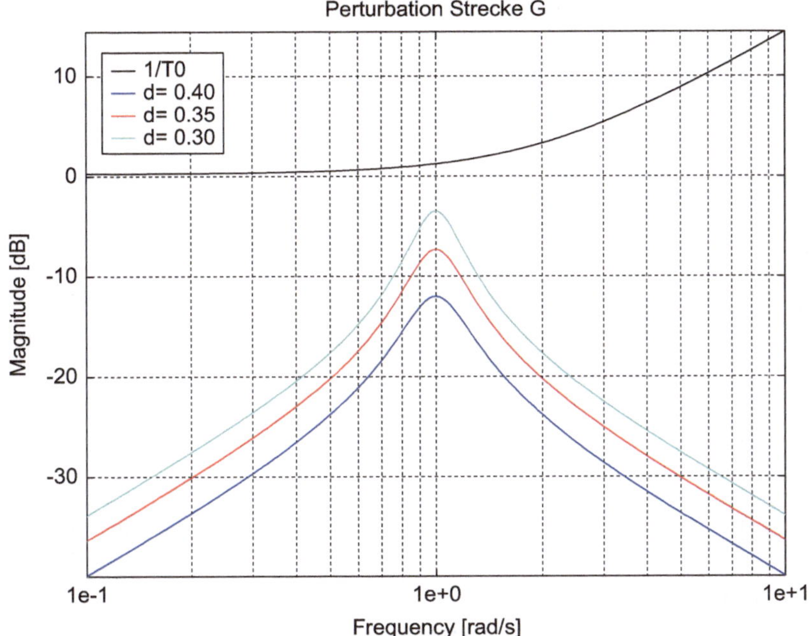

Abb. 10.6 Innerer Regelkreis: Varianten von Perturbationsgrenzen der Regelstrecke G

Die Perturbationsgrenzen des Komponentenregelkreises sind in diesem Fall identisch mit denjenigen der Spurhalte-Regelstrecke *H*, da wir keine Variabilität der Fahrzeugstrecke (Doppelintegrator) annehmen. Sollte diese Annahme nicht zutreffen, müssten entsprechende Gesamtperturbationsgrenzen berechnet werden.

Stellt man die Perturbationsgrenzen von H der Robustheit des äußeren Regelkreises $1/T_H$ gegenüber, ergeben sich Reserven für robuste Stabilität wie in Abb. 10.8. Robuste Stabilität ist hiermit gewährleistet. Zu beachten ist jedoch, dass die garantierten Reserven konservativ sind – sie sind geringer eingeschätzt, als es bei der Kenntnis der tatsächlichen Varianten von *G* (Abb. 10.7) der Fall gewesen wäre.

Dort, wo die Robustheitsreserve weitgehend aufgebraucht ist (um 1 rad/s mit der weitesten Perturbationsvariante („d = 0,3")), sinkt die garantierte Performanz (Abb. 10.9). Es handelt sich jedoch in diesem Fall um wenig dramatische Verluste von ca. 3 dB.

10.2 Vorgehensweise bei der Robustheits- und Performanzprüfung eines Gesamtsystems mit Komponenten

Gesamtsysteme mit Komponenten kommen in einer Vielfalt vor, die es unmöglich macht, eine rigorose Vorgehensweise auch nur ansatzweise zu formulieren. Trotzdem ist es sinnvoll, die notwendigen Schritte für ein einfach strukturiertes Gesamtsystem mit einer

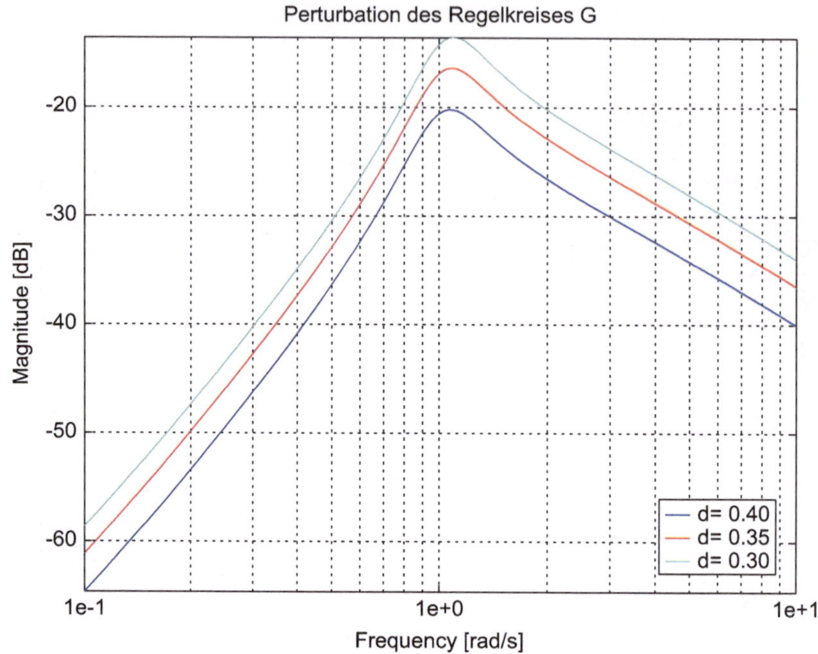

Abb. 10.7 Innerer Regelkreis: resultierende Varianten von Perturbationsgrenzen des Regelkreises

Komponente, wie das Beispiel aus Abschn. 10.1, aufzuzählen. Die Schritte aus der Sicht des Gesamtsystems sind die folgenden:

1. *Formulierung des zu erreichenden Übertragungsverhaltens der Komponente* T_G. Dieses Verhalten muss ggf. iterativ mit dem Komponentenzulieferer abgestimmt werden. Wichtig ist, dass die Spezifikation der Übertragung eingehalten werden kann, denn sie spielt die Rolle eines Nominalmodells der Komponente. Zeigen sich im Laufe der Entwicklung der Komponente notwendige Korrekturen an der Nominalübertragung, muss diese Übertragung zugrunde gelegt werden. Ansonsten kommt es zu Verzerrungen in Aussagen über die garantierte Performanz und Robustheit.
2. *Erfassung des Übertragungsverhaltens der restlichen Gesamtstrecke und ihre Zusammenführung zum Gesamtmodell.* In einfachen Fällen wie dem aus Abschn. 10.1 kann es sich um eine direkte Verkettung handeln.
3. *Abfrage der Perturbationsobergrenze für die geregelte Komponente,* P_T. Diese Angabe gehört in den Aufgabenbereich des Zulieferers, denn die Perturbationsobergrenze des geregelten Systems ist nur unter Kenntnis der zu regelnden Komponentenstrecke und des eingesetzten Reglers bestimmbar.
4. *Bestimmung der Perturbationsobergrenze* P_H *für die zu regelnde Gesamtstrecke H.* Diese Obergrenze hat außer den Perturbationen der Komponente ggf. auch diejenigen

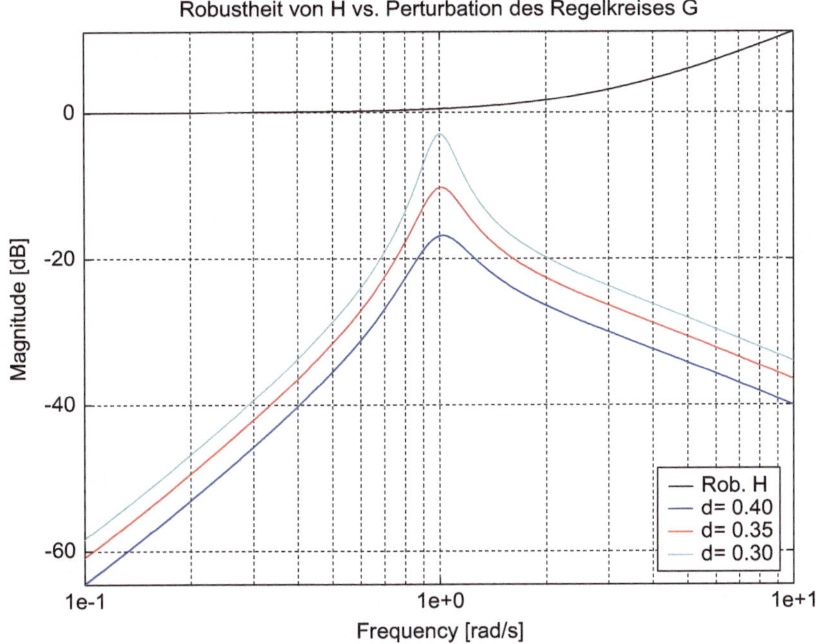

Abb. 10.8 Äußerer Regelkreis: Reserven für robuste Stabilität

der restlichen Bestandteile der zu regelnden Gesamtstrecke zu berücksichtigen. Die Zusammensetzungsregeln dafür müssen je nach Struktur der Gesamtstrecke und Eingliederung der Komponenten korrekt hergeleitet und angewendet werden. Lediglich bei kleinen Perturbationen mit Betrag $<<1$ kann eine Summation einzelner Perturbationsgrenzen vorgenommen werden.

5. *Entwurf des Gesamtreglers* C_H.
6. *Bestimmung der Sensitivität* S_H *und der komplementären Sensitivität* T_H *des Gesamtsystems.*
7. *Vergleich der Perturbationsobergrenze* P_H *mit der Robustheit* $1/|T_H|$ *des äußeren Regelkreises.*
8. *Berechnung der garantierten Performanz (der Obergrenze von* S_H*) für diese Perturbationsobergrenze* (nach den letzten Schritten aus Abschn. 6.6). Diese Performanz soll die Funktion des äußeren Regelkreises, d. h. des Gesamtsystems, gewährleisten.
9. *Bei unzureichender Performanz: Veränderung der Nominalspezifikation oder Verringerung der Perturbationsobergrenze der Komponente.*

Aus der Sicht des Verantwortlichen für die Komponente (typischerweise des Zulieferers) handelt es sich um folgende Schritte:

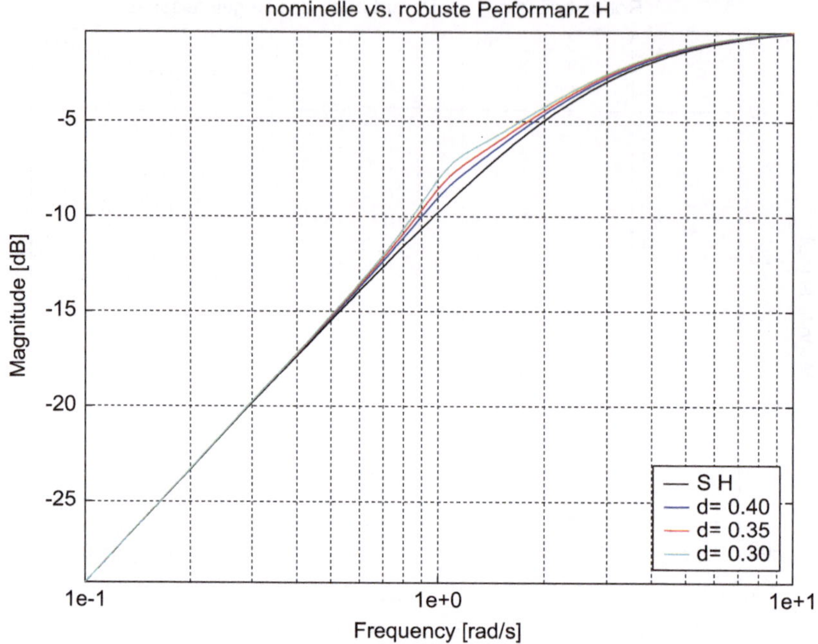

Abb. 10.9 Äußerer Regelkreis: garantierte Performanz (maximale Sensitivität) für Perturbationsvarianten der inneren Regelstrecke G

a. *Abnahme des zu erreichenden Übertragungsverhaltens der Komponente* T_G. *(vgl. oben).*
b. *Erfassung des nominellen Frequenzgangs* G_0 *der Regelstrecke der Komponente.*
c. *Bestimmung der Perturbationsobergrenze* P_G *(wie in* Abschn. 5.3 und 5.5).
d. *Reglerentwurf für die Komponente.*
e. *Bestimmung der Sensitivität* S_G *und der komplementären Sensitivität* T_G *des Komponentenregelkreises.*
f. *Berechnung der Perturbationsobergrenze für die geregelte Komponente,* P_T. Es handelt sich um die Perturbation des Komponentenregelkreises nach der Rechenvorschrift Gl. 10.9.
g. *Kommunikation dieser Obergrenze an den Gesamtsystemverantwortlichen (z. B. OEM).* Der Gesamtsystemverantwortliche kann hieraus die Performanz und Robustheit des Gesamtsystems bestimmen und ggf. die Spezifikationen iterativ anpassen.

Literatur

1. Skogestad, S., Postlethwaite, I.: Multivariable Feedback Control. Wiley, New York (2005)

11 Spezifikationen im Zeitbereich

Zusammenfassung

Die Theorie der robusten Regelung basiert weitgehend auf der Systemdarstellung im Frequenzbereich. Für einige Anwendungsbereiche erscheint jedoch eine Spezifikation der geforderten Reglereigenschaften im Zeitbereich natürlicher. Noch wichtiger ist bei sicherheitskritischen Anwendungen die Möglichkeit, die Signale für diagnostische Zwecke in Echtzeit zu überwachen. Deshalb wird eine Verbindung zu Performanzcharakteristiken im Zeitbereich hergestellt. Diese Verbindung ist auf dem Begriff der Signal- und Systemnormen aufgebaut und wird anhand der Spezifikation der Regelabweichung sowie der Abweichung von einem Referenzmodell veranschaulicht. Beide Alternativen haben aus der Sicht der Realisierung ihre Vor- und Nachteile. Dabei wird der konservative Charakter der auf Signal- und Systemnormen basierenden Aussagen deutlich: Sie zielen immer auf den ungünstigsten möglichen Fall.

In Abschn. 2.3.4 wurde bereits angesprochen, warum wir in diesem Buch die Betrachtung regelungstechnischer Probleme im Frequenz- und nicht im Zeitbereich gewählt haben.

Der wichtigste Grund dafür ist, dass die Theorie und die Konzepte der robusten Regelung im Frequenzbereich deutlich umfangreicher ausgearbeitet wurden. Diese Ausarbeitung führte zu erprobten Verfahren, die relativ einfach im Ingenieursalltag anzuwenden und zu implementieren sind.

Andererseits ist die Frequenzbetrachtung aus der Anwendersicht nicht immer naheliegend. So denkt ein Funktionsentwickler von mechatronischen Systemen – im Gegensatz z. B. zu demjenigen von analogen elektronischen Systemen – vor allem in Zeitabläufen. Typisches Beispiel dürften die Fahrzeugmanöver sein, denen man auf Anhieb wenig Frequenzgehalt ansehen kann (obwohl sie natürlich einen haben). Um die ursprünglichen zeitbezogenen Spezifikationen in den Frequenzbereich zu übertragen, ist ein gewisses Verständnis der theoretischen Zusammenhänge notwendig.

T. Hrycej, *Robuste Regelung*,
https://doi.org/10.1007/978-3-662-54168-5_11

Während dieser Nachteil der Frequenzbereichsbetrachtung eher „gefühlt" ist, gibt es noch einen anderen Nachteil, der bei sicherheitskritischen Systemen mehr ins Gewicht fällt. Solche Systeme erfordern eine Überwachung ihrer Funktion, um im Falle einer Störung eingreifen zu können. Naheliegend ist die Überwachung, ob sich gewisse Signale innerhalb gewisser Grenzen befinden. Die Realisierung dieser Überwachung ist im Zeitbereich offensichtlich, im Frequenzbereich etwas komplexer. Hier müsste man laufend den Frequenzgehalt der Signale bestimmen. Das ist nur möglich

- mit Hilfe eines Signalzeitfensters gewisser Länge, das die Feststellung einer Grenzverletzung nur verzögert erlaubt, und
- mit gewisser Rechenkapazität, die zur laufend wiederholten Fourier-Transformation ausreicht.

Keines dieser Probleme ist unter gewissen Kompromissen unüberwindbar. Trotzdem gibt es Beweggründe, sich mit bestimmten Aspekten der Spezifikation im Zeitbereich und ihrer Beziehung zur Spezifikation im Frequenzbereich auseinanderzusetzen.

11.1 Konzeptuelles Gerüst: die Signal- und Systemnormen

Die naheliegende Idee der Spezifikation im Zeitbereich besteht in der Definition gewisser Input-Signale und der gewünschten Antwort des geregelten Systems. Diese Sicht hat in der Regelungstechnik eine lange Tradition. Typisches Input-Signal ist eine Sprungfunktion, zu der man die Spezifikationen, z. B. die Anstiegszeit bis zum gewissen Prozentanteil der Sprunghöhe, maximaler Betrag des Überschwingens über das Zielniveau oder die Zeit, nach der die Systemantwort in einem gewissen Korridor um den Zielzustand bleibt, festlegt. Diese Spezifikationen haben mindestens zwei ernste Mängel:

- Diese Signale kommen in dieser Einfachheit im tatsächlichen Betrieb nicht vor. Daher ist ihre Betriebsrelevanz nur begrenzt vorhanden.
- Aus dem gleichen Grund bieten sie keine Basis zur Echtzeitüberwachung. So ist z. B. der Versuch, einen „ungefähren Sprung" in einem Signal zu erkennen, ein hoffnungsloses Unterfangen – dieses Erkennen ist schwieriger als die Überwachungsaufgabe selbst.
- Es ist schwierig (bzw. mit dem heutigen Stand der Regelungstheorie fast unmöglich), Robustheitsangaben zu diesen Signalantworten zu geben, mit Ausnahme der auf Normen basierenden Schlussfolgerungen, die im Anschluss diskutiert werden.

Die Alternative zu konkreten, einfachen Input-Signalen besteht darin, auf ihre Konkretisierung zu verzichten und von „beliebigen" Signalverläufen zu sprechen. Dafür braucht man eine Methode, Signale durch Kennzahlen zu charakterisieren, die man unabhängig von ihrer Form anwenden kann. Solche Kennzahlen sind die sogenannten Signalnormen. Daher kommen wir um eine kurze Vorstellung der Signalnormen nicht herum. Eine ausführlichere Diskussion befindet sich im Anhang von [1].

11.1.1 Signalnormen

Eine allgemeine Definition der Signalnorm L_n ist

$$L_n = \sqrt[n]{\int_{-\infty}^{\infty} |y(t)|^n dt} \tag{11.1}$$

Diese Norm ist definiert für alle $n = 1, \ldots$ und sogar für $n = \infty$. Im letzteren Fall ist sie als

$$L_\infty = \max_{t \in (-\infty,\infty)}(|y(t)|) \tag{11.2}$$

festgelegt. Je höher n, desto mehr wird der Normwert durch die Extremwerte von $|y|$ bestimmt, bis bei $n = \infty$ nur noch das Maximum maßgeblich ist.

Die unendlichen Integrationsgrenzen implizieren, dass es sich um ein Signal handeln muss, welches zumindest asymptotisch abklingt. Sonst wäre das Integral ebenfalls unendlich. Diese Bedingung ist in der Realität selten vollständig, oft aber approximativ erfüllbar. So bleibt beispielsweise die Impulsantwort eines stabilen linearen Systems theoretisch unendlich lange verschieden von null. Nach einer relativ kurzen Zeit, die durch die Zeitkonstanten des Systems determiniert ist, sinkt jedoch der Betrag des Signals unter eine beliebig kleine Schwelle. Genauso kommen Signale vor, die diese Bedingung nicht erfüllen. Hier sind alle periodischen Signale wie der Sinus zu nennen. Daher darf man das Abklingverhalten des Systems nicht aus den Augen verlieren.

Ein Beispiel eines abklingenden Signals ist in Abb. 11.1 gezeigt.

Bei der Berechnung der Normen mit verschiedenem n wird die n-te Potenz des Signalbetrags integriert. Für das Signal aus Abb. 11.1 sieht der Betrag wie in Abb. 11.2 aus.

Die Norm L_2 entspricht also dem Integral der rot umrandeten Bereiche in Abb. 11.3.

Die Norm L_∞ wird einfach wie ein Maximum gebildet (rote Linie in Abb. 11.4).

Für ein mehrdimensionales Signal wird die Norm durch die Summation des Ausdrucks in der Wurzel gebildet:

$$L_n = \sqrt[n]{\int_{-\infty}^{\infty} \sum_k |y_k(t)|^n dt} \tag{11.3}$$

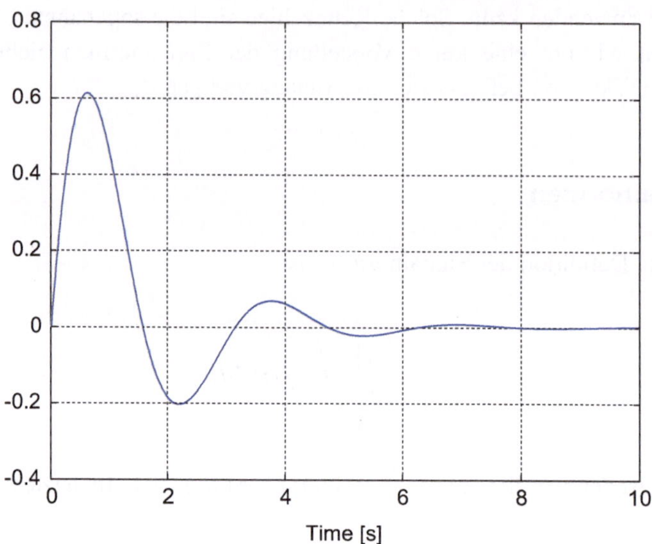

Abb. 11.1 Signalnormen: beispielhaftes Signal

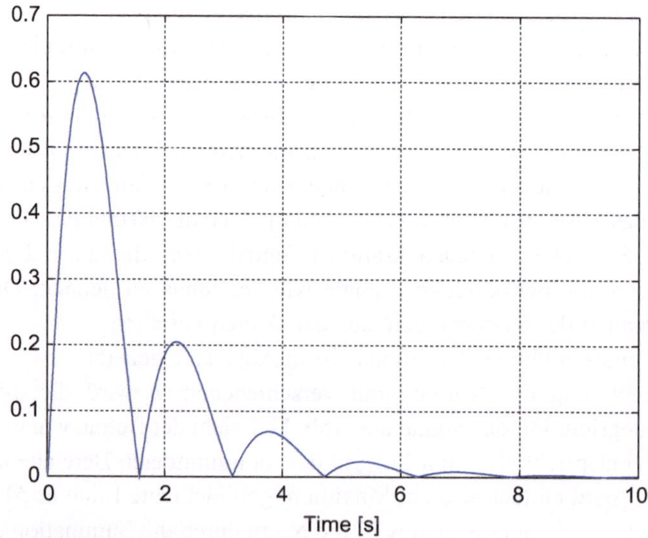

Abb. 11.2 Signalnormen: der Betrag des Signals

Die Charakterisierung des Signals durch Signalnormen ist kein Selbstzweck. Sie ist ein Teil des Gesamtkonzepts, bei dem man die Signalnormen der Input- und Output-Signale mit der Beschreibung des Systems in Verbindung setzt. Die andere Zutat hierzu sind die Systemnormen.

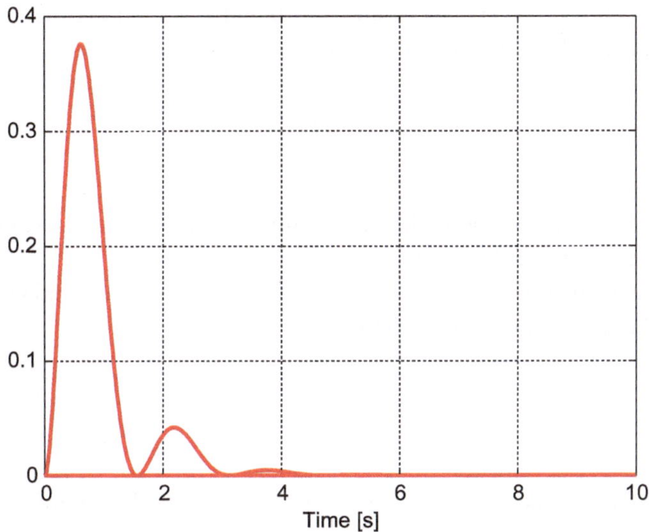

Abb. 11.3 Integral für Signalnorm L_2

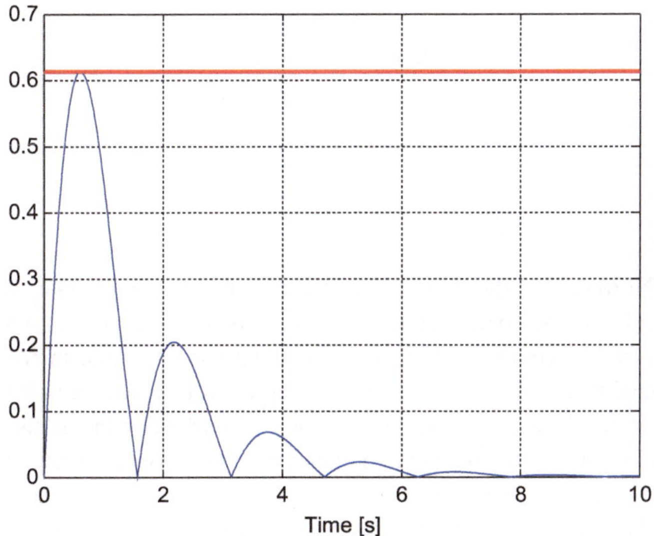

Abb. 11.4 Signalnorm L-Infinity

11.1.2 Systemnormen

Wem in seinem Werdegang die Vektor- und Matrixnormen über den Weg gelaufen sind, wird sich vielleicht an den Begriff einer *induzierten Norm* erinnern. Eine n-Norm für

Vektoren wird mit $||.||_n$ bezeichnet. Eine Matrixnorm für Matrix A wird durch eine Vektornorm induziert, falls sie durch den folgenden Ausdruck definiert wird:

$$\max_{x \neq 0} \frac{||Ax||_n}{||x||_n} \tag{11.4}$$

Bereits hier fällt auf, dass dieses Maximum über alle möglichen Vektoren x auf keine triviale Weise berechnet werden kann.

Es gibt zwar auch nichtinduzierte Systemnormen, die induzierten sind jedoch analog zu diesem Vektor-Frequenzgang-Prinzip definiert:

$$N(G,n) = \max_{u \neq 0} \frac{||Gu||_n}{||u||_n} \tag{11.5}$$

Hier ist u ein Signal und G das System, dessen Norm berechnet wird. Das Produkt Gu entspricht dem Signal, welches aus u durch die Wirkung von G entsteht, d. h. dem Output-Signal bei Input u. Das Maximum bildet man über alle möglichen Signale u. Da man Gl. 11.5 auch als

$$N(G,n) \geq \frac{||Gu||_n}{||u||_n} \tag{11.6}$$

umschreiben kann, ergibt sich die Beziehung

$$||y||_n = ||Gu||_n \leq N(G,n)||u||_n, \tag{11.7}$$

durch die die Normen für die Systemspezifikation nutzbar sind: Die Signalnorm des Output-Signals ist von oben begrenzt durch das Produkt der Signalnorm des Input-Signals und der induzierten Systemnorm. In einer Anwendung kann als Ausgangssignal beispielsweise die Regelabweichung oder die Abweichung von einem gewählten Referenzmodellausgang gewählt werden. Wollen wir aus Sicherheitsgründen für dieses Signal garantierte Grenzen haben, die bei keinem denkbaren Input-Verlauf verletzt werden, kann das mit Hilfe von Gl. 11.7 geschehen.

Wir haben die durch die n-Norm des Signals induzierte Systemnorm mit $N(G,n)$ bezeichnet, und die Welt der Systemnormen wäre so schön, wenn diese oder eine ähnliche Bezeichnung üblich wäre. In Wirklichkeit werden ganz andere Bezeichnungen verwendet, und es kann vermutet werden, dass diese Bezeichnungen viele Anwender dermaßen verwirren, dass sie ungewollt für die geringe Anwendungshäufigkeit von Normen in der Praxis verantwortlich sind. Dabei muss betont werden, dass die Systemnormbezeichnungen unter Berücksichtigung ihres theoretischen Werdegangs absolut logisch erscheinen. Lediglich in dem wichtigen Bezug auf ihre Induzierung ist die Verwirrung eingetreten. So heißt die Norm *N(G,2)* in Wirklichkeit H_∞ (*H*-infinity oder *H*-„unendlich"). Sie ist für Eingrößensysteme als

$$H_\infty = \|G\|_\infty = \max_{u \neq 0} \frac{\|Gu\|_2}{\|u\|_2} = \max_\omega |G(i\omega)| \tag{11.8}$$

definiert. Im Zeitbereich wird die Beziehung zu den quadratischen Signalnormen, d. h. den Integralen des Signalquadrats über die Zeit, angewendet. In Gl. 11.8 ist auch die sehr wichtige Beziehung zum Frequenzbereich sichtbar: Diese Norm entspricht dem maximalen Betrag des Frequenzgangs von System *G*. Das ist auch die logische Begründung für ihre Bezeichnung als „Unendlich"-Norm, d. h. Maximumnorm. Die Herleitung dieser Gleichheit ist alles andere als trivial und wird hier nicht wiedergegeben.

Für Mehrgrößensysteme gilt eine abgewandelte Formel:

$$H_\infty = \|G\|_\infty = \max_\omega \overline{\sigma}(G(i\omega)) = \max_{u \neq 0} \frac{\|Gu\|_2}{\|u\|_2} \tag{11.9}$$

Hier bezeichnet σ den größten Singulärwert des Systems bei Frequenz *ω*. Das Prinzip, dass der dominante Singulärwert bei Mehrgrößensystemen an die Stelle des Frequenzgangbetrags tritt, wurde bereits in Abschn. 5.3.1, 5.4.1 und 6.5.1 erwähnt.

Eine andere induzierte Norm ist die L_1-Systemnorm. Für sie gilt:

$$L_1 = \|g(t)\|_1 = \int_{-\infty}^{\infty} |g(t)| dt = \max_{u \neq 0} \frac{\|Gu\|_\infty}{\|u\|_\infty} \tag{11.10}$$

Diese Systemnorm beschreibt die Beziehung zwischen den Betragsmaxima des Input- und des Output-Signals. Sie gleicht dem Integral des Betrags der Impulsantwort *g(t)* des Systems. Leider liegt keine direkte Verbindung zum Frequenzbereich vor.

Die dritte in unserem Kontext nutzbare Norm ist eine „gemischt-induzierte" Norm H_2. Für sie gilt:

$$H_2 = \|G\|_2 = \sqrt{\frac{1}{2\pi} \int_{-\infty}^{\infty} G(i\omega) d\omega} = \max_{u \neq 0} \frac{\|Gu\|_\infty}{\|u\|_2} \tag{11.11}$$

Da es keine wirkliche induzierte Norm ist, fehlen ihr einige Normeigenschaften. So ist das Produkt von zwei Systemnormen nicht gleich der Norm eines Produkts der jeweiligen Systeme (was bei einer induzierten Norm der Fall gewesen wäre). Trotzdem kann man sie ggf. im Sinne von Gl. 11.6 und 11.7 einsetzen.

Wir haben also drei für die Spezifikation im Zeitbereich potenziell interessante Beziehungen:

$$\|y\|_2 \leq \|G\|_\infty \|u\|_2 \tag{11.12}$$

$$\|y\|_\infty \leq \|G\|_2 \|u\|_2 \tag{11.13}$$

und

$$\|y\|_\infty \leq \|g(t)\|_1 \|u\|_\infty \tag{11.14}$$

Diese Beziehungen können für die Spezifikation benutzt werden. Fordert man beispielsweise, dass das Maximum des Output-Signals relativ zu demjenigen des Input-Signals maximal in einem bestimmten Verhältnis F steht:

$$\frac{\|y\|_\infty}{\|u\|_\infty} \leq F \tag{11.15}$$

wird die L_1-Norm des spezifizierten Systems (z. B. der Regelschleife) kleiner oder gleich diesem Faktor sein müssen:

$$\|g(t)\|_1 \leq F \tag{11.16}$$

Nur dann ist die Spezifikation erfüllt.

Im Falle der Spezifikation der geforderten Eigenschaften eines Regelkreises kann beispielsweise die maximale Regelabweichung auf diese Weise als Bruchteil F des Referenzsignals spezifiziert werden. Die betroffene Übertragung ist diejenige von der Referenzvariablen y zur Regelabweichung $e = r\text{-}y$. Diese Übertragung entspricht der Sensitivität S. Die L_1-Norm der Sensitivität muss also die Bedingung

$$\|s(t)\|_1 \leq F \tag{11.17}$$

erfüllen. (Da die L_1-Norm aus der Impulsantwort im Zeitbereich errechnet wird, wird $s(t)$ für die Bezeichnung der Impulsantwort der Sensitivität S verwendet.)

Die Ungleichungen Gl. 11.12 bis 11.14 können auch zur Echtzeitdiagnose verwendet werden. Wurde die Regelschleife so entworfen, dass Gl. 11.17 garantiert ist, und übersteigt das Verhältnis F_{act} der augenblicklichen Maxima von Regelabweichung und Referenzgröße die Vorgabe F, liegt der Verdacht vor, dass sich die Regelschleife auf eine Art verändert hat, die die Spezifikation (z. B. der funktionalen Sicherheit) verletzt, und es muss ein Notverfahren eingeleitet werden.

Alle drei Beziehungen haben ihre Vor- und Nachteile:

- Die Variante nach Gl. 11.12 nutzt die weitverbreitete H_∞-Systemnorm. Diese Systemnorm entspricht einfach dem Peak der Verstärkung des Frequenzgangs. Sie hat einen unmittelbaren Bezug zur Robustheit durch die Beziehung zwischen der maximalen Streckenperturbation und dem Kehrwert der komplementären Sensitivität. Für sie gibt es auch Algorithmen für den Reglerentwurf (Kap. 13), die direkt auf die Erfüllung einer Reglerspezifikation in dieser Norm abzielen. Das wird durch einen Nachteil erkauft: Die quadratische Signalnorm ist nur durch Integration über den gesamten Signalverlauf bis zum Abklingen feststellbar. Die Begrenzung dieses Integrals garantiert nicht die Begrenzung von jedem einzelnen Signalwert.
- Die Beziehung in Gl. 11.13 erlaubt eine Aussage über die Obergrenze des Betrags aller Output-Signalwerte. Das Input-Signal muss jedoch auch hier integriert werden, um die Begrenzung des Output-Signals bestimmen zu können. Die H_2-Systemnorm ist ebenfalls weit verbreitet und es bestehen auch Algorithmen für den Reglerentwurf für ihre Spezifikation analog zur H_∞-Norm. Dass diese Systemnorm nicht alle theoretischen Normeigenschaften besitzt, wird bei der Verwendungsart, wie sie in diesem Kapitel beschrieben ist, meistens kein Hindernis sein. Wichtiger ist, dass die direkte Beziehung zu Robustheitsaussagen, wie sie bei der H_∞-Norm möglich sind, fehlt.
- Die Variante nach Gl. 11.14 weist Vorteile auf der Signalseite auf: Sowohl die Input- als auch die Output-Signalnorm können als einfaches Betragsmaximum bestimmt werden. Die L_1-Systemnorm ist zwar genauso einfach zu prüfen wie die anderen beiden Systemnormen, die Algorithmen für den Reglerentwurf sind jedoch nicht ausgereift und die direkte Beziehung zu Robustheitsaussagen, wie sie bei der H_∞-Norm möglich sind, fehlt ebenfalls. Da die Normbestimmung direkt aus dem Frequenzgang nicht möglich ist, muss das resultierende System aus dem Frequenzgang in die Impulsantwort mit Hilfe der inversen Fourier-Transformation gebracht werden. Dafür kann man die Frequenzgangarithmetik, wie sie für die Robustheitsüberlegungen aus Kap. 5 und 6 maßgeblich war, bei Bedarf verwenden.

Die Entscheidung für die eine oder andere Variante muss nach den Gegebenheiten der jeweiligen Anwendung getroffen werden. Wegen der Einfachheit der Maximumbildung gegenüber einer Integralberechnung dürfte diese Variante vorteilhaft erscheinen. Man muss sich jedoch vor Augen führen, dass die Theorie von endlichen, abklingenden Signalen ausgeht, deren Integrierbarkeit gegeben ist. Die Maximumbildung beseitigt nicht dieses Problem. Über welchen Zeitabschnitt soll dieses Maximum gebildet werden? Es kann sich nur um ein endliches Zeitfenster handeln, in einer Länge, die für das gegebene System die Annahme des Abklingens approximativ glaubwürdig macht.

11.1.3 Berechnung der Signalnorm über einem endlichen Zeitintervall

Das Problem ist folgendes: Sowohl die Integration in Gl. 11.1 als auch die Maximumbildung in Gl. 11.2 werden auf einem unendlichen Zeitintervall $(-\infty,\infty)$ gebildet. Das ist in der Praxis natürlich nicht durchführbar. Bei einem Input-Signal, welches erst im Zeitpunkt $t = 0$ ansetzt (wie dasjenige von Abb. 11.1), und einem kausalen System *G*, bei dem die Ursache der Folge vorausgeht, setzt das Output-Signal gleichfalls frühestens bei $t = 0$ an. Dann wäre die Integration bzw. die Maximumbildung auf $<0,\infty)$ gleichwertig mit derjenigen auf $(-\infty,\infty)$. Ist das Input-Signal ab Zeitpunkt t_I null (oder für die jeweilige Anwendung praktisch als null zu betrachten), gibt es eine Klasse von Systemen, deren Output dann asymptotisch zu null konvergiert. Für eine beliebig kleine Schwelle ε existiert also ein Zeitpunkt t_O, bei dem $|y(t)| < \varepsilon$ für $t > t_O$. Aus Kausalitätsgründen gilt $t_O \geq t_I$. Die Integration bzw. die Bildung des Maximums auf $<0,\ t_O)$ ist dann gleichwertig mit derjenigen auf $(-\infty,\infty)$, z. B. bei der L_2-Signalnorm gilt:

$$L_2 = \sqrt{\int_{-\infty}^{\infty} \sum_k |y_k(t)|^2 dt} \approx \sqrt{\int_{0}^{t_O} \sum_k |y_k(t)|^2 dt} \qquad (11.18)$$

Der Zeitpunkt $t = 0$ sowie die Schwelle ε kann nur aus der Anwendung heraus bestimmt werden, beispielsweise als der Beginn des Spurwechsels beim automatisierten Fahren.

Sind solche Signalintervalle im Signalstrom nicht trennbar, kann die Verwendung der normbasierten Spezifikation und Diagnose unter Umständen unmöglich sein. Die Frage der Intervallbildung muss also zuallererst gestellt werden, bevor man sich für die normbasierte Signalüberwachung entscheidet.

11.2 Spezifikation durch eine Norm auf Sensitivität des Regelkreises

Das Konzept der Signal- und Systemnormen kann auf jedes System und seine Übertragungsfunktion angewendet werden. Das Ergebnis werden die Grenzen für das jeweilige Output-Signal sein. Sie werden sich im Sinne der Ungleichungen Gl. 11.12 bis 11.14 aus der Signalnorm des Input-Signals und der Systemnorm des betrachteten Systems ergeben. Was hier als „System" eingesetzt wird, hängt von der Fragestellung ab. Eine sinnvolle Wahl sind solche Systeme, bei denen wir Begrenzungen des Output-Betrags, insbesondere aus Sicherheitsgründen, garantieren wollen.

Dabei denken wir bestimmt zuerst an die Regelabweichung $e = r - y$. Sie ergibt sich aus dem Referenzsignal *r* durch die Wirkung des Systems $S = 1/(1 - GC)$, d. h. der Sensitivität. Die Norm der Regelabweichung ist dann begrenzt, d. h., die Regelabweichung oder ihr

Integral wird in gewissen Grenzen bleiben. Im Falle von L_∞-Signalnorm und L_1-Systemnorm erhalten wir aus Gl. 11.14 direkt einen garantierten Signalkorridor:

$$-\|g(t)\|_1\|u\|_\infty \leq y \leq \|g(t)\|_1\|u\|_\infty \tag{11.19}$$

Dabei ist allerdings zu beachten, dass das Maximum von $|u|$ erst nach dem Abklingen des Input-Signals bekannt ist, es sei denn, seine Bestimmung ist aus der Anwendung heraus früher möglich. Bei den Normen aus Gl. 11.13 gilt analog:

$$-\|G\|_2\|u\|_2 \leq y \leq \|G\|_2\|u\|_2 \tag{11.20}$$

Bei den Normen aus Gl. 11.12 gelten die Grenzen nicht für einzelne Werte, sondern für das quadratische Integral.

Die komplementäre Sensitivität $T = GC/(1+GC)$ ist hingegen keine gute Wahl. Sie repräsentiert die Übertragung von der Referenzgröße r zur Regelgröße y. Die Begrenzung des Betrags der Regelgröße ist im Allgemeinen kein sinnvoller Teil einer Spezifikation – die Regelgröße soll nur in der Nähe der Referenzgröße bleiben.

Alternativ zur Sensitivität könnte man beispielsweise die Abweichung von einem Referenzmodell

$$y_{ref} = G_{ref}r \tag{11.21}$$

in Betracht ziehen. Das in die Normbeziehungen einzusetzende System wäre dann $T-G_{ref}$, wie aus

$$y - y_{ref} = Tr - G_{ref}r = \left(T - G_{ref}\right)r \tag{11.22}$$

ersichtlich. Das Ergebnis wären dann Grenzen für die Werte von $y-y_{ref}$ bzw. für deren Integral.

Zur weiteren Diskussion der Vorgehensweise verwenden wir in diesem Abschnitt zuerst die Sensitivität S. Die Abweichung vom Referenzmodell wird in Abschn. 11.3 angegangen.

Aus Anschaulichkeitsgründen wird die H_∞-Systemnorm und die Ungleichheit in Gl. 11.12 herangezogen. Mit Sensitivität S als übertragendem System, Referenzgröße r als Input und Regelabweichung $e = r-y$ als Output erhalten wir folgende Obergrenze für die Norm von e:

$$\|e\|_2 \leq \|S\|_\infty\|r\|_2 \tag{11.23}$$

Bereits ein flüchtiger Blick auf den Verlauf der typischen Sensitivität in Abb. 11.5 offenbart die völlige Nutzlosigkeit der Verwendung der Systemnorm von S in dieser „unbehandelten“ Form.

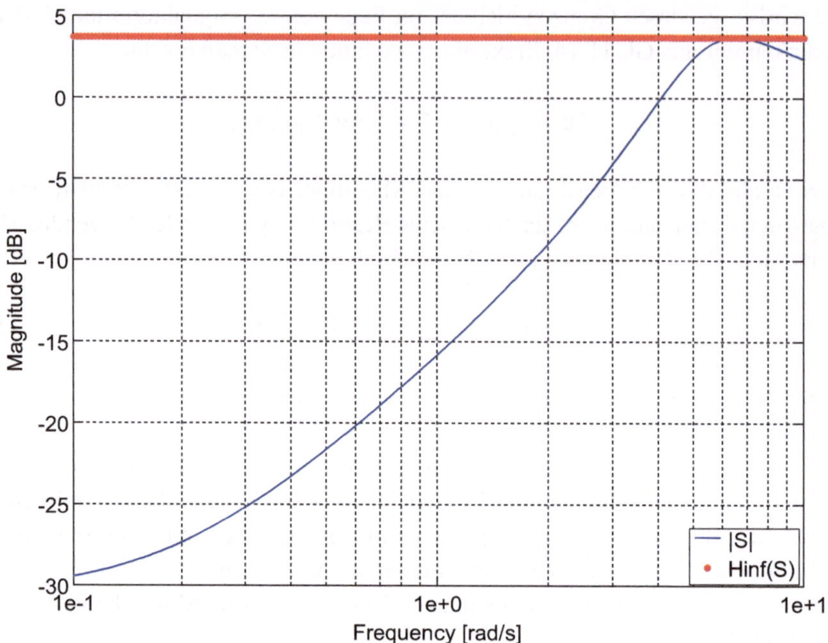

Abb. 11.5 Typischer Sensitivitätsverlauf und die Systemnorm H_∞ (Hinf)

Die Systemnorm der Sensitivität ist nach dem mathematischen Gesetz aus Abschn. 6.2 größer als 1. Das bedeutet, dass die Signalnorm der Regelabweichung e immer größer ist als die Signalnorm der Referenzgröße r. Mit anderen Worten, es ist nicht einmal möglich, zu garantieren, dass die Regelabweichung kleiner ist als die Referenzgröße selbst.

Dabei ist der Regelkreis durchaus brauchbar. Für einen Rechteckverlauf des Referenzsignals zeigt er eine akzeptable Reaktion (Abb. 11.6). Die Signalnorm des Referenz-Inputs ist 0,316, diejenige der Regelabweichung 0,084. Das Verhältnis von beiden ist 0,267, liegt also deutlich unter 1.

Der Schlüssel zu diesem scheinbaren Paradoxon liegt im Gültigkeitsbereich von Gl. 11.23 „für alle Referenzsignale". Es sind daher auch „destruktive" Referenzsignale denkbar: beispielsweise einige Sinusperioden mit Frequenz 3 rad/s, wo die Sensitivität lt. Abb. 11.5 ihren Maximalwert von ca. 1,5 erreicht. Diese Signalkombination ist in Abb. 11.7 dargestellt. Die Signalnorm des Referenz-Inputs ist 0,224, diejenige der Regelabweichung 0,336. Das entspricht dem Verhältnis von 1,5 der Systemnorm. Das Ergebnis ist nicht unerwartet: Die Frequenz 3 rad/s gehört eindeutig in den Frequenzbereich, in dem keine Kompensation durch den Regler möglich ist.

Wie sieht nun eine sinnvolle Spezifikation aus? Es ist offenbar notwendig, das Spektrum des Input-Signals so einzugrenzen, dass offensichtlich nicht regelbare Signale ausgeschlossen sind. Das ist auch von der Anwendung heraus begründbar: Das Referenzsignal ist in der Regel nicht beliebig, sondern es berücksichtigt die physikalischen Gegebenheiten der

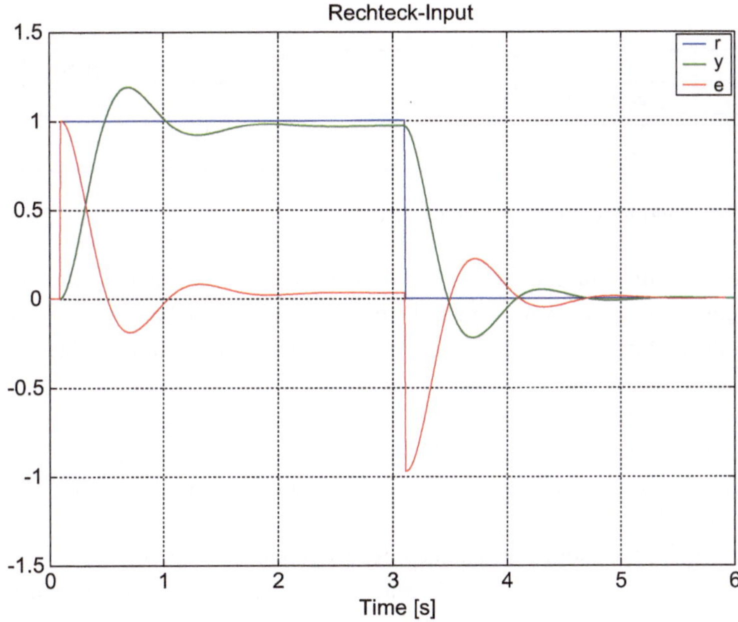

Abb. 11.6 Regelabweichung bei Sprungfunktion als Referenzsignal

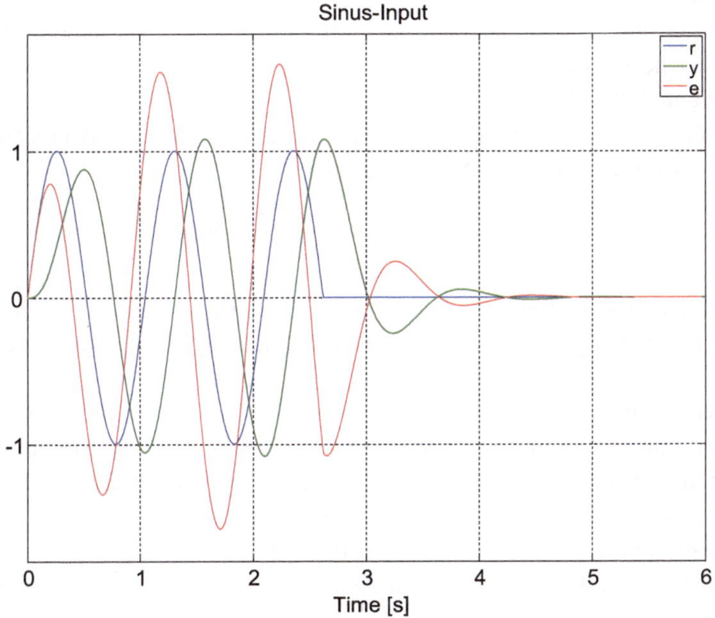

Abb. 11.7 Regelabweichung bei Sinus mit 3 rad/s als Referenzsignal

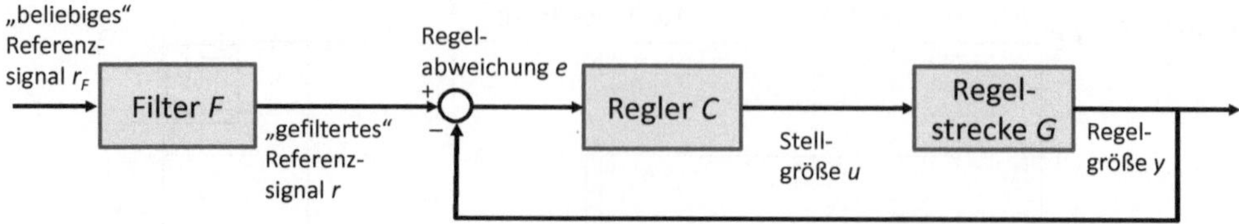

Abb. 11.8 Schaltbild für die Referenzsignalfilterung

Regelstrecke. Genauer gesagt, es sollte solche Eigenschaften haben, will man diversen Schwierigkeiten aus dem Weg gehen. Definiert man beispielsweise ein Spurwechsel-Referenzsignal als Sprungfunktion, fordert man offensichtlich Unmögliches. Als negative Folgen sind zu nennen:

- Die physikalisch begrenzte Stellgröße wird in die Sättigung gehen – die so entstandene Nichtlinearität wird zu unkalkulierbaren Abweichungen von der linearen Leistung des Regelkreises führen.
- Es werden ggf. ungünstige Resonanzen des Regelkreises angeregt.
- Die auf der Berechnung der Signal- und Systemnorm basierende Spezifikation wird schwierig einzuhalten sein.

Die Bandbreite des Referenzsignals sollte daher möglichst realistisch gewählt werden. Um diese Wahl regelungstheoretisch abzubilden und zur Systemnorm zu gelangen, kann das Referenzsignal anstelle von einem „beliebigen" Signal gefiltert werden. Signale, die einen definierten Filter unverändert passieren, fallen in die zulässige Signalklasse. Nehmen wir an, die realistische Bandbreite ist durch den Filter F dargestellt. Die gedankliche Konstruktion ist wie in Abb. 11.8.

Die Signale r_F, die den Filter unverändert passieren, sind charakterisiert durch die Gleichheit $r = r_R$. Für diese Input-Signale gilt:

$$\|e\|_2 \leq \|S\|_\infty \|r\|_2 = \|SF\|_\infty \|r_F\|_2 = \|SF\|_\infty \|r\|_2 \tag{11.24}$$

Die Übertragung vom Referenzsignal r zur Regelabweichung e entspricht nun dem Produkt SF. Für die Signalnorm-Obergrenze kann man daher die Systemnorm von SF heranziehen.

Wählen wir einen theoretischen „abrupten" Tiefpassfilter, der alle Frequenzen bis 1 rad/s vollständig und phasenkorrekt durchlässt und alle höheren Frequenzen eliminiert, ist die Systemnorm des Produkts SF gleich ca. 0,16. Die Zusammensetzung des gefilterten Signals sowie die Systemnorm sind in Abb. 11.9 dargestellt.

Für die Bestimmung der Systemnorm muss dieser Filter nicht existieren. Er symbolisiert nur die Tatsache, dass das Referenzsignal keine Frequenzen über 1 rad/s enthält – sonst

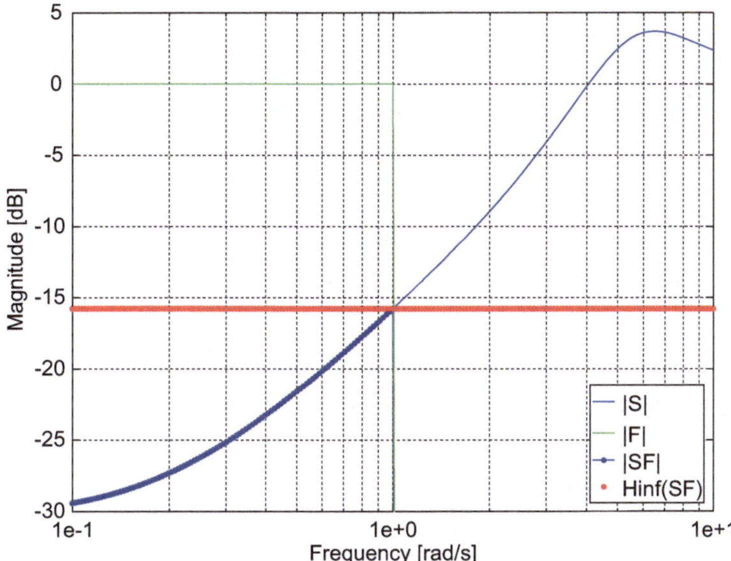

Abb. 11.9 Systemnorm der Sensitivität mit gefiltertem Input-Signal

würde weder die Gleichheit $r = r_R$ noch die Begrenzung der Signalnorm der Regelabweichung gelten.

Ist aus der Anwendung heraus gewährleistet, dass die Referenzsignale diese spektralen Eigenschaften besitzen, wäre auch keine Filterimplementierung notwendig.

Für eine laufende Überprüfung, ob das Referenzsignal diese Eigenschaften tatsächlich besitzt, um beispielsweise unerwünschte Vorgaben zu erkennen und Notmaßnahmen einzuleiten, wäre jedoch der Filter unumgänglich. Den „scharfen" Filter aus Abb. 11.9 kann man nur mittels Fourier-Transformation realisieren. Am Spektrum des Referenzsignals würde man das Vorhandensein unerwünschter Spektralkomponenten erkennen. Will man jedoch so weit gehen, eröffnen sich gleichzeitig Möglichkeiten der Spezifikation und Überwachung direkt im Frequenzbereich. Als kausaler Filter bietet sich daher z. B. ein Bessel-Filter an, der fast bis zu seiner Grenzfrequenz eine konstante Verstärkung (Abb. 11.10) und konstante Verzögerung (Abb. 11.11) bildet.

Das würde einen Vergleich des Referenzsignals mit einem um die konstante Verzögerung (in Abb. 11.11: 1 s) versetzten, gefilterten Referenzsignal erlauben. Bei Abweichung wäre eine Verletzung des erlaubten Spektralinhalts, und daher die Ungültigkeit der Signalnorm-Obergrenze der Regelabweichung, indiziert.

In der Realität wird die Abweichung nie genau null sein. Es muss also eine Schwelle für die maximale Abweichung, die noch als Gleichheit akzeptiert wird, gesetzt werden. Als Leitfaden kann die folgende Überlegung dienen. Die ungefilterte und gefilterte Normbeziehung sind:

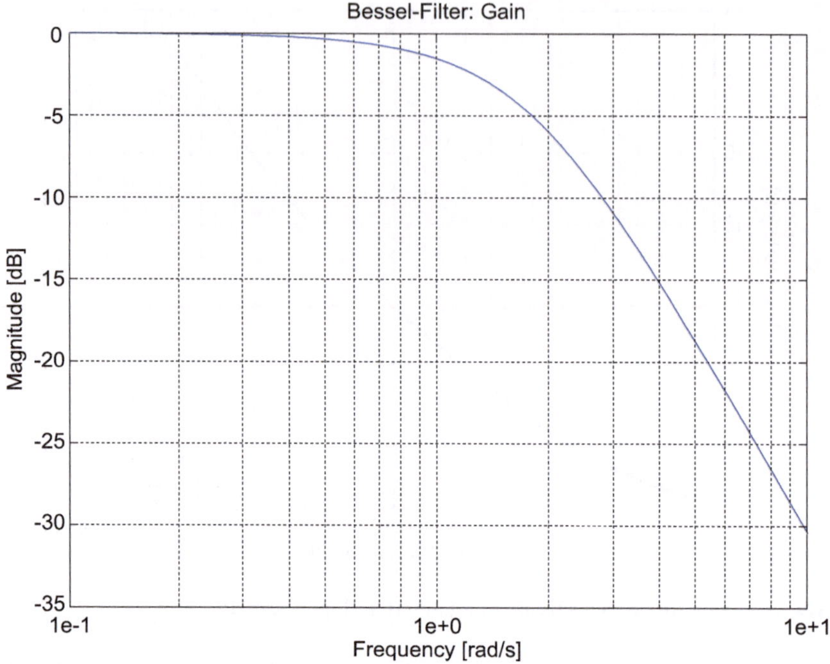

Abb. 11.10 Bessel-Filter mit Grenzfrequenz 1 rad/s – Verstärkung

$$\begin{aligned} \|e\|_2 &= \|r - y\|_2 \leq \|S\|_\infty \|r\|_2 \\ \|e\|_2 &= \|r - y\|_2 \leq \|SF\|_\infty \|r_F\|_2 \end{aligned} \tag{11.25}$$

Die letztere kann man mit Hilfe der Dreiecksbeziehung für Normen umgestalten:

$$\begin{aligned} r_F &= r + d_F \\ \|r - y\|_2 &\leq \|SF\|_\infty \|r + d_F\|_2 \\ &\leq \|SF\|_\infty \big(\|r\|_2 + \|d_F\|_2\big) \\ &= \|SF\|_\infty \|r\|_2 \left(1 + \frac{\|d_F\|_2}{\|r\|_2}\right) \\ &= \|SF\|_\infty \|r\|_2 \left(1 + \|\tfrac{d_F}{r}\|_2\right) \end{aligned} \tag{11.26}$$

Die Normbeziehung mit Filter gilt also bis auf einen Faktor, der die relative Abweichung der Signalnormen berücksichtigt.

Die Komplexität der Vorgehensweise bei der normbasierten Spezifikation der Sensitivität zeigt, dass es sich zwar um eine Möglichkeit handelt, die jedoch nur aus sehr guten Gründen verwendet werden sollte. Das Verfahren im nächsten Abschn. 11.3 dürfte vorteilhafter erscheinen.

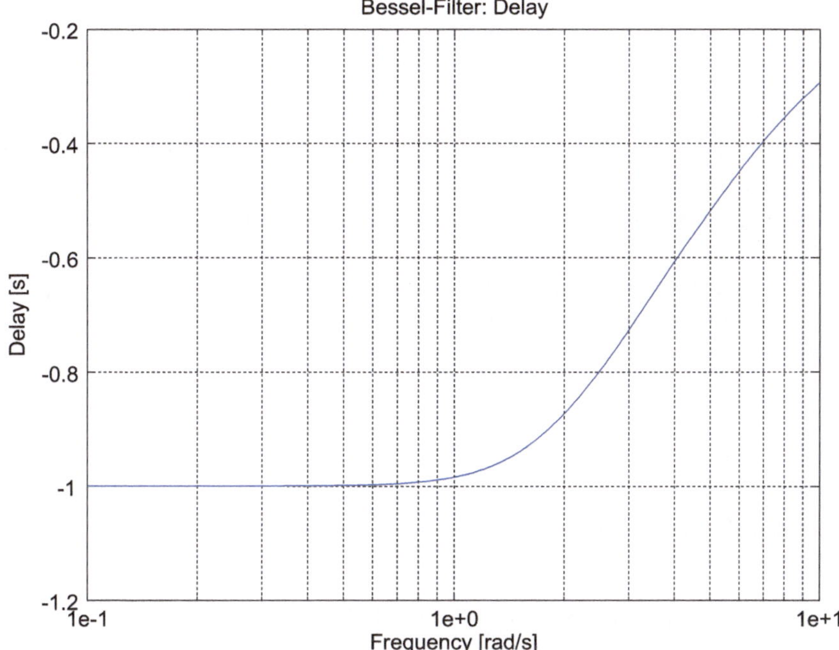

Abb. 11.11 Bessel-Filter mit Grenzfrequenz 1 rad/s – Verzögerung

11.3 Spezifikation als Norm der Abweichung vom Referenzmodell

Eine andere Möglichkeit zur Spezifikation des Regelkreises erfolgt über eine Abweichung des Verhaltens der geschlossenen Regelschleife T von demjenigen eines Referenzmodells T_{ref}. Der vorausgehende Fall der Sensitivität (Abschn. 11.2) war problematisch, da die nicht regelbaren, hochfrequenten Signale die Systemnorm unbrauchbar hoch gemacht haben. Stellen wir uns hingegen die Abweichung zwischen dem Verhalten der tatsächlichen Regelschleife und demjenigen eines Referenzmodells dieser Regelschleife vor, besteht die Erwartung, dass die hochfrequenten Fälle durch die Regelstrecke selbst „herausgefiltert werden" und dadurch das Maximum der Norm nicht erhöhen. Das ist jedoch zunächst nur eine intuitive Erwartung, die sich je nach Anwendung realistisch erweisen kann oder auch nicht.

Der Fall, bei dem das Referenzmodell identisch mit der nominellen komplementären Sensitivität T_0 ist, ist analytisch behandelbar und auch praktisch relevant. Denn es ist oft möglich, den Regler genau auf die Erfüllung dieser Identität hin zu entwerfen oder, alternativ, das Referenzmodell der aus einem gegebenen Regler resultierenden komplementären Sensitivität gleichzusetzen. Wir gehen also im Folgenden davon aus, dass

$$T_{ref} = T_0. \tag{11.27}$$

Laut Gl. 10.6 gilt:

$$T - T_0 = S_0(I + PT_0)^{-1}PT_0 \tag{11.28}$$

Das ist genau die Abweichung des tatsächlichen Übertragungsverhaltens des Regelkreises vom Verhalten, das durch das Referenzmodell spezifiziert ist. Bezeichnen wir die tatsächliche Regelgröße als y und diejenige vom Referenzmodell erzeugte als y_0, handelt es sich bei Gl. 11.28 um eine Übertragung vom Referenzsignal r zur Differenz $y{-}y_0$.

Gl. 11.28 beschreibt nun das System, dessen Systemnorm-Obergrenze spezifiziert werden soll. Diese Systemnorm unterliegt für Eingrößensysteme der folgenden Ungleichung (für jede Frequenz ω):

$$|T - T_0| = |S_0|\frac{|P||T_0|}{1 - |P||T_0|} \tag{11.29}$$

Für die Signalnorm des Differenzsignals $y{-}y_0$ gilt also die Grenze

$$\|y - y_0\|_2 \leq \|S\|_\infty \|r\|_2 = \max_\omega\left(|S_0|\frac{|P||T_0|}{1 - |P||T_0|}\right)\|r\|_2. \tag{11.30}$$

Anders geschrieben, gilt für das Verhältnis der Signalnormen des Ausgangssignals $y{-}y_0$ und des Eingangssignals r die Obergrenze

$$\frac{\|y - y_0\|_2}{\|r\|_2} \leq \max_\omega\left(|S_0|\frac{|P||T_0|}{1 - |P||T_0|}\right). \tag{11.31}$$

Im Term auf der rechten Seite von Gl. 11.29 spielt das Produkt $|P||T_0|$ eine wichtige Rolle. Es entspricht, wie bereits in Kap. 10 erwähnt, dem Anteil der durch die maximale Streckenperturbation P „aufgebrauchten" Robustheit $1/T_0$. Ist dieser Anteil bei kritischen Frequenzen mit schlechter Performanz größer als ½, ist der Bruch größer als 1 und die Situation ist genauso verfahren wie bei der Spezifikation durch Sensitivität in Abschn. 11.2. Nur bei Anteilen deutlich unter ½ bei allen kritischen Frequenzen können sich effiziente Spezifikationen ergeben.

Betrachten wir beispielsweise zwei Varianten der Perturbationsobergrenze für ein Feder-Dämpfer-Massen-System aus Abb. 11.12. *P1* hat einen höheren Maximalwert, *P2* einen flacheren Abstieg zu höheren Frequenzen hin. Beide Maximalwerte liegen in der Nähe der Resonanzfrequenz der nominellen Strecke, 1 rad/s.

In Abb. 11.13 werden die Produkte $|P||T_0|$ der nominellen Sensitivität S_0 gegenübergestellt. Das höhere Maximum für *P1* liegt im Bereich niedriger Sensitivität, d. h. guter Reglerperformanz. Dafür reicht der flache Abfall von *P2* bis zu relativ hohen Werten der Sensitivität.

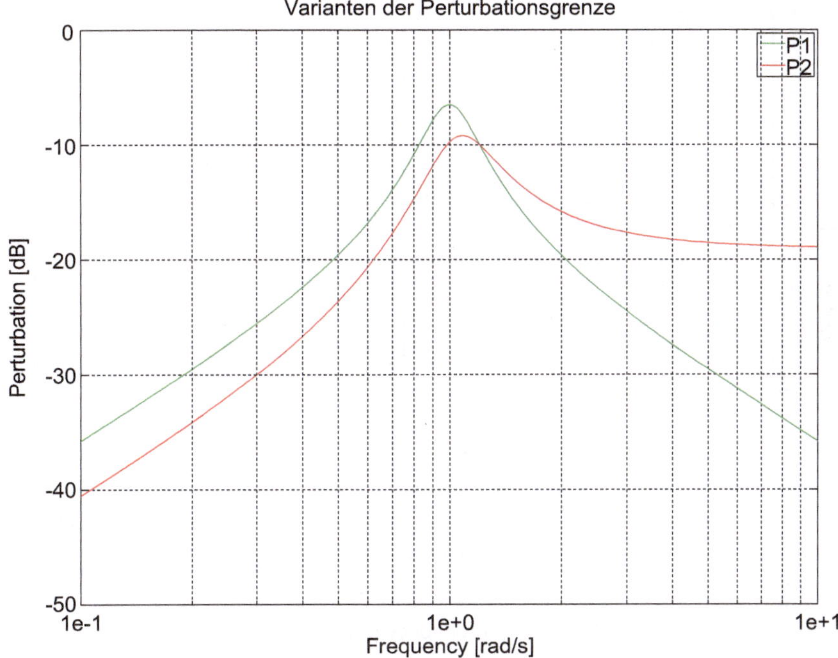

Abb. 11.12 Zwei Varianten der Perturbationsobergrenze

Diese Kombination führt dazu, dass der Betrag der Differenz zwischen dem tatsächlichen Übertragungsverhalten des perturbierten Regelkreises und der nominellen Referenzübertragung bei der Variante *P2* höher ansteigt und dadurch zu höheren Obergrenzen der Systemnormen führt (Abb. 11.14). Die Systemnormwerte sind jeweils 0,14 und 0,22.

Diese unterschiedlichen Systemnormen wirken sich bei Systemvariationen, die nahe der Perturbationsgrenze liegen, tatsächlich im schlechteren Verhalten bei kritischen Referenzsignalfrequenzen aus. In Abb. 11.15 ist die Abweichung zwischen Referenz- und tatsächlicher Regelgröße bei der Variante *P2* deutlich größer als bei *P1*. Das Verhältnis von der L_2-Signalnorm der Abweichung zur L_2-Norm des Referenzsignals (linke Seite von Gl. 11.31 und 11.21) ist jeweils 0,05 und 0,18 – im letzteren Fall also nahe an der zu *P2* zugehörigen Systemnorm von 0,22, die die Obergrenze (rechte Seite von Gl. 11.31) für das Verhältnis bildet.

Bei niederfrequentem (1,2 rad/s) Referenzsignal führen beide Robustheitsgrenzen zu ähnlich gutem Verhalten (Abb. 11.16) mit Signalnorm-Verhältnissen von 0,033 und 0,036 (also weit unterhalb der Systemnormen-Obergrenzen).

Bei einer Sprungfunktion, die aus einer Mischung der nieder- und hochfrequenten Spektralanteile besteht, ist die erste Perturbationsvariante mit 0,017 gegenüber der zweiten (0,030) wieder im Vorteil (Abb. 11.17).

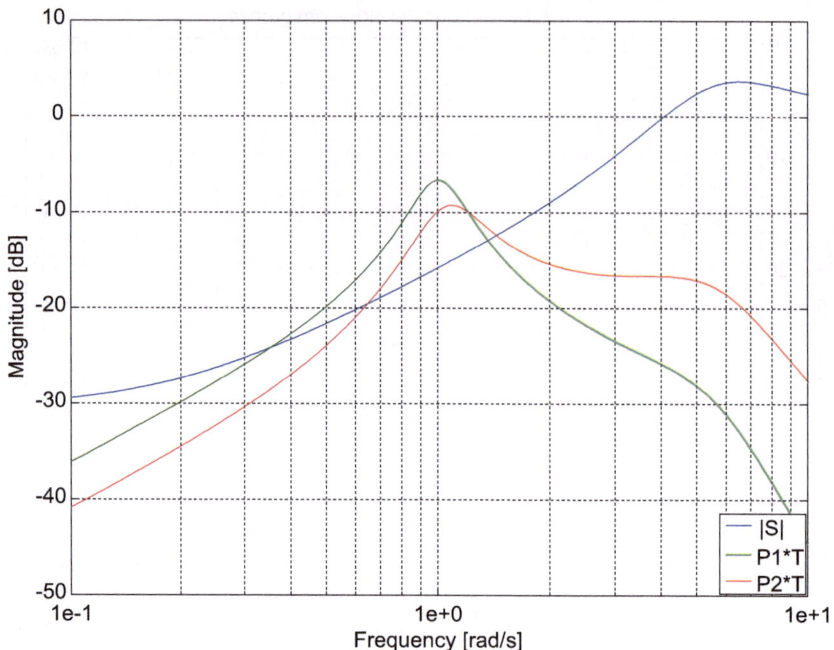

Abb. 11.13 Produkte $|P||T_0|$ und Sensitivität S

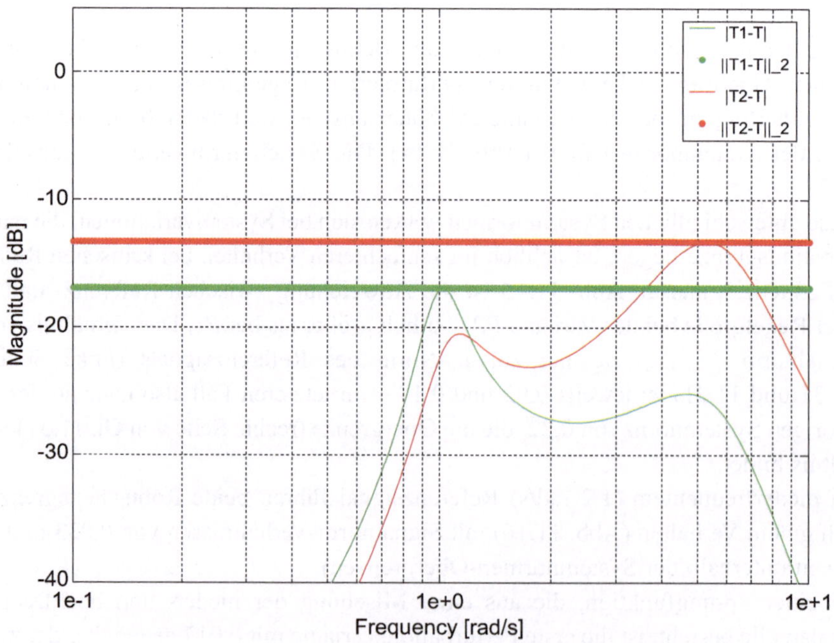

Abb. 11.14 Die Obergrenzen von Systemnormen von T1-T und T2-T

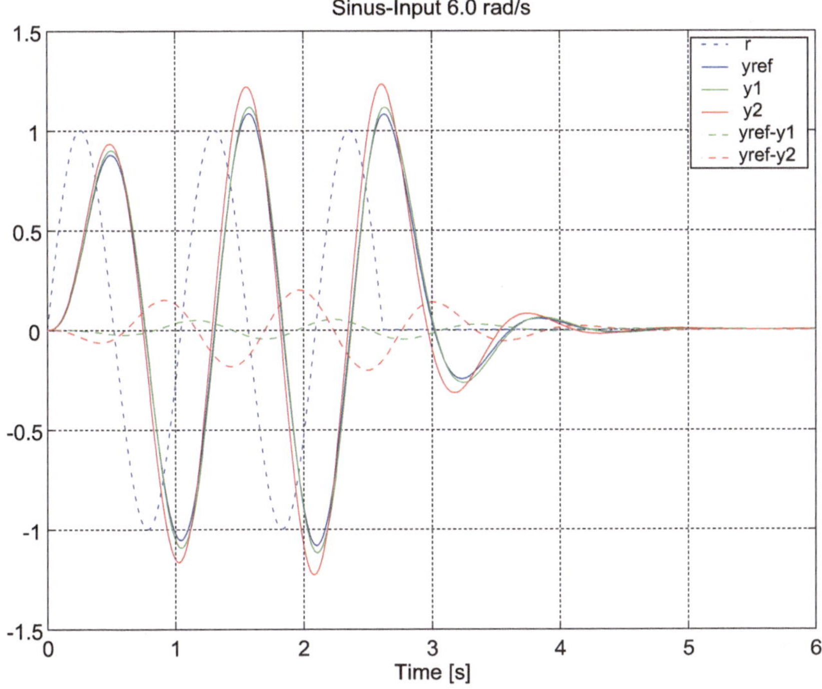

Abb. 11.15 Systemreaktion auf ein Input-Signal mit 6 rad/s – Referenzsystem, perturbierte Systeme und Differenz

Als Beispiel der möglichen Überwachung wird ein sinusförmiges Referenzsignal mit 6 rad/s gezeigt.

Die inkrementell (bis zum jeweiligen laufenden Zeitpunkt) integrierten Signalnormen von

- Referenzsignal (Sollwert) sowie
- Abweichungen der Regelgröße zwischen Referenzmodell und tatsächlichem Messwert (hier für Systemvariationen, die sich an den Perturbationsobergrenzen 1 und 2 befinden)

sind in Abb. 11.18 gezeigt.

In Abb. 11.19 sind die Quotienten der Signalnormen zum jeweiligen Zeitpunkt gebildet. Es sind jeweils die Verhältnisse der Signalnorm der Abweichung zur Signalnorm des Referenzsignals für beide Streckengrenzvarianten. Gleichzeitig sind die Systemnorm-Obergrenzen für beide Varianten gezeigt.

Der Signalnorm-Quotient der Grenzvariante, die zur Perturbationsgrenze *P2* gehört, überschreitet die Obergrenze der Systemnorm für die engere Perturbationsgrenze *P1*, die

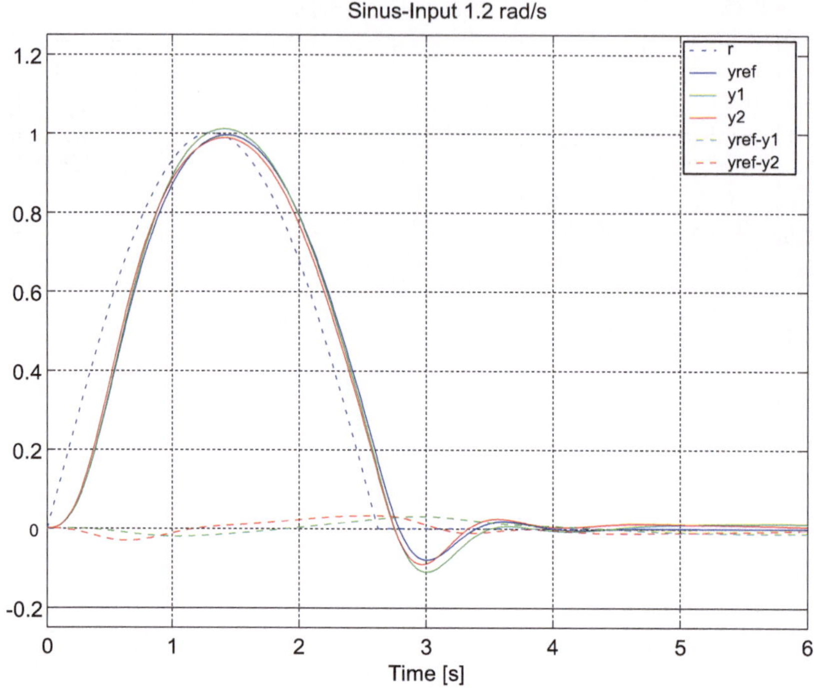

Abb. 11.16 Systemreaktion auf ein Signal mit Frequenz 1,2 rad/s – Referenzsystem, perturbierte Systeme und Differenz

eigene Systemnorm-Obergrenze wird erfüllt. Würde die Performanz- und Robustheitsspezifikation dem Fall P1 entsprechen, wäre das Verlassen des zulässigen Toleranzbereichs und damit ein Sicherheitsrisiko angezeigt. Diese Überschreitung ist bereits vor dem Ende des Integrationshorizonts erreicht. Das kann ein frühzeitiges Indiz für die Diagnose eines Notfalls sein. Streng genommen ist jedoch die Überschreitung erst beim Erreichen des Integrationshorizonts gültig, denn ein monotoner Anstieg des Signalnorm-Quotienten ist nicht theoretisch garantiert. (Er ist jedoch typisch, da hohe Werte des Outputs den hohen Werten des Inputs folgen.)

Dieser Abschnitt zeigt, dass die normbasierte Spezifikation der Abweichung vom Referenzmodell im Vergleich zur normbasierten Spezifikation der Sensitivität einfacher realisierbar ist. Die Bedingungen für ihren erfolgreichen Einsatz sind, dass das

- Referenzmodell gleich der komplementären Sensitivität bei Nominalregelstrecke ist und
- eine hohe Robustheit des Regelkreises im Frequenzband der kritischen Sensitivität gegeben ist.

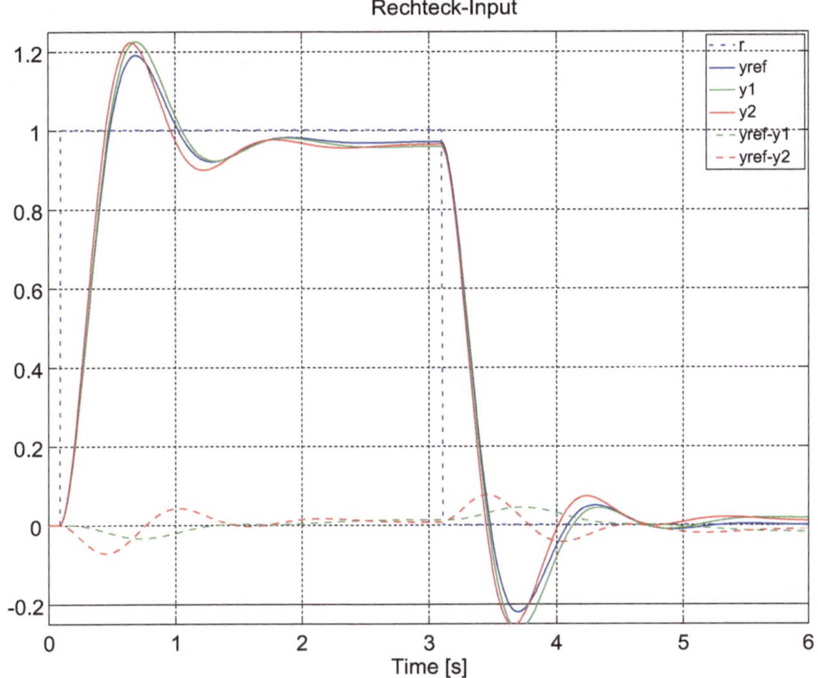

Abb. 11.17 Abweichung für Sprungfunktion s – Referenzsystem, perturbierte Systeme und Differenz

11.4 Zusammenfassung der Besonderheiten der Spezifikation im Zeitbereich

Die Erkenntnisse über die möglichen Spezifikationsarten im Zeitbereich können in folgenden Punkten zusammengefasst werden:

- Abgesehen von der Spezifikation anhand von konkreten Signalen wie Impuls oder Sprungfunktion bieten sich Signal- und Systemnormen als Werkzeug an.
- Praktisch nutzbare Signalnormen sind die quadratische Signalnorm (Integral der zweiten Potenz des Signals) und die Maximumsnorm (Maximum des Signals).
- Aufgrund des maximalen zulässigen Verhältnisses der Signalnormen der Output- und Input-Signale ergibt sich als Spezifikation die Obergrenze der Systemnorm, die beim Reglerentwurf eingehalten werden soll. Den besten Bezug zum Reglerentwurf hat die H_∞-Norm, die mit der quadratischen Signalnorm kombiniert wird.
- Aus der gegebenen Input-Signalnorm und der sich aus dem Reglerentwurf ergebenden Systemnorm kann die Obergrenze für die Output-Norm bestimmt werden. Sie kann

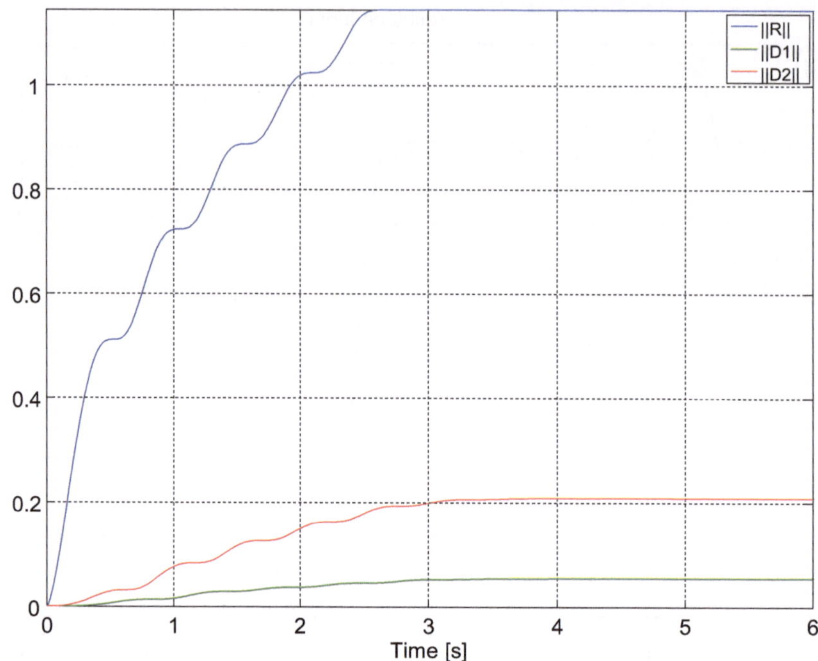

Abb. 11.18 Inkrementell integrierte Signalnormen von Referenzsignal (Input) und Abweichungen der Regelgröße vom Referenzmodell (Output) bei Varianten 1 und 2 der Perturbationsobergrenze

beispielsweise die Gestalt eines Korridors der Regelgröße um ein Referenzsignal haben und für diagnostische Zwecke verwendet werden.

- Bei beiden genannten Anwendungsarten werden nur Obergrenzen für die Normen zur Verfügung stehen. Sie können sich für die tatsächlich auftretenden Signale als zu konservativ erweisen. Diese Eigenschaft hat mit der fehlenden Spezifikation der spektralen Eigenschaften der Signale zu tun und ist eine inhärente Eigenschaft der Spezifikation im Zeitbereich.
- Die Signalnormen der Input- und Output-Signale können nur für endliche, abklingende Signalfolgen berechnet werden. Bei der Organisation der Signalnormberechnung im Echtzeitbetrieb muss dieses Problem gelöst werden.
- Bei der Konkretisierung des zu betrachtenden Systems bietet sich die Übertragung vom Referenzsignal zur Regelabweichung (Sensitivität) oder zur Abweichung der Regelgröße vom Output eines Referenzsystems an. Die erste Alternative erfordert eine spektrale Einschränkung des Referenzsignals, was ggf. mit Schwierigkeiten verbunden ist. Bei der zweiten Alternative gibt es dieses Problem nicht, solange das Referenzmodell dem Nominalverhalten der Regelschleife entspricht und hohe Robustheit bei kritischen Frequenzen gegeben ist.

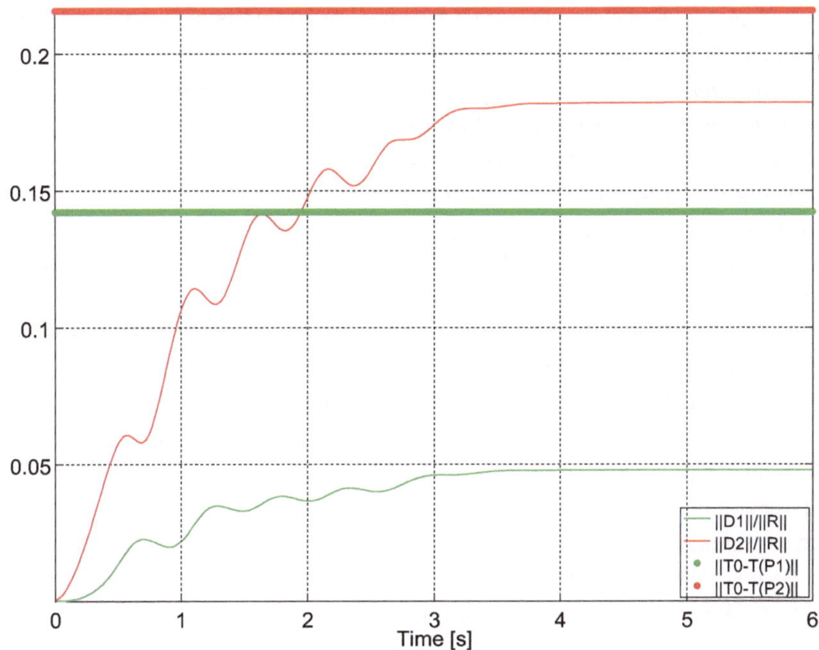

Abb. 11.19 Quotienten der inkrementell integrierten Signalnormen und Systemnorm-Obergrenzen bei Varianten 1 und 2 der Perturbationsobergrenze

11.5 Vorgehensweise bei der Spezifikation im Zeitbereich

Die aus oben genannten Gründen empfohlene Variante der Spezifikation der Abweichung vom Referenzmodell und deren Überprüfung kann in folgenden Schritten durchgeführt werden:

1. *Wahl der Signalnorm für die Abweichung vom Referenzmodell.* In dieser Norm wird die Spezifikation (Obergrenze der Norm der Abweichung relativ zur Signalnorm des Referenzsignals) formuliert. Es steht die quadratische Norm oder die Maximumnorm zur Auswahl. Für die quadratische Norm können in den weiteren Schritten die Formeln aus Abschn. 11.3 direkt verwendet werden. Für die Maximumnorm müsste Gl. 11.30 angepasst werden, um auch die entsprechende Systemnorm, die L_1-Norm, einzusetzen. Da diese Systemnorm im Zeitbereich (als Integral des Betrags der Impulsantwort) definiert ist, bedarf es einiger theoretischer Überlegungen, um die Perturbationsobergrenze $|P|$ in L_1-Norm zu beschreiben. Daher wird die Verwendung der quadratischen Signalnorm und der damit einhergehenden H_∞-Systemnorm empfohlen.
2. *Bestimmung des maximalen Signalnorm-Quotienten.* Es handelt sich um das Verhältnis der Signalnorm der Abweichung vom Referenzmodell zur Signalnorm des

Referenzsignals. Dieses einzuhaltende Maximalverhältnis ist aus den Anwendungsanforderungen zu bestimmen.

3. *Bestimmung der Obergrenze der Systemnorm der Übertragung Referenzsignal => Abweichung der Regelgröße vom Referenzmodell.* Diese Obergrenze ist gleich dem bereits bestimmten Signalnorm-Quotienten.
4. *Bestimmung der maximalen Perturbation der Regelstrecke P.* Diese Perturbation wird wie in Abschn. 5.5 bestimmt.
5. *Reglerentwurf und Bestimmung der nominellen Charakteristiken S_0 und T_0 des Regelkreises.*
6. *Prüfung der tatsächlichen Systemnorm aus* Gl. 11.30 *gegen ihre Obergrenze.* Wird die Obergrenze nicht überschritten, erfüllt der Regler die Spezifikation, sonst ist ein verbesserter Entwurf (oder Anpassung der Spezifikation) notwendig.
7. *Überwachung im Betrieb.* Sie besteht aus der laufenden Bestimmung der Signalnorm des Referenzsignals (Input) und der Abweichung zwischen der gemessenen und der lt. Referenzmodell erwarteten Regelgröße (Output). Die Integration geschieht jeweils ab Trigger-Zeitpunkt (Beginn einer Regelaktion, vgl. Abschn. 11.1.3). Der Quotient der Signalnormen (Output/Input) wird mit der spezifizierten Obergrenze der Systemnorm verglichen. Bei Überschreitung liegt ein Hinweis auf Fehlfunktion der Regelung vor.

Literatur

1. Skogestad, S., Postlethwaite, I.: Multivariable Feedback Control. Wiley, New York (2005)

Prüfung der Robustheit eines PID-Reglers 12

Zusammenfassung
Eine Reglerstruktur ist in industriellen Anwendungen so verbreitet, dass ihrer Robustheits- und Performanzanalyse ein eigenes Kapitel gewidmet wird: der PID-Regler. Um ein besseres Verständnis der Rolle seiner Komponenten (P, I und D) zu gewinnen, werden deren Robustheits- und Performanzeigenschaften einzeln betrachtet. Die Robustheits- und Performanzanalyse des PID-Reglers unterscheidet sich nicht von derjenigen des allgemeinen Reglers. Da keine direkten Entwurfsmethoden für PID-Regler mit spezifizierter Robustheit verfügbar sind, muss auf kombinatorische Optimierung ausgewichen werden, die im Falle von nur drei Parametern gut realisierbar ist. Eine oft überlegene Alternative ist die Pol-Kompensation mittels PID-Regler, die nur einen zu optimierenden Parameter übrig lässt. Beide Optimierungsmethoden werden anhand eines Beispiels illustriert.

Jeder Regler, unabhängig von seinem Entwurf bzw. Werdegang, kann auf seine Robustheit hin bewertet werden. Die Verfahren für robuste Stabilität (Abschn. 5.5) und robuste Performanz (Abschn. 6.6) setzen nur die Verfügbarkeit eines beliebigen Reglers als lineares Glied in der Zustandsraum- oder Übertragungsfunktionsdarstellung voraus. Das trifft alles auch für einen PID-Regler zu. Deshalb steht seiner Robustheitsanalyse nichts im Wege.

Wir wollen trotzdem diesem Reglertyp ein gesondertes Kapitel widmen. Der Grund dafür ist seine unumstrittene Dominanz bei industriellen Anwendungen. Seine Popularität verdankt er der Vorstellung, dass zu seiner Parametereinstellung kein oder nur wenig regelungstheoretisches Wissen notwendig ist. Tatsächlich ist eine Einstellung durch einfache Regeln oder auch durch Versuch und Irrtum möglich. Sie wird oft mitten im Betrieb des einzustellenden Regelkreises vorgenommen.

Der PID-Regler wurde 1922 von Nicolas Minorsky für Anwendungen in der Schiffssteuerung entwickelt. Dieser Zeitraum lag lange vor dem Aufbau erster digitaler Computer

T. Hrycej, *Robuste Regelung*,
https://doi.org/10.1007/978-3-662-54168-5_12

(1941) und die Idee hinter dem PID-Regler entsprach diesem Stand der Technik (Notwendigkeit analoger Implementierung, keine umfangreicheren Berechnungen zur Auslegung). Auch die bekannten Einstellregeln von Ziegler und Nichols (1942) mit Hilfe der Sprungantwort waren heuristisch. Trotzdem hat das Konzept auch in der Ära hoch entwickelter Regelungstheorie noch Bestand.

Da der PID-Regler offenbar nicht vom Aussterben bedroht ist, wollen wir uns im Folgenden seine speziellen Eigenschaften in Bezug auf Robustheit und Performanz genauer anschauen

12.1 Struktur des PID-Reglers

Der PID-Regler ist strukturell eine Addition (Parallelschaltung) von drei Gliedern:

- dem Proportionalglied P, das den Reglereingang (die Regelabweichung in der Form Referenzgröße abzüglich gemessener Regelgröße) statisch mit einer Konstanten multipliziert,
- dem Integralglied I, das den Reglereingang über die Zeit integriert, und
- dem Differenzierer D, der vom Reglereingang eine Ableitung bildet.

Er kann durch die folgende Gleichung

$$u(t) = k_P e(t) + k_I \int_0^t e(\tau)dt + k_D \dot{e}(t) \tag{12.1}$$

beschrieben werden.

Aus Gründen, die in den heuristischen Entwurfsverfahren verankert sind, wird oft die äquivalente, aber aus etwas anderen Parameterkonstanten bestehende Form

$$u(t) = k_P \left(e(t) + \frac{1}{T_N} \int_0^t e(\tau)dt + T_v \dot{e}(t) \right) \tag{12.2}$$

benutzt, mit „Nachstellzeit“ T_N und „Vorhaltzeit“ T_V. Wir werden uns hier an die Form Gl. 12.1 halten, die im Bildbereich als Übertragungsfunktion wie folgt aussieht:

$$\frac{u}{e} = k_P + \frac{k_I}{s} + k_D s = \frac{k_P s + k_I + k_D s^2}{s} = \frac{k_D \left(s^2 + \frac{k_P}{k_D} s + \frac{k_I}{k_D} \right)}{s} \tag{12.3}$$

Offensichtlich liegt hier ein grenzstabiler Pol bei $s = 0$. Dieser Pol ist direkt mit der Existenz des I-Glieds verbunden. Die Grenzstabilität bedeutet, dass der Ausgangswert des gesamten Reglers bereits durch einen winzigen Input, der auch aus dem Messrauschen, aus einer minimalen Asymmetrie der Sensoren oder aus der Quantisierung der Messwerte bestehen kann, beliebig weit wegdriften kann. Das ist bei einer fast immer vorhandenen Stellgrößenbegrenzung höchst unerwünscht. Daher wird das I-Glied immer mit diversen Begrenzungs- oder Reset-Ergänzungen versehen, die seine theoretisch erwarteten regelungstechnischen Eigenschaften modifizieren.

Die Übertragungsfunktion (Gl. 12.3) besitzt zwei Nullstellen, die ggf. für die Kompensation von maximal zwei Polen der Regelstrecke verwendet werden können. Dieses zu kompensierende Pol-Paar kann auch konjugiert-komplex sein. Nach der Kompensation bleibt allerdings nur noch ein Parameter (k_D) zur weiteren Optimierung frei.

Das Vorhandensein eines grenzstabilen Pols kann nicht nur bei der Implementierung des Reglers, sondern auch bei der Analyse mit regelungstechnischer Software Probleme bereiten. Um diesen Problemen aus dem Weg zu gehen, kann das I-Glied alternativ durch einen niederfrequenten Tiefpass

$$\frac{1}{s + \omega_I} \tag{12.4}$$

mit Grenzfrequenz ω_I ersetzt werden. Dieser Tiefpass ist im Amplitudengang ab ca. dem Dreifachen der Grenzfrequenz mit dem I-Glied äquivalent in der Amplitude und hat eine geringe Phasenverschiebung, die mit der steigenden Frequenz verschwindet, wie das Bode-Diagramm in Abb. 12.1 im Vergleich beider Varianten zeigt.

Der Hauptgrund für die Aufnahme des I-Glieds in die PID-Reglerstruktur ist die Vermeidung stationärer Regelabweichung. Mit stationärer Verstärkung der Regelstrecke k_G und I-Konstanten k_I ist die stationäre Regelabweichung

$$S(0) = \frac{1}{1 + G(0)C(0)} = \frac{1}{1 + \frac{k_G k_I}{\omega_I}} = \frac{\omega_I}{\omega_I + k_G k_I}. \tag{12.5}$$

Der theoretische, aber praktisch wegen der I-Glied-Begrenzungsmechanismen unerreichbare Wert null kann also durch die Wahl der Grenzfrequenz unabhängig von anderen Konstanten beliebig angenähert werden. Deshalb weist die Tiefpass-Variante des I-Glieds keine praktischen Nachteile auf und ist analytisch besser behandelbar. Das macht sie zu einer empfehlenswerten Variante.

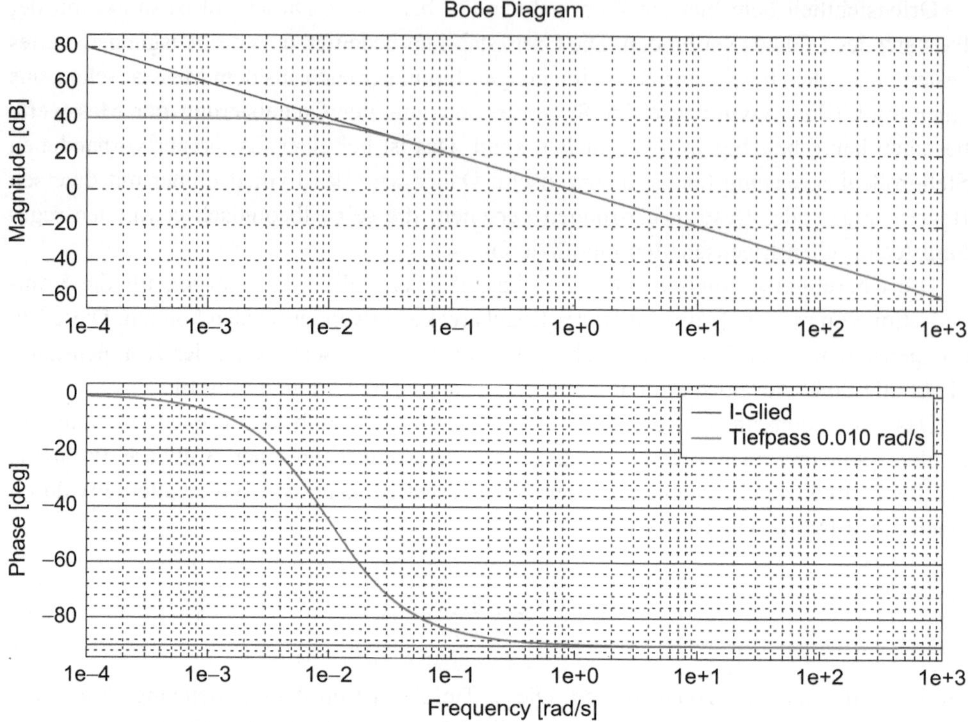

Abb. 12.1 Bode-Diagramm von Integralglied und Tiefpass mit Grenzfrequenz 0,01 rad/s

12.2 Robustheit und Performanz von einparametrigen Reglern (P, I und D)

Die Robustheit und die Performanz des Regelkreises stehen in einem oft nicht intuitiv durchschaubaren Zusammenhang mit der Parametrierung der Regler. Das gilt auch für die relativ einfache PID-Reglerstruktur. Der Frequenzgang eines PID-Reglers ist zwar durch seine Komponenten (P-, I- und D-Glied) determiniert, die Zusammensetzung erfolgt jedoch additiv. Eine Addition von komplexen Zahlen, an denen uns vor allem die Polardarstellung (Verstärkung und Phase) interessiert, ist in dieser Darstellung nicht anschaulich. Man kann höchstens Frequenzbereiche ausmachen, in denen eine Komponente dominiert, d. h. in ihrem Betrag deutlich größer ist als andere. Dann richtet sich der Frequenzgang der Summe in diesem Frequenzbereich vor allem nach dieser dominanten Komponente. Der I-Anteil ist bei niedrigen Frequenzen dominant, der D-Anteil bei den hohen und der P-Anteil im Bereich dazwischen, der aber bei hohen I- und D-Anteilen schmal oder undeutlich sein kann.

Aus dieser Überlegung heraus ist es interessant, das Robustheits- und Performanzverhalten der einzelnen Komponenten zu betrachten. Das Verhalten des gesamten

Regelkreises hängt selbstverständlich maßgeblich von der Regelstrecke ab. Daher dienen die Betrachtungen nur zur Anschauung und sind nicht allgemeingültig.

Die Regelstrecke ist das Feder-Dämpfer-Massen-System mit relativer Dämpfung 0,5, d. h. mit einer ausgeprägten Resonanz.

12.2.1 Robustheit und Performanz des P-Reglers

Der P-Regler ist die einfachste Komponente – ohne innere Dynamik. Der Parameter k_P wurde hier variiert bis knapp unter die Instabilitätsgrenze. Die Performanz einiger Varianten des P-Reglers im Regelkreis mit dem Feder-Dämpfer-Massen-System wird in Abb. 12.2, die Robustheit, charakterisiert durch den Kehrwert der komplementären Sensitivität, in Abb. 12.3 gezeigt.

Mit wachsendem Parameter k_P sinkt die bleibende Regelabweichung deutlich. Die Performanz bei niedrigen Frequenzen bis zu einer Eckfrequenz wird ebenfalls besser. Diese Eckfrequenz verschiebt sich mit wachsendem k_P in Richtung höherer Frequenzen. Der Preis dafür ist der erhebliche Peak bei der Verstärkung einer kritischen mittleren Frequenz.

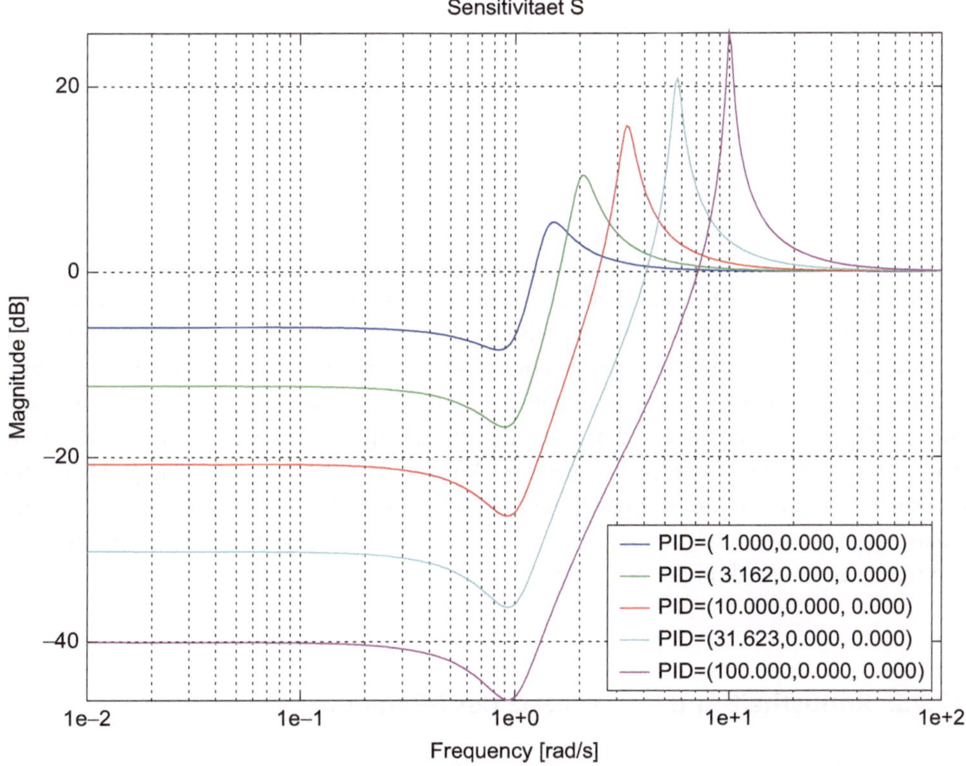

Abb. 12.2 Performanz von P-Reglern

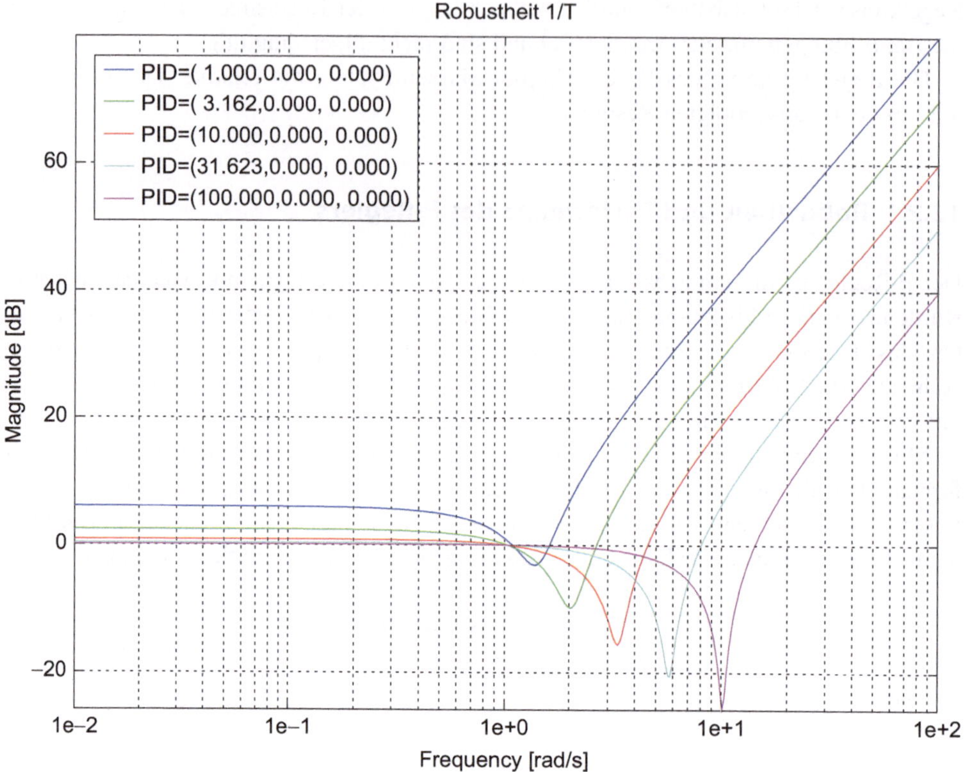

Abb. 12.3 Robustheit von P-Reglern

Die Robustheit (d. h. die maximale Perturbation der Regelstrecke, bei der die Stabilität garantiert ist) ist, außer bei sehr niedrigen Werten von k_P, bis zu einer anderen Eckfrequenz in der Nähe von 1, wo sie einen Einbruch erleidet. Seine Tiefe vergrößert sich mit wachsendem k_P oft auf Werte, die inakzeptabel sind. In unserem Beispiel geht der Einbruch bis unter -20 dB, was ein Äquivalent einer 10 %igen maximalen Perturbation wäre. Anschließend steigt sie unbegrenzt. Auch diese Eckfrequenz verschiebt sich mit wachsendem k_P in Richtung höherer Frequenzen. Wegen des sich vertiefenden Robustheitseinbruchs ist jedoch diese Verschiebung nicht als Robustheitsverbesserung zu bezeichnen – die Gefahren des Einbruchs werden meistens gegenüber den Vorteilen der Eckfrequenzverschiebung überwiegen.

12.2.2 Robustheit und Performanz des I-Reglers

Auch beim I-Anteil wurde der Parameter k_I bis knapp unter die Instabilitätsgrenze variiert. Die Performanz und die Robustheit werden in Abb. 12.4 und 12.5 gezeigt.

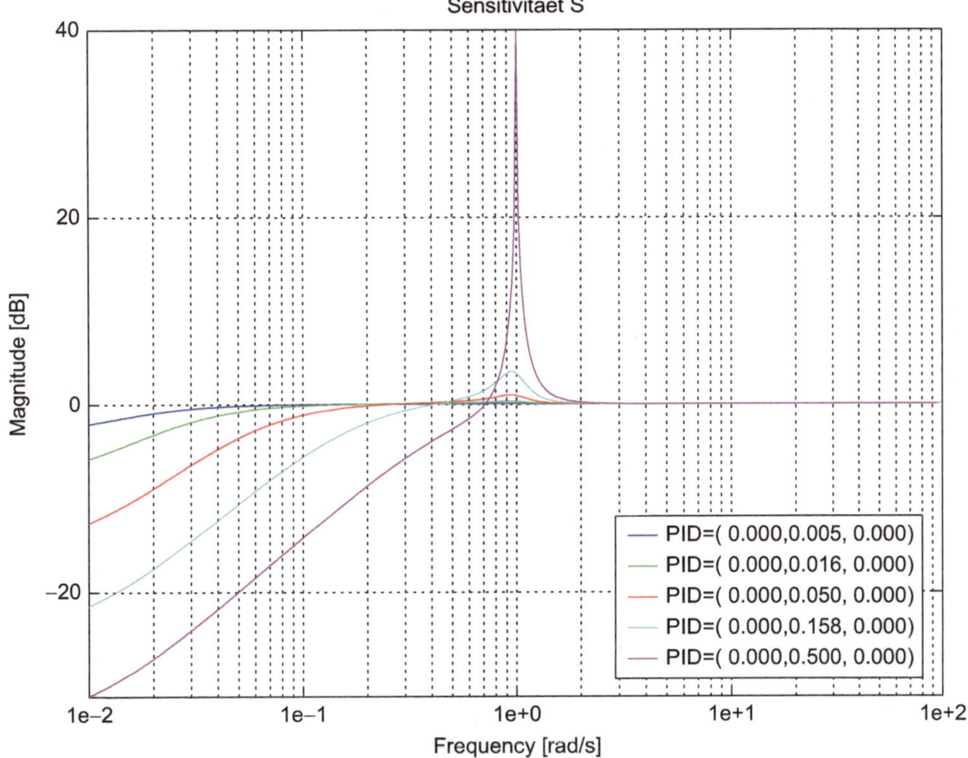

Abb. 12.4 Performanz von I-Reglern

Die Performanz steigt mit sinkender Frequenz und steigendem Parameter k_I. Bei der letzten Frequenzdekade vor der Resonanzfrequenz der Regelstrecke (1 rad/s) ist die Performanz derjenigen des P-Reglers deutlich unterlegen. Interessanterweise brilliert der I-Regler auch bei sehr niedrigen, „quasi-stationären" Frequenzen (ein Hundertstel der Resonanzfrequenz) kaum. Die Performanz erreicht auch hier nicht das Niveau des P-Reglers.

Diese Feststellung ist wichtig angesichts des weitverbreiteten Glaubens, der I-Anteil sei unerlässlich, um „bleibende" Regelabweichung zu vermeiden. Einerseits ist ihr völliges Verschwinden auch mit einem realen I-Regler wegen Sättigungsprobleme nicht zu erreichen. Vor allem kommt aber dieses vorteilhafte asymptotische Verhalten des I-Reglers erst bei Frequenzen zum Tragen, die möglicherweise praktisch irrelevant sind. Die Frequenz von 0,01 rad/s (bei der der P-Regler dem I-Regler noch deutlich überlegen ist) hat eine Periode von über 600 Sekunden bzw. 10 Minuten. Störungen oder Sollvorgaben mit dieser Periode kommen, um ein automobiles Beispiel zu nehmen, eher nur auf Autobahnstrecken in endlosen flachen Wüsten oder ähnlichen Gebieten vor. Daher ist der Bedarf nach dem I-Verhalten des Reglers oft nicht wirklich dringend vorhanden. Auf jeden Fall sollte man

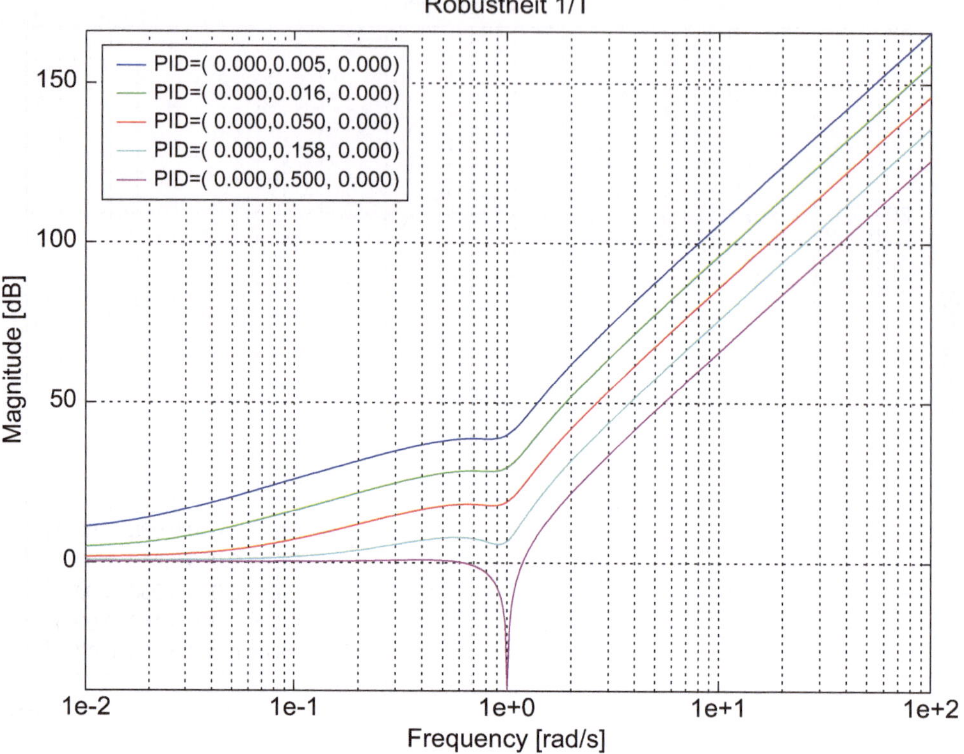

Abb. 12.5 Robustheit von I-Reglern

seine negativen Eigenschaften im Auge behalten und gegen die tatsächlich notwendige Performanz bei extrem niedrigen Frequenzen abwägen.

12.2.3 Robustheit und Performanz des D-Reglers

Analog zum P- und I-Anteil wurde der Parameter k_D bis knapp unter die Instabilitätsgrenze variiert. Die Performanz und die Robustheit sind in Abb. 12.6 und 12.7 dargestellt.

Ein Blick auf den Performanzverlauf offenbart, dass es sich beim D-Anteil um einen etwas seltsamen „Regler" handelt. Er wird nur in der Nähe der Resonanzfrequenz der Regelstrecke eine wesentliche Störgrößenkompensation aufweisen. Hier besitzt er auch eine gute Robustheit. Auch die Darstellung der komplementären Sensitivität in Abb. 12.8, hier in der Rolle der Übertragung Referenzgröße => Regelgröße, zeigt, dass es sich beim D-Regler eigentlich um einen Bandpass handelt. Seine charakteristische Frequenz regelt er gut ein, eine Störung mit dieser Frequenz kompensiert er. Andere Frequenzen werden durchgelassen. Da dieser Frequenzbereich auch die Domäne des P-Reglers ist, kommt es auf deren Mischung und gegenseitige Beeinflussung an.

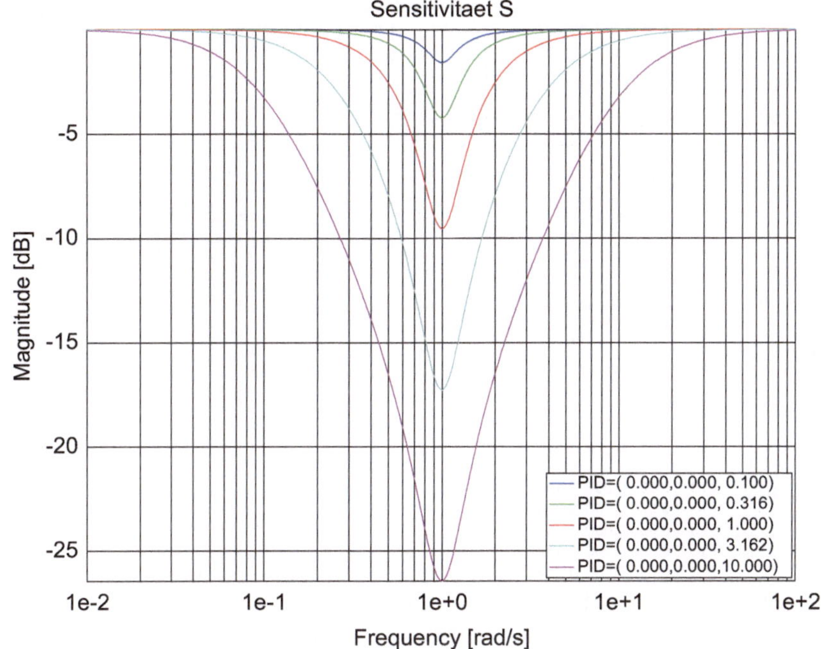

Abb. 12.6 Performanz von D-Reglern

12.3 Numerische Optimierung des PID-Reglers

Die Robustheit und die Performanz eines gegebenen PID-Reglers kann nach gleichen Prinzipien wie bei jedem anderen linearen Regler ausgewertet werden. Symbolisch kann man diese Auswertung für Regelstrecke G, Regler C, Robustheit R und Performanz P als folgende Abbildung formulieren:

$$(G, C) \Rightarrow (R, P) \tag{12.6}$$

Eine andere Fragestellung ist, wie man einen Regler findet, der bestimmte Spezifikationen erfüllt, oder wie man sich ihm optimal annähert.

$$\left(G, R_{ref}, P_{ref}\right) \Rightarrow C \tag{12.7}$$

Während es Lösungsansätze von Gl. 12.7 für allgemeine Reglerstrukturen gibt, ist eine analytische Lösung für den PID-Regler nicht bekannt. Die numerische Universaloptimierungsmethode für niedrigdimensionale Probleme, bereits in Abschn. 9.3 erwähnt, ist die kombinatorische Optimierung (hier: Minimierung):

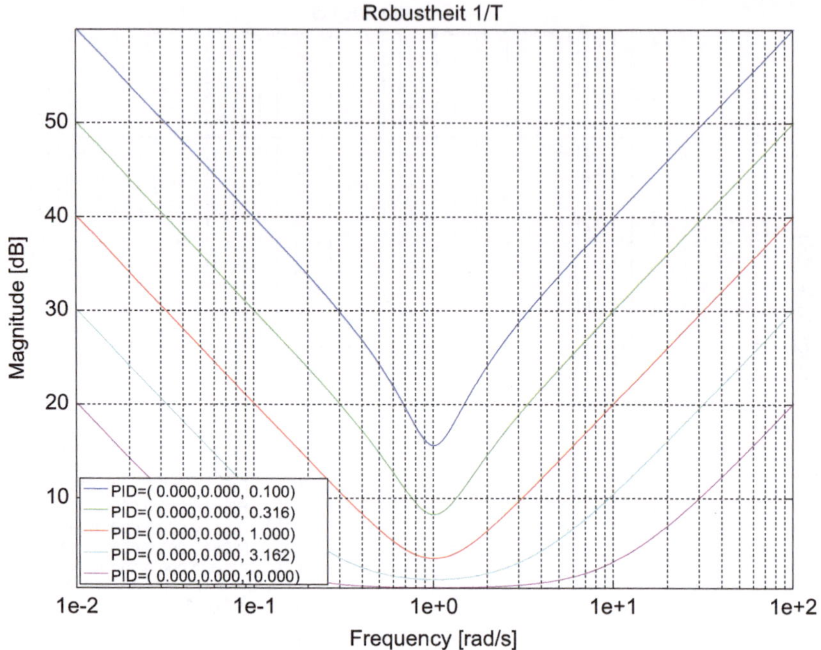

Abb. 12.7 Robustheit von D-Reglern

- Aufzählung diskreter Parameterwertekombinationen,
- Auswertung einer Zielfunktion für jede Wertekombination,
- Auswahl der Kombination mit dem minimalen Wert.

Das PID-Optimierungsproblem kann sicherlich als niedrigdimensional gelten – es gibt nur drei Parameter. Die Bestimmung des sinnvollen Wertebereichs für die Parameter ist nicht trivial, kann jedoch in einigen Iterationen immer gefunden werden. Sinnvoll sind exponentiell verteilte Werte – aufeinanderfolgende Werte unterscheiden sich um einen festen Faktor, wie z. B. 1,5, sodass sich beispielsweise die Reihe 1, 1,5, 2,25, … ergibt.

Die letzte Zutat zu diesem Algorithmus ist die zu minimierende Zielfunktion. Sie muss den Erfüllungsgrad einer Spezifikation messen.

In unserem Fall wird eine Mindestspezifikation in den Obergrenzen für die Sensitivität und komplementäre Sensitivität bestehen. Eine mögliche Formulierung der Zielfunktion wäre:

$$\begin{aligned} &\max_{\omega}(\max(S_{nm}(\omega), T_{nm}(\omega))) \\ S_{nm}(\omega) &= \frac{|S(i\omega)|}{S_{ref}(\omega)} \\ T_{nm}(\omega) &= \frac{|T(i\omega)|}{T_{ref}(\omega)} \end{aligned} \tag{12.8}$$

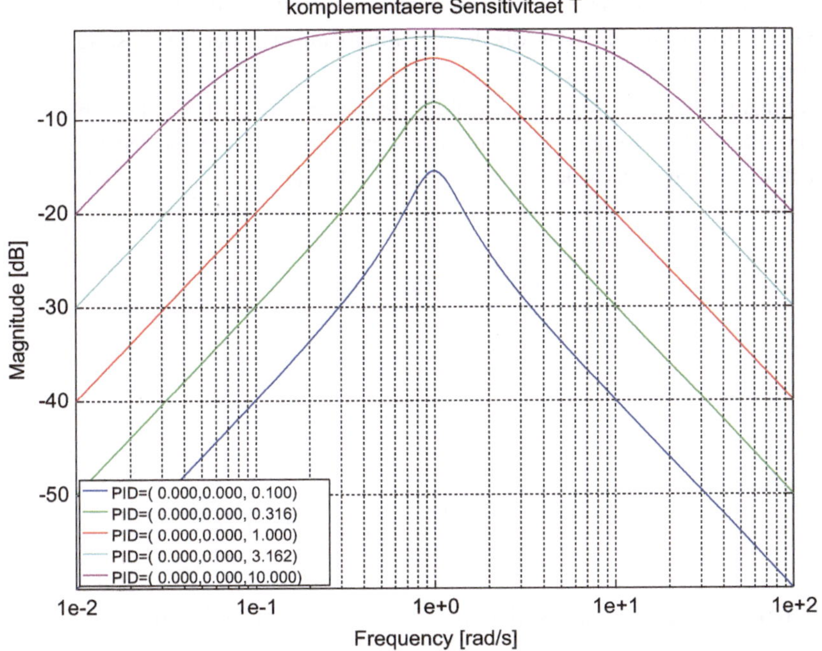

Abb. 12.8 Bandpass-Charakter von D-Reglern (Übertragung Referenzgröße => Regelgröße)

Die Spezifikationen $S_{ref}(\omega)$ und $T_{ref}(\omega)$ sowie die normierten Kriterien $S_{nm}(\omega)$ und $T_{nm}(\omega)$ werden ohne die imaginäre Einheit geschrieben, da es sich im Allgemeinen um eine realzahlige Funktion der Frequenz und nicht um eine Übertragungsfunktion handelt. Die Zielfunktion Gl. 12.8 nimmt Werte kleiner oder gleich 1 an, falls die Spezifikation voll erfüllt ist, d. h., falls sowohl S als auch T für jede Frequenz kleiner oder gleich den jeweiligen Spezifikationen S_{ref} und T_{ref} sind. Bei Werten über 1 ist mindestens eine der Spezifikationen nicht erfüllt.

Eine alternative Zielfunktion ist:

$$\max_{\omega}\left(\sqrt{S_{nm}^2(\omega) + T_{nm}^2(\omega)}\right) \tag{12.9}$$

Sie erfüllt die Zielsetzung, die Erfüllung der Spezifikation zu messen, etwas weniger direkt. Im Gegensatz zu Gl. 12.8 ist der Schwellwert der Zielfunktion, unterhalb von dem die Erfüllung beider Spezifikationen (der Robustheit und der Performanz) garantiert ist, konservativ. Bei Werten unterhalb von 1 ist die Garantie vorhanden, oberhalb davon ist jedoch die Erfüllung ebenfalls möglich.

Trotzdem spielt sie in der Regelungstechnik eine große Rolle. Es handelt sich um das berühmte H_∞-Kriterium, für das die Regler durch ausgereifte numerische Algorithmen direkt entworfen werden können (Kap. 13).

Die Kennzahl in Gl. 12.8 garantiert, falls sie kleiner gleich 1 ist, die robuste Stabilität und die nominelle Performanz. Ein weiteres Kriterium quantifiziert den Erreichungsgrad der robusten Performanz, welche die robuste Stabilität und die nominelle Performanz einschließt:

$$\max_\omega(|S_{nm}(\omega)| + |T_{nm}(\omega)|) \tag{12.10}$$

Da

$$\begin{aligned} S_{nm}(\omega) &= \frac{|S(i\omega)|}{S_{ref}(\omega)} \\ T_{nm}(\omega) &= \frac{|T(i\omega)|}{T_{ref}(\omega)} = |T(i\omega)|P_{\max}(\omega) \end{aligned} \tag{12.11}$$

ist dieses Kriterium genau dann kleiner als 1, wenn die robuste Performanz nach Gl. 6.17 garantiert ist.

Als Beispiel der kombinatorischen Optimierung des PID-Reglers wird hier ein Feder-Dämpfer-Massen-System mit Dämpfung 0,5, d. h. mit deutlicher Resonanz, herangezogen.

Die Spezifikation der Robustheit in Form einer gewünschten Obergrenze der komplementären Sensitivität ist ein Tiefpass 1. Ordnung mit Grenzfrequenz 2 rad/s (d. h. einer Frequenz, bei der die Amplitude um 3 dB abfällt). Die Spezifikation der Performanz in Form einer gewünschten Obergrenze ist direkt komplementär dazu mit bleibender Regelabweichung von -20 dB. Die diskreten Parameterwerte sind mit einem dekadisch-logarithmischen Abstand von 0,25 gewählt, d. h. einem Faktor $10^{0,25} = 1{,}778$. Die Bandbreite der Parameterwerte ist zwei Zehnerpotenzen bis zu denjenigen Werten, die zur Instabilität führen (d. h. beispielsweise 0,1 bis 10, falls Werte oberhalb von 10 zur Instabilität führen).

Das Optimum in diesem Beispiel wurde mit den Parametern PID $=$ (3,162, 0,005, 0,562) und dem Wert der Zielfunktion von 2,953 (Abb. 12.9) erreicht.

Der deutlich über 1 liegende Wert der Zielfunktion deutet bereits auf Überschreitung der Spezifikation hin. Ungünstig ist vor allem das Verhalten bei ca. 2 rad/s (hohe Störgrößenverstärkung, niedrige Robustheit). Auch das Ziel der niederfrequenten Regelabweichung wurde nicht erreicht.

Unter Lockerung der Anforderung an die niederfrequente Regelabweichung kann das Problem bei 2 rad/s entschärft werden (Abb. 12.10). Das Optimum liegt bei PID $=$ (1,778, 0,005, 0,562) und dem Zielfunktionswert 2,133. Die I- und D-Anteile beim Optimum sind gleich, lediglich der P-Anteil ist gegenüber der vorausgehenden Variante abgeschwächt.

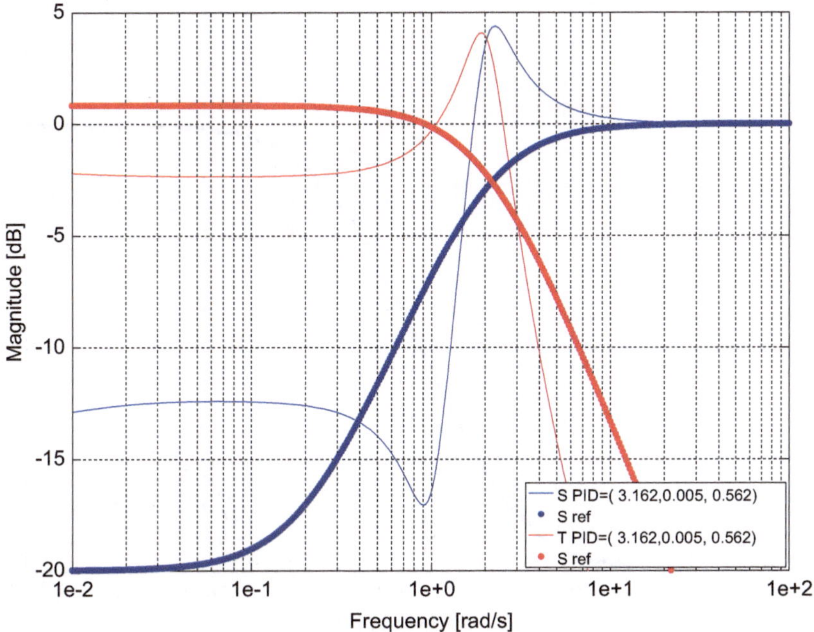

Abb. 12.9 Optimale PID-Parametrierung bei schwach gedämpfter Regelstrecke

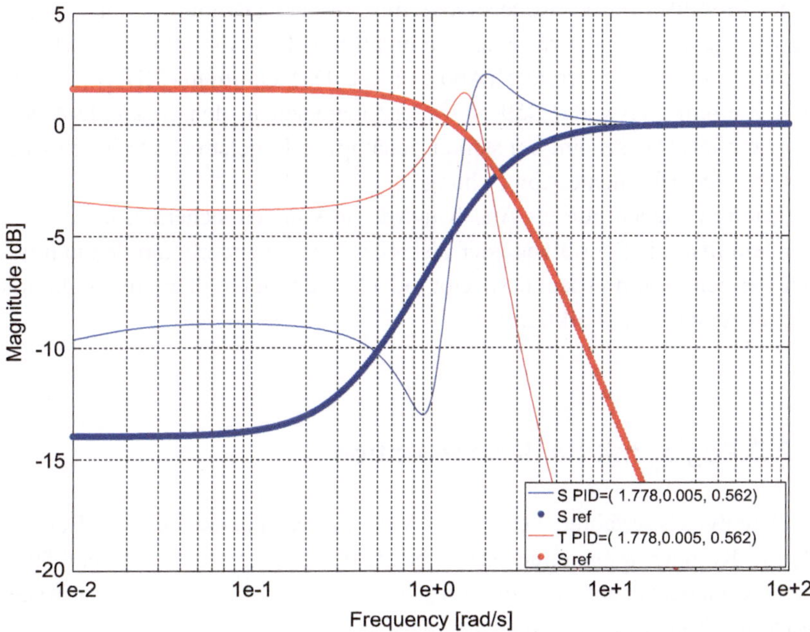

Abb. 12.10 Optimale PID-Parametrierung mit abgeschwächter Spezifikation für niederfrequente Performanz

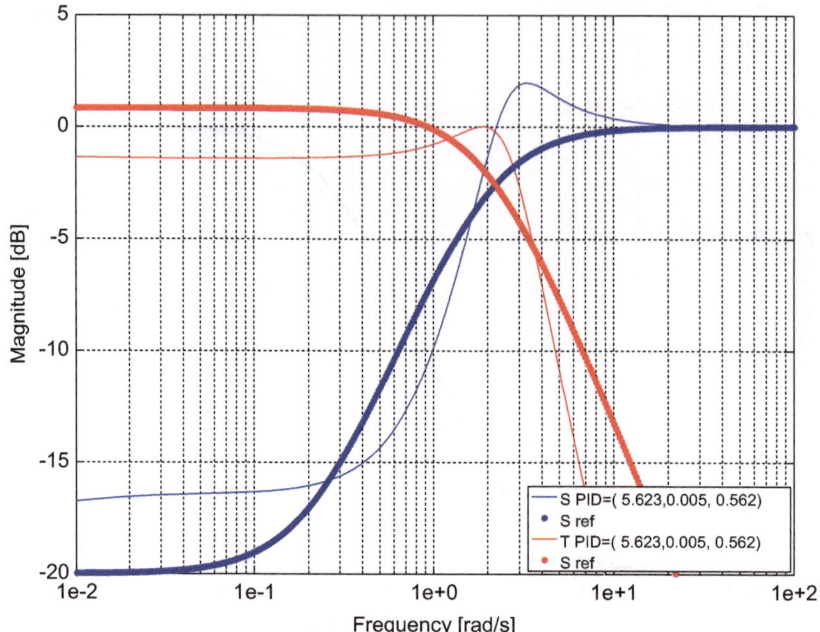

Abb. 12.11 Optimale PID-Parametrierung bei stärker gedämpfter Regelstrecke

Bei einer Modifikation der Regelstrecke mit erhöhter Dämpfung von 2,0 (d. h. ohne deutliche Resonanz) ist die Erfüllung der ursprünglichen Variante der Ziele einfacher, obwohl immer noch nicht erreicht (Abb. 12.11). Das Optimum-PID = (5,623, 0,005, 0,562) mit Zielfunktionswert 1,959 ist wieder identisch in den I- und D-Anteilen, der P-Anteil ist erhöht. Das scheint bei stärker gedämpfter Regelstrecke möglich zu sein und verbessert die niederfrequente Abweichung.

Die Ergebnisse dienen nur zur Anschauung. Sie könnten sicherlich iterativ verbessert werden, indem man die Schrittweite der diskreten Parameterwerte um den nun bekannten optimalen Bereich herum absenkt. Es gibt jedoch noch einen alternativen Optimierungsansatz, der in Abschn. 12.4 erklärt wird.

12.4 PID-Regler mit Pol-Kompensation

Viele Reglerentwurfsverfahren gehen den Weg der Kompensation von Regelstrecken-Polen. Diese Kompensation findet statt, indem der Regler Nullstellen enthält, die den Polen der Regelstrecke entsprechen. Wird die Übertragungsfunktion der Regelstrecke G als Bruch mit Zähler n_G und Nenner d_G geschrieben

$$G = \frac{n_G}{d_G}, \tag{12.12}$$

enthält der Regler C den Term d_G im Zähler. Die Verkettung $L = CG$ ist dann:

$$L = CG = C\frac{n_G}{d_G} = C_r d_G \frac{n_G}{d_G} = C_r n_G \tag{12.13}$$

Die „offene Schleife" L enthält dann nur die Nullstellen der Regelstrecke. Falls, wie bei der Feder-Dämpfer-Massen-Strecke, keine Nullstellen vorhanden sind, enthält L nur den „bereinigten Regleranteil" C_r und eine Konstante n_G.

Manche Reglerentwurfsverfahren (Kap. 13) gehen noch weiter. Sie kompensieren nicht nur die Pole der Regelstrecke, sondern auch ihre Nullstellen, indem sie die Streckeninversion

$$G^{-1} = \frac{d_G}{n_G} \tag{12.14}$$

als Faktor enthalten. In diesem Fall ist die offene Schleife L gleich dem Regleranteil C_r:

$$L = CG = C_r G^{-1} G = C_r \tag{12.15}$$

Mit Gl. 12.13 wird eine partielle und mit Gl. 12.15 eine vollständige Unabhängigkeit der Robustheit und der durch die Sensitivität repräsentierten Performanz von der Regelstrecke erreicht, da beide Kriterien nur von L und dadurch nur von C_r abhängen. Die Performanzkriterien CS und SG (Abschn. 6.4) sind allerdings von der Regelstrecke nicht unabhängig, da sie entweder G (als die Strecke selbst) oder G^{-1} (als Reglerfaktor) enthalten.

Bei einem PID-Regler, geschrieben als

$$k_P + \frac{k_I}{s} + k_D s = \frac{k_D\left(s^2 + \frac{k_P}{k_D}s + \frac{k_I}{k_D}\right)}{s}, \tag{12.16}$$

ist offensichtlich, dass man durch die Parametrierung von k_P und k_I zwei Nullstellen frei wählen kann. Diese zwei Nullstellen können für die Kompensation von zwei Polen der Regelstrecke verwendet werden. Die offene Schleife in Gl. 12.13 besteht dann aus

$$L = CG = \frac{k_D n_G}{s}. \tag{12.17}$$

Ist der Term n_G eine Konstante, ist es auch der gesamte Zähler von Gl. 12.17. Bei einer (empfehlenswerten) Substitution des I-Anteils durch einen Tiefpass (Gl. 12.4) ist die Pol-Kompensation ebenfalls möglich:

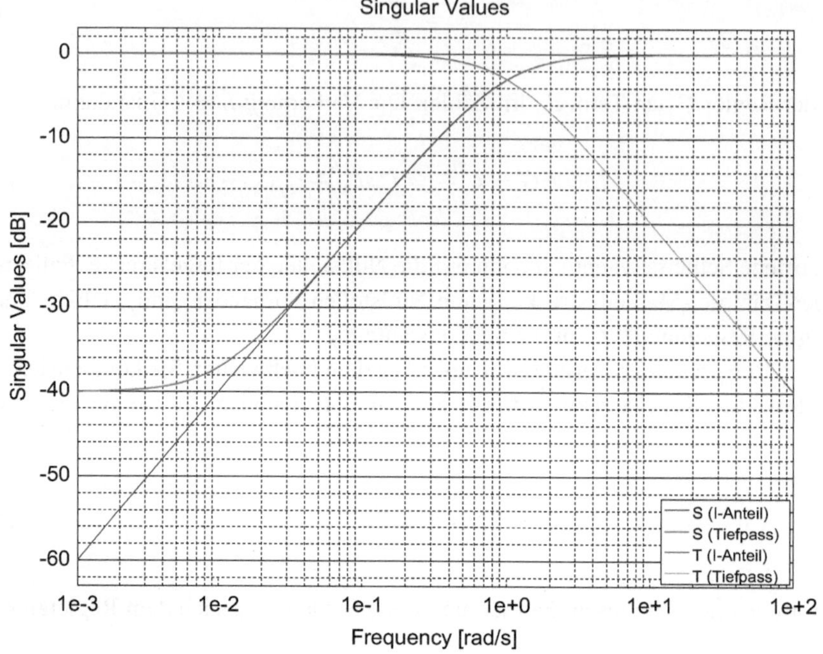

Abb. 12.12 Sensitivität (Performanz) und komplementäre Sensitivität (Robustheit) eines PID-Reglers mit Pol-Kompensation (Singulärwert-Diagramm)

$$k_P + \frac{k_I}{s+\omega_I} + k_D s = \frac{k_D\left(s^2 + s\left(\omega_I + \frac{k_P}{k_D}\right) + \frac{k_P\omega_I + k_I}{k_D}\right)}{s+\omega_I}, \tag{12.18}$$

sodass die offene Schleife L die Form

$$L = CG = \frac{k_D n_G}{s+\omega_I} \tag{12.19}$$

annimmt. Die Sensitivität $S = 1/(1{+}L)$ und die komplementäre Sensitivität $T = L/(1{+}L)$ haben im Falle der Konstanten $k_D n_G = 1$ die Verläufe aus Abb. 12.12.

Im Vergleich zu den kombinatorisch optimierten Reglern aus Abb. 12.9 bis 12.11 fällt der glatte Verlauf auf. Das kann sicherlich oft ein Vorteil sein, da keine lokalen Schwachstellen mit „gefährlichen“ Frequenzen vorkommen. Es können nur Pole eines Systems von höchstens 2. Ordnung (dessen Beispiel ein Feder-Dämpfer-Massen-System ist) mit Parametern m, d und c und Übertragungsfunktion

$$\frac{1}{ms^2 + ds + c} = \frac{1}{m\left(s^2 + \frac{d}{m}s + \frac{c}{m}\right)} = \frac{\frac{1}{m}}{s^2 + \frac{d}{m}s + \frac{c}{m}} \tag{12.20}$$

kompensiert werden. Die Kompensation wird durch die Setzung des Klammerausdrucks im Zähler von Gl. 12.16 gleich dem Klammerausdruck im Nenner von Gl. 12.20 erreicht:

$$s^2 + \frac{k_P}{k_D}s + \frac{k_I}{k_D} = s^2 + \frac{d}{m}s + \frac{c}{m} \tag{12.21}$$

Daraus ergeben sich die Gleichungen für einzelne PID-Parameter

$$\begin{aligned} k_P &= k_D \frac{d}{m} \\ k_I &= k_D \frac{c}{m} \end{aligned} \tag{12.22}$$

bei dem einzigen frei wählbaren Parameter k_D.

Mit dem Tiefpass-I-Anteil verfährt man analog:

$$s^2 + s\left(\omega_I + \frac{k_P}{k_D}\right) + \frac{k_P\omega_I + k_I}{k_D} = s^2 + \frac{d}{m}s + \frac{c}{m}, \tag{12.23}$$

woraus sich

$$\begin{aligned} k_P &= k_D\left(\frac{d}{m} - \omega_I\right) \\ k_I &= k_D \frac{c}{m} - k_P\omega_I \end{aligned} \tag{12.24}$$

ergibt.

Durch verschiedene Werte von k_D erreicht man eine abgestufte Performanz (Abb. 12.13) und Robustheit (Abb. 12.14). Hier herrschen klare Verhältnisse: Die Erhöhung der Performanz durch die Verschiebung des gut geregelten Frequenzbereichs zu höheren Frequenzen hin ist erkauft durch die gleiche Verschiebung des Bereichs der hohen Robustheit. Im Falle eines niedrigen Robustheitsbedarfs bei Frequenzen oberhalb der Resonanzfrequenz 1 rad/s ist eine erhebliche Performanzsteigerung möglich.

Die Pol-Kompensation findet selbstverständlich nur für die nominelle Regelstrecke statt. Bei Pol-Verschiebungen der Regelstrecke ist die Kompensation ungenau und wird zu Performanzeinbußen führen. Aus der Sicht der Robustheitsanalyse ist das kein spezielles Problem. Die erwarteten Pol-Verschiebungen führen zu Veränderungen des Frequenzgangs, und seine Perturbationen gegen die nominelle Strecke müssen von der Robustheit des Reglers abgedeckt sein.

Nach der Pol-Kompensation ist nur noch als einziger freier Parameter k_D zu bestimmen. Die Parameter k_P und k_I ergeben sich daraus zwingend nach Gl. 12.22 oder Gl. 12.24. Damit eignet sich dieses Entwurfsverfahren gut für eine kombinatorische Optimierung – es

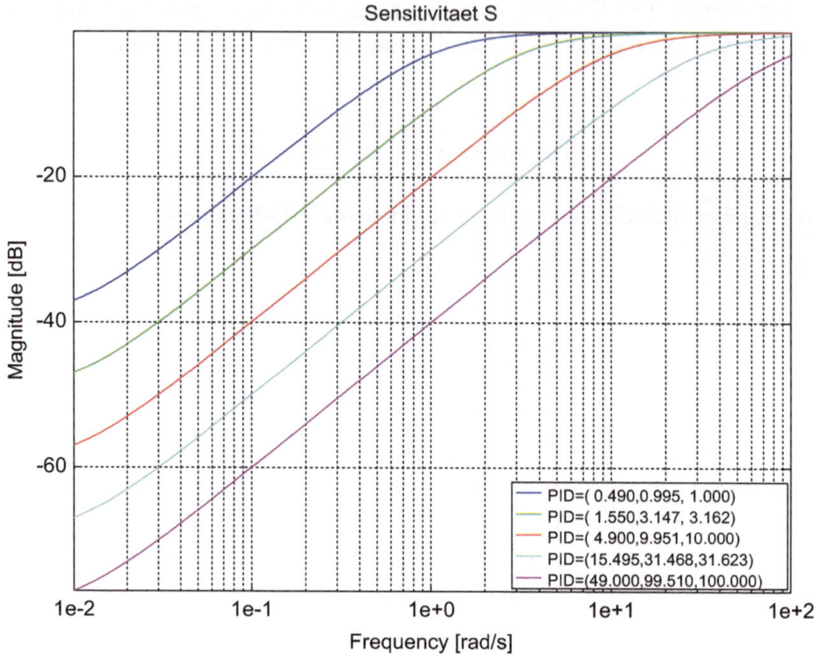

Abb. 12.13 Varianten des PID-Reglers mit Pol-Kompensation: Performanz

sind nur diskrete Werte eines einzigen Parameters durchzurechnen, was mit wenig Aufwand und hoher Präzision möglich ist.

Die Ergebnisse für die schwach und stark gedämpften Feder-Dämpfer-Massen-Systeme werden in Abb. 12.15 gezeigt. Es sind diejenigen Regelstrecken, für die auch die vollständige kombinatorische Optimierung ohne Pol-Kompensation in Abschn. 12.3 durchgeführt wurde (Abb. 12.9 und 12.11). Bei der Gegenüberstellung der Ergebnisse fällt Folgendes auf:

- Die Ergebnisse mit Pol-Kompensation sind nicht nur glatter, sondern erfüllen die Spezifikation deutlich besser. Das liegt an der Menge der durchzurechnenden Kombinationen im Falle ohne Pol-Kompensation – hier liegen drei Freiheitsgrade statt einem vor. (Selbstverständlich wäre mit entsprechend erhöhtem Rechenaufwand und dichtem Raster für alle drei Parameter ein gleiches Optimum kombinatorisch ohne Pol-Kompensation zu finden.)
- Die Pol-Kompensation mit verschieden gedämpften Regelstrecken führt zu identischen Ergebnissen – wie früher in diesem Abschnitt begründet, hat die Strecke weder auf die Sensitivität (Performanz) noch auf die komplementäre Sensitivität (Robustheit) Einfluss.

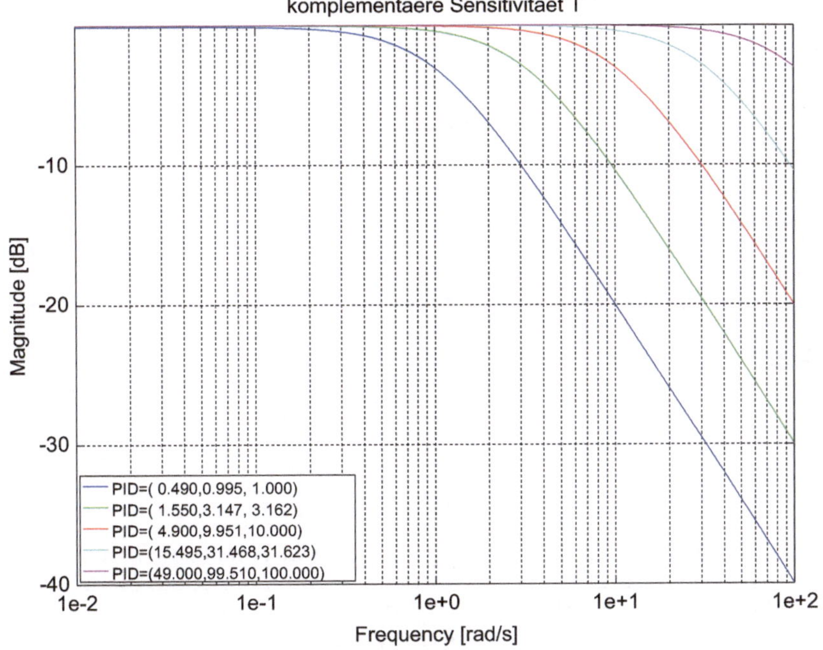

Abb. 12.14 Varianten des PID-Reglers mit Pol-Kompensation: Robustheit

Die Robustheit, die Regelgenauigkeit und die Unterdrückung einer auf den Streckenausgang wirkenden Störung bleiben also in beiden Fällen durch die Kompensation gleich. Die Performanzmaße *SG* und *CS* sind jedoch unterschiedlich, wie in Abb. 12.16 gezeigt. Unterschiedlich bleibt also

- die Unterdrückung einer auf den Streckeneingang wirkenden Störung und
- die Reaktion der Stellgröße auf das Messrauschen.

Die Überlegenheit des Entwurfs der Pol-Kompensation macht ihn zur empfehlenswerten Methode für die Parametrierung eines PID-Reglers. Es muss jedoch angemerkt werden, dass die Kompensationskapazität dieser Reglerstruktur nur für **maximal zwei Pole** ausreicht. Ist eine Regelstrecke höherer Ordnung als zwei, können zwei Pole ausgesucht werden, die für das Verhalten im regelungsrelevanten Frequenzbereich am wichtigsten sind. Dazu eignet sich am besten ein komplex konjugiertes Pol-Paar, welches einem Schwingverhalten zuzuordnen ist. Bei stabilen zeitkontinuierlichen Strecken habe die Pol-Paare die Form

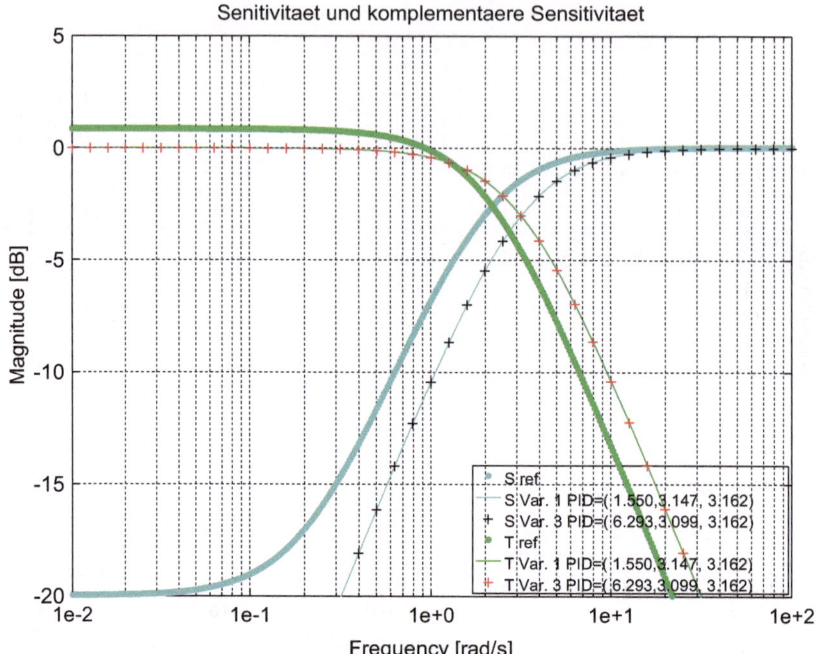

Abb. 12.15 Optimaler PID-Regler mit Pol-Kompensation bei schwach (Var. 1) und stark (Var. 3) gedämpfter Regelstrecke: Performanz und Robustheit

$$-a \pm i\omega. \tag{12.25}$$

Dabei ist a die Abklingkonstante und ω die Schwingungsfrequenz. Die Abklingkonstante bewirkt das Abklingen mit e^{-at}. Liegt die Schwingungsfrequenz im regelungsrelevanten Bereich und ist der Betrag der Abklingkonstante gering, handelt es sich um ein Pol-Paar mit hohem Kompensationsbedarf. Die zeitkontinuierliche Repräsentation der Strecke ist hier zwingend zu verwenden, sofern der PID-Regler zeitkontinuierlich, wie in Abschn. 12.1, beschrieben ist. Bei zeitdiskret beschriebenen Reglern (mit zeitdiskretem Differenz- und Integralanteil) gehen wir von üblichen PID-Parametern k_P, k_I und k_D mit analoger Bedeutung aus, die an diejenigen für zeitkontinuierliche PID-Regler angelehnt ist. Hier müsste die Pol-Kompensation der ebenfalls zeitdiskreten Pole der Regelstrecke stattfinden. Diese Pole haben die Form

$$c \pm id \tag{12.26}$$

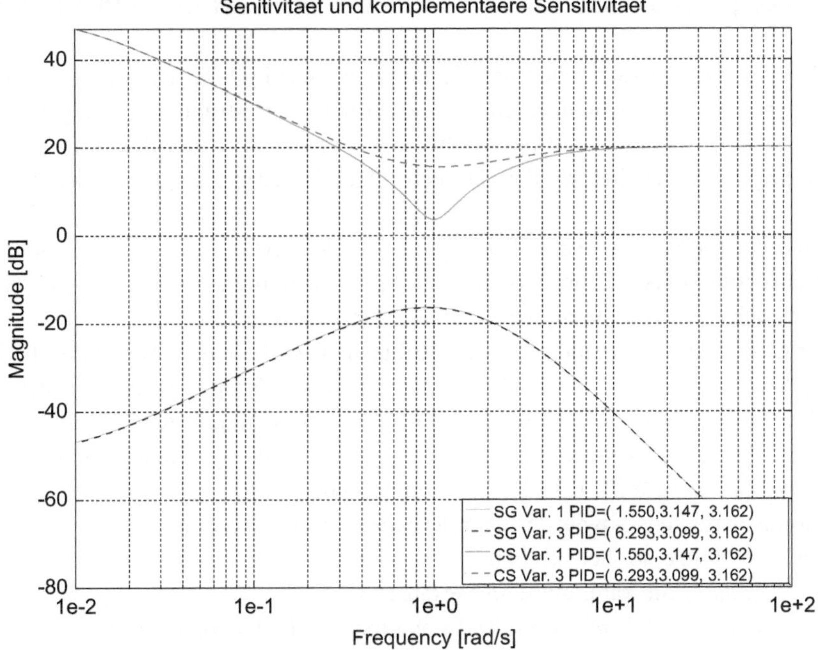

Abb. 12.16 Optimaler PID-Regler mit Pol-Kompensation bei schwach (Var. 1) und stark (Var. 3) gedämpfter Regelstrecke: Performanzmaße SG und CS

mit Abklingfaktor g und Frequenz w.

$$\begin{aligned} g &= |c + id|^{\frac{1}{\Delta t}} \\ w &= \arctan\left(\frac{d}{c}\right)\frac{1}{\Delta t} \end{aligned} \tag{12.27}$$

Der Abklingfaktor bewirkt das Abklingen mit g^t.

Liegt die Schwingungsfrequenz im regelungsrelevanten Bereich und der Betrag des Abklingfaktors nahe unter 1, handelt es sich bei der zeitdiskreten Regelstrecke um ein Pol-Paar mit hohem Kompensationsbedarf. Für die Kompensation nach Gl. 12.22 bzw. 12.24 müssten diese Pole in zeitkontinuierliche Repräsentation konvertiert werden:

$$\begin{aligned} a &= -\log(g) \\ \omega &= w \end{aligned} \tag{12.28}$$

Bei Abwesenheit von relevanten komplexen Pol-Paaren können zwei reelle Pole kompensiert werden, vor allem solche mit langer Abklingzeit (d. h. kleinem a oder g nahe bei 1).

Bei komplexeren Regelstrecken muss man Kompromisse schließen oder sich anderen Entwurfsmethoden zuwenden. Beispiele dafür werden in Kap. 13 gezeigt.

12.5 Vorgehensweise für den robusten Entwurf eines PID-Reglers

Für die Bewertung der Robustheit und Performanz eines PID-Reglers gelten die gleichen Verfahren wie die für beliebige, anders entworfene und strukturierte Regler. Es sind diejenigen aus Abschn. 5.5 und 6.6. Sollte eine spezifizierte Robustheit und Performanz des PID-Reglers eingehalten werden, können folgende Schritte empfohlen werden:

1. *Aufnahme des empirischen Frequenzgangs der Regelstrecke und ihrer Varianten.* Die Durchführung dieses Schritts ist in Abschn. 8.3 detailliert beschrieben. Als nominell eignet sich eine typische mittlere Variante der Regelstrecke.
2. *Spezifikation der Robustheit T_{ref}.* Die Robustheit wird als maximale Perturbation der Regelstreckenvarianten gegenüber dem nominellen Frequenzgang festgestellt. Der Kehrwert der maximalen Perturbation entspricht der Obergrenze der komplementären Sensitivität T_{ref}. Es können auch Erfahrungswerte in die Spezifikation einfließen.
3. *Spezifikation der Performanz S_{ref}.* Bestimmung des für die Anwendung erforderlichen Führungsverhaltens sowie der erforderlichen Störgrößenkompensation in der Form einer Obergrenze der Sensitivität.
4. *Modellbildung.* Sie kann mit dem Verfahren nach Abschn. 9.5 durchgeführt werden.
5. *Bestimmung der Pole des Modells.* In den meisten Fällen kann auf die entsprechende Funktion der regelungstechnischen Software (*Matlab*: *pole()*) zurückgegriffen werden, ansonsten ist die Berechnung von Nullstellen des Nennerpolynoms der Modellübertragungsfunktion erforderlich.
6. *Wahl der Form des I-Anteils.* Infrage kommt eine echte Integration oder ein niederfrequenter Tiefpass. Die letztere Form ist wegen ihrer eindeutigen Stabilitätseigenschaften vorzuziehen.
7. *Auswahl der Pole zur Kompensation.* Wichtige zu kompensierende Pole sind diejenigen, die sich im typischerweise zu regelnden Frequenzbereich befinden, insbesondere schwach gedämpfte, komplexe Pol-Paare, die zum Schwingungsverhalten führen können. Die Charakteristiken dafür sind in Gl. 12.25 bis 12.28 angeführt.
8. *Wahl des Parameterbereichs für k_D* . Zu bestimmen sind die diskreten Werte, die durchgerechnet werden. Sie sollten logarithmisch aufgeteilt werden, d. h., aufeinanderfolgende Werte sollten sich um einen festen Faktor (z. B. 1,5) unterscheiden. Der Bereich muss ggf. iterativ gewählt werden, falls sich das Optimum am Rande des Bereichs befindet. Bei einer niederfrequenten Verstärkung der Regelstrecke von n_{G0} kann als erste Näherung ein Bereich von $1/n_{G0}$ bis $100/n_{G0}$ gewählt werden.
9. *Wahl der Zielfunktion.* Die Zielfunktionen Gl. 12.8 (robuste Stabilität und nominelle Performanz), Gl. 12.9 (H_∞-Form der Robustheit-Performanz-Verbindung) und Gl. 12.10 (robuste Performanz) sind gute, aber nicht einzige Kandidaten. Andere Performanzkriterien können ggf. mit einbezogen werden.
10. *Durchrechnen aller diskreten Werte von k_D*, für jeden davon:
    a. *Berechnung von k_P und k_I* (bei I-Anteil als reines Integral wird nach Gl. 12.22, bei I-Anteil als Tiefpass nach Gl. 12.24 vorgegangen).

b. *Bestimmung des Frequenzgangs des Reglers.* Um mit dem empirischen Frequenzgang der Regelstrecke kompatibel zu bleiben, muss hierzu der gleiche Frequenzvektor verwendet werden. Die Berechnung kann mit Hilfe von eingebauten Funktionen der regelungstechnischen Software (*Matlab*: *freqresp()*) durchgeführt werden.
c. *Berechnung von S und T.* Die Berechnung sollte den empirischen Frequenzgang der nominellen Regelstrecke sowie den numerischen Frequenzgang des Reglers verwenden.
d. *Auswertung der Zielfunktion.*

11. *Bestimmung der Parametervariante mit dem minimalen Wert der Zielfunktion.*
12. *Überprüfung der robusten Stabilität* (Abschn. 5.5) *sowie der robusten Performanz* (Abschn. 6.6) *für den resultierenden PID-Regler.* Diese Überprüfung ist notwendig, da die Optimierung ggf.

13 Reglersynthese: einfache und komplexe Methoden

Zusammenfassung

Die Robustheits- und Performanzanalyse ist unabhängig vom Werdegang des Reglers – jede Entwurfsmethode kann verwendet worden sein. Andererseits ist es von Vorteil, Spezifikationen, die nach den Anforderungen der Anwendung formuliert sind, direkt in den Reglerentwurf einzubinden, um auf einem möglichst direkten Wege einen Regler mit diesen Eigenschaften zu erhalten. Die robuste Regelung wird oft mit der H_∞-Entwurfsmethode gedanklich verbunden. Das ist eine Universalmethode mit hoher Flexibilität bei der Formulierung von Regelungszielen. Ihre Handhabung ist jedoch, falls sie zum gewünschten Ziel führen soll, relativ anspruchsvoll. Daher wird neben der H_∞-Methode ein deutlich einfacheres Verfahren vorgestellt, welches bei typischen industriellen Anwendungen ebenfalls zum Ziel führt: die Q-Parametrierung. Die Voraussetzungen für den Einsatz sind einfacher und für den Entwickler oft transparenter.

Es spricht nichts dagegen, einen Regler durch ein frei gewähltes, gewohntes Verfahren zu entwerfen und den Regelkreis auf seine Robustheit hin zu bewerten. Es kann beispielsweise wie in Kap. 12 auch ein PID-Regler sein. Für die Wahl der Methode gibt es viele Kriterien, die eine eindeutige Empfehlung unmöglich machen. Nicht zuletzt wird die Erfahrung des Entwicklers bzw. des Entwicklungsbereichs eine Rolle spielen: Die Kenntnis der Stellhebel und eine gute Einschätzung ihrer Wirkung wird dem Entwicklungsprozess enorm zugutekommen.

Dabei kann es eine Rolle spielen, ob man die versteckten, nicht direkt messbaren Zustände der Regelstrecke explizit machen will. Das kann, neben den Eigenschaften des Regelkreises, ein Wert an sich sein. Methoden, die das leisten, erfordern einen getrennten Entwurf von Beobachter und Zustandsregler, was in gewissen Situationen von Vorteil sein kann, die Komplexität des Entwurfs jedoch erhöht. Es handelt sich insbesondere um

T. Hrycej, *Robuste Regelung*,
https://doi.org/10.1007/978-3-662-54168-5_13

- den Entwurf durch Pol-Vorgabe und
- den linear-quadratischen Gauß'schen Ansatz (LQG)

Die Pol-Vorgabe erfordert nur das, was sie im Namen trägt: die Vorgabe der Pole der geschlossenen Regelschleife. Der Beobachter folgt meistens dem Luenberger-Prinzip. Die Pole vorzugeben ist jedoch oft keine triviale Entscheidung: Über den dominanten (langsamsten) Pol hinaus ergibt sich aus der Anwendungsanforderung oft keine Empfehlung. Die Nullstellen der Regelstrecke werden nicht gezielt kompensiert, was manchmal zu unerwünschtem Verhalten führen kann.

Die Regelung per Pol-Vorgabe basiert auf dem Konzept der Zustandsrückkopplung. Durch den Regelkreis wird der Zustand in einen Nullvektor überführt. Die Kompensation einer externen Störung ist nicht automatisch dabei. Sie kann jedoch durch eine Modellerweiterung erreicht werden. Die Form der Störung kann dabei flexibel gewählt werden. Eine konstante externe Störung d wird modelliert als

$$\dot{d} = 0. \tag{13.1}$$

In mancherlei Hinsicht ist es günstiger, statt einer konstanten eine sich langsam abbauende Störung anzunehmen:

$$\dot{d} = -\varepsilon \tag{13.2}$$

Die Vorteile sind vor allem algebraischer Natur (Stabilität der Pole).

Wird ihre Wirkung am Streckeneingang (d. h. dort, wo auch die Stellgröße wirkt) angenommen, ist das erweiterte Modell

$$\begin{bmatrix} \dot{x} \\ \dot{d} \end{bmatrix} = \begin{bmatrix} A & B \\ 0 & -\varepsilon \end{bmatrix} \begin{bmatrix} x \\ d \end{bmatrix} + \begin{bmatrix} B \\ 0 \end{bmatrix} u. \tag{13.3}$$

Ein Beobachter des Modells aus Gl. 13.3 berechnet dann außer dem eigentlichen Modellzustand x auch die Störung d, welche dann mit dem erweiterten Zustandsregler auch kompensiert werden kann.

Der LQG-Ansatz besteht aus

- einem linear-quadratischen optimalen Regler (LQ) und
- einem Beobachter, dem Kalman-Filter, der eine Gauß'sche (G), d. h. normalverteilte Zufallsstörung von Messgrößen und Modellgleichungen annimmt.

Die Reglerspezifikation umfasst die Gewichtung der quadratischen Terme für (a) Regelabweichung und (b) Stellgröße. Zwischen diesen zwei Prioritäten muss anwendungsabhängig gewählt werden. Da es sich aus der Anwendung nicht immer ergibt, wie viel Regelabweichung so viel wert ist wie ein bestimmter Betrag der Stellgröße, wird oft experimentell entschieden.

Der Beobachter ist optimal für ein gegebenes normalverteiltes Messrauschen der Ausgangsgrößen und einen gegebenen normalverteilten Fehler der Modellgleichungen konstruiert (analog zur Modellidentifikation, Abschn. 9.1). Die Annahme des normalverteilten Rauschens ist für die Ausgangsgrößen oft sinnvoll, beim Modellfehler wird sie jedoch häufig mit Recht angezweifelt. Aus der Sicht der robusten Regelung repräsentiert sie die Variabilität der Regelstrecke. Der mangelnde Realitätsbezug dieser Modellvorstellung führte zur Entwicklung anderer Reglerentwurfskonzepte wie dem H_∞-Entwurf.

Das Größenverhältnis beider Fehlerarten, des Messrauschens und des Modellfehlers, ist essenziell für das Ergebnis des Beobachterentwurfs. Auch hier wird mangels handfester Kenntnisse der stochastischen Fehlerverteilung oft experimentell vorgegangen.

Beide Verfahren, die Pol-Vorgabe und der LQG-Ansatz, haben eine erhebliche Reife erreicht. Daher spricht nichts dagegen, sie auch im Kontext der robusten Regelung zu verwenden. Die Vorgehensweise ist dann ähnlich derjenigen für PID-Regler in Kap. 12. Der Entwurf (in beiden Fällen im Zeitbereich) wird nach seinem Abschluss in den Frequenzbereich transformiert und die Robustheitsanalyse durchgeführt. Bei Robustheitsdefiziten gegenüber dem Bedarf der Anwendung wird der Entwurf wiederholt. Für gezielte Modifikationen im Dienste der Robustheitsziele ist dann die persönliche Erfahrung des Regelungsingenieurs notwendig.

Eine tief gehende Übersicht dieser und vieler alternativer Entwurfsverfahren findet man im Standardwerk [1].

Andere Verfahren berechnen den Regler direkt in seiner Input/Output-Form ohne den Umweg über den Beobachter und die vollständige Zustandsrückkopplung. Unter ihnen befinden sich einige, die eine direkte Vorgabe der Robustheits- und Performanzanforderungen in den Reglerentwurf erlauben. Das muss im Kontext der robusten Regelung als eine Schlüsseleigenschaft gesehen werden. Deshalb werden wir solche Methoden etwas genauer ansehen.

13.1 Der robuste Entwurf durch Q-Parametrierung

In der Literatur über robuste Regelung dominiert die H_∞-Entwurfsmethode. Sie ist der Gegenstand von Abschn. 13.2. Diese Methode ist sehr allgemein gehalten und erlaubt eine große Flexibilität in der Robustheitsspezifikation. Ihre korrekte Anwendung und Implementierung ist jedoch nicht ganz trivial und erfordert die Kenntnis der mathematischen Konzepte dahinter. Ihre Bekanntheit kann den Eindruck erwecken, dass es sich um die einzige Methode mit Robustheitsanspruch handelt. Das trifft allein schon wegen der Diversität der Robustheitsdefinitionen (Kap. 5) nicht zu. Während die meisten alternativen Ansätze eher komplexer als die H_∞-Entwurfsmethode sind, wird hier eine sehr einfache und direkte Methode vorgestellt: die Q-Parametrierung, nach ihrem Autor auch die Youla-Parametrierung genannt ([2] oder [3], Abschn. 4.8).

Die Methode hat unterschiedliche Varianten für stabile und für alle (d. h. auch instabile) Regelstrecken. Da der Unterschied aus praktischer Sicht essenziell ist, wird zuerst die Variante für stabile Regelstrecken dargestellt.

13.1.1 Q-Parametrierung für stabile Regelstrecken

Diese Methode beruht auf der mathematischen Erkenntnis, dass der Regelkreis in üblicher Struktur nach Abb. 5.1 mit einem Regler der Form

$$C = (I - QG)^{-1}Q = Q(I - GQ)^{-1} \tag{13.4}$$

genau dann stabil ist, wenn das System Q stabil ist. Das System (d. h. seine Übertragungsfunktion) ist also ein im Rahmen der Stabilitätsannahme frei wählbarer „Parameter", mit dem man sämtliche stabile Regler erzeugen kann. Für Eingrößen-Regelstrecken wird Gl. 13.4 durch die Kommutativität zu

$$C = \frac{Q}{1 - GQ}. \tag{13.5}$$

Durch Umformung von Gl. 13.4

$$\begin{aligned} (I - QG)C = C - QGC = Q \\ C = Q + QGC = Q(I + GC) \end{aligned} \tag{13.6}$$

ergibt sich:

$$Q = C(I + GC)^{-1} \tag{13.7}$$

Dieser Term entspricht der Übertragung von einer Output-Störung zur Stellgröße u. Könnten wir unsere Robustheits- und Performanzanforderungen allein mittels dieser Übertragung (einschließlich ihrer Phase) spezifizieren, wäre der Parameter Q konsistent zu unseren Wünschen festgelegt und der Reglerentwurf wäre durch Gl. 13.4 vollbracht.

Leider ist diese Übertragung weder besonders anschaulich noch hat sie einen direkten Bezug zur Robustheit. Während ihre Verstärkung zumindest etwas über die Auswirkung des Messrauschens auf die Stellgröße aussagt, kann ihrer Phase kaum ein Wunschzustand zugeordnet werden.

Von den verschiedenen Charakteristiken der Robustheit und Performanz ist hingegen die Übertragung Referenzgröße r => Regelgröße y besonders interessant:

- Sie repräsentiert das Übertragungsmodell des Regelkreises, an welches durchaus Spezifikationswünsche geknüpft werden können.
- Sie entspricht der komplementären Sensitivität *T*, deren Betragskehrwert $1/|T|$ (im – SISO-Fall, sonst der Normkehrwert) die Robustheit als maximale zulässige Regelstreckenperturbation charakterisiert.
- Der Betrag (bzw. bei MIMO-Systemen die Norm) der Sensitivität, berechnet als $|S| = |I-T|$, ist die wichtigste Charakteristik der Performanz (Regelabweichung, Störgrößenunterdrückung). Durch eine Spezifikation von *T* (als kompletter Frequenzgang einschließlich der Phase) wird auch die Sensitivität festgelegt.

Wenn wir Gl. 13.7 von links mit der Regelstrecke *G* multiplizieren, erhalten wir

$$GQ = GC(I + GC)^{-1} = T \tag{13.8}$$

oder, mit Hilfe von Gl. 13.4,

$$\begin{aligned} Q &= G^{-1}T \\ C &= G^{-1}T\left(I - GG^{-1}T\right)^{-1} = G^{-1}T(I - T)^{-1} \end{aligned} \tag{13.9}$$

vorausgesetzt, die Regelstrecke *G* ist invertierbar. Der Regler ergibt sich also algebraisch direkt aus der Regelstrecke und dem spezifizierten Referenzmodell.

Kurz zusammengefasst: Der Entwurf besteht aus der Spezifikation der Übertragung *T* (Referenz *r* => Regelgröße *y*) als Modell in einer Zustandsraum- oder Übertragungsfunktionsdarstellung. Dadurch wird gleichzeitig

- die Robustheitscharakteristik komplementäre Sensitivität (im SISO-Fall einfach der Amplitudengang von *T*) sowie
- die Performanzcharakteristik Sensitivität $|S| = |I-T|$

festgelegt.

Die Robustheit ist durch die Wahl der Übertragungsfunktion T (entsprechend ihrem Amplitudengang) direkt fixiert, die Performanz wird dabei „mitgewählt“.

13.1.2 Spezialfall: stabile Eingrößensysteme

Bei einer Eingrößen-Regelstrecke (SISO, mit einem Input (Stellgröße) und einem Output (Regelgröße)) ist die Vorgehensweise am übersichtlichsten. Da SISO-Systeme in der Praxis dominieren, wird dieser Spezialfall im Folgenden im Detail behandelt.

Die Gl. 13.9 zeigt, dass die vollständige Spezifikation des Reglers durch die Vorgabe der Übertragung T geschieht. Diese Übertragung muss vollständig, d. h. mit Verstärkung und Phase, definiert sein. Der typische Verlauf der komplementären Sensitivität (Abb. 6.4) legt ihren Charakter als Tiefpass nahe: Einem niederfrequenten Verlauf in der Nähe von 1 folgt eine fallende Verstärkung mit steigendem Phasenverzug. Daher ist ein Tiefpassfilter ein natürlicher Kandidat für die Spezifikation. Der Regler C nach Gl. 13.9 ergibt sich im SISO-Fall als

$$C = \frac{1}{G} \frac{T_{ref}}{1 - T_{ref}}. \tag{13.10}$$

Da die Division durch $1\text{-}T_{ref}$ bei allen, auch bei beliebig niedrigen Frequenzen definiert sein muss, ist es zwingend, dass die spezifizierte Übertragung T_{ref} eine von 1 verschiedene niederfrequente Übertragung aufweist. Daher ist der herangezogene Tiefpassfilter mit einem von 1 verschiedenen Faktor zu multiplizieren. Als Beispiel kann ein Tiefpass 1. Ordnung mit Grenzfrequenz ω_{ref} und seinen Potenzen dienen:

$$T_{ref} = \frac{q}{\left(\dfrac{s}{\omega_{ref}} - 1\right)^n} = \frac{q}{D(\omega_{ref}, n)} \tag{13.11}$$

Der letztere Term mit einer Konstanten im Zähler und einem Polynom in Nenner wurde formuliert, weil er das Verständnis der nachfolgenden Herleitung erleichtert. Der zweite Bruch in Gl. 13.10 ist

$$\frac{T_{ref}}{1 - T_{ref}} = \frac{\dfrac{q}{D(\omega_{ref}, n)}}{1 - \dfrac{q}{D(\omega_{ref}, n)}} = \frac{q}{D(\omega_{ref}, n) - q}. \tag{13.12}$$

Somit ist der Term $T_{ref}/(1\text{-}T_{ref})$ einfach mittels des Tiefpass-Nenners auszudrücken. Die Parameter q, n und ω_{ref} bieten Gestaltungsmöglichkeiten für die Robustheit und Performanz des Regelkreises. Die wichtigen Wirkungen von diesen Stellhebeln werden im Folgenden dargestellt.

Die Sensitivität S und komplementäre Sensitivität T, die sich aus der Spezifikation des Tiefpass-Referenzmodells bei verschiedenen Faktoren q ergeben, werden in Abb. 13.1 gezeigt. Der Einfluss des Faktors ist nur bei der Sensitivität deutlich zu erkennen: Er beeinflusst die niederfrequente Sensitivität bis zur bleibenden Regelabweichung. Die Störgrößenunterdrückung in diesem Frequenzbereich entspricht $1-q$: bei $q = 0{,}9$ sind es 20 dB, bei $q = 0{,}99$ *sind es* 40 dB.

Die Tiefpass-Grenzfrequenz ω_{ref} verschiebt sowohl die Sensitivität als auch die komplementäre Sensitivität entlang der Frequenzachse (Abb. 13.2). Mit einer höheren Grenz-

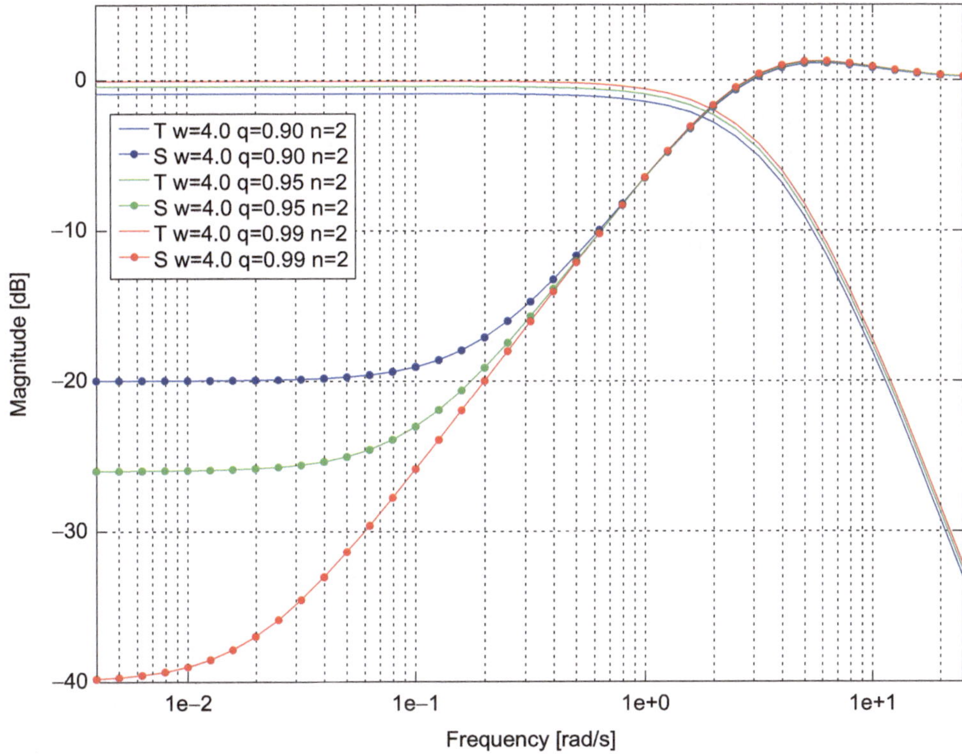

Abb. 13.1 Spezifikation durch ein Referenzmodell, Sensitivität und komplementäre Sensitivität: Varianten des Faktors q

frequenz verbessert sich die Performanz bei mittleren Frequenzen, dafür verschiebt sich aber auch der Bereich mit abfallender komplementärer Sensitivität und daher hoher Robustheit.

Bei den Varianten mit verschiedener Tiefpass-Ordnung (Abb. 13.3) wurden gleichzeitig die Grenzfrequenzen so angepasst, dass der Anstieg der Sensitivität näherungsweise deckungsgleich ist. Dann sind die Unterschiede zwischen den Varianten offensichtlich: Bei steigender Ordnung ist der Abstieg der komplementären Sensitivität und dadurch der Anstieg der Robustheit bei höheren Frequenzen steiler. Dafür ist das Maximum der Sensitivität höher, was zu einer Störgrößenverstärkung im kritischen Frequenzbereich führen kann.

Damit der Regler aus Gl. 13.10 nicht mehr Nullstellen als Pole hat, sollte der Pol-Überschuss der Regelstrecke, der durch ihre Inversion zum Nullstellen-Überschuss wird, durch die Ordnung des Tiefpasses mindestens kompensiert werden. Daher sollte beispielsweise bei einem Feder-Dämpfer-Massen-System die Ordnung des Bruchs in Gl. 13.12 mindestens zwei sein. Der Tiefpass sollte also für diese Regelstrecke mindestens 2. Ordnung sein.

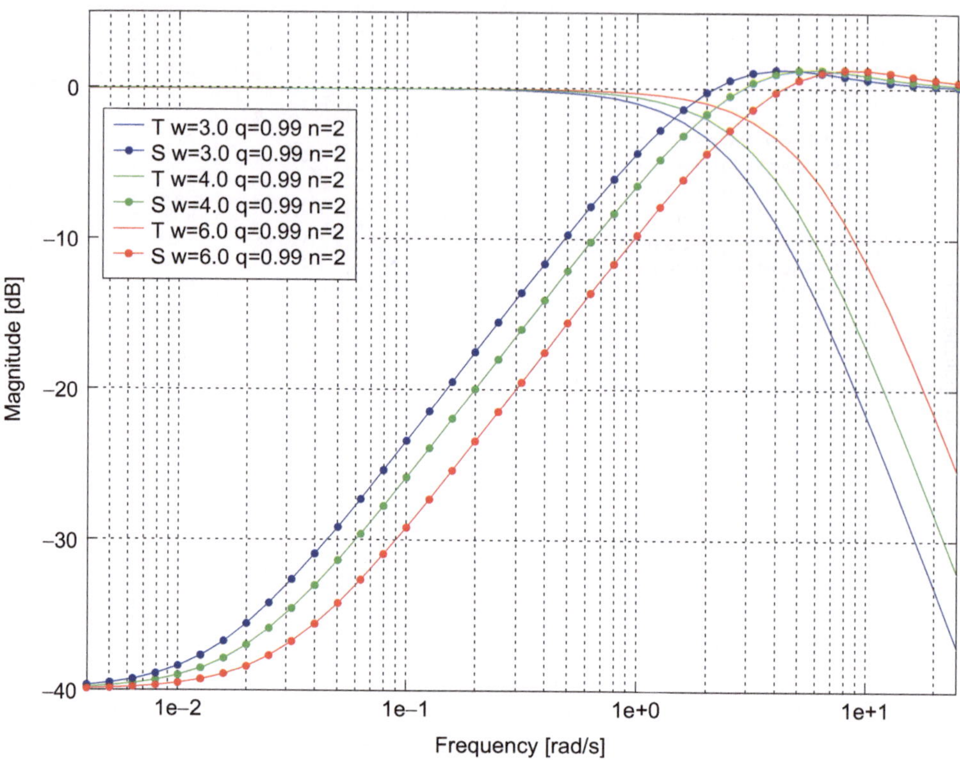

Abb. 13.2 Spezifikation durch ein Referenzmodell, Sensitivität und komplementäre Sensitivität: Varianten der Tiefpass-Grenzfrequenz

Anstelle einer einfachen Potenzierung des Tiefpasses 1. Ordnung kann jedes andere Filtersystem verwendet werden. Es bieten sich beispielsweise die Bessel-, Butterworth- und Tschebyscheff-Filter an, die über ähnliche Parameter mit Bedeutungen von Ordnung und Grenzfrequenz verfügen. Der Skalierungsfaktor q ist analog zu verwenden mit entsprechendem Einfluss auf die Spezifikation.

Die Systembeziehungen dieses Abschnitts einschließlich Gl. 13.9 gelten auch für Frequenzgänge. Daher könnten hier auch empirische Frequenzgänge (empirischer Frequenzgang der Regelstrecke und wählbarer Frequenzgangvektor des Referenzmodells) verwendet werden. Diese Möglichkeit ist jedoch von geringem praktischem Nutzen, denn auch der Regler wäre dann nur in der Form eines Frequenzgangvektors verfügbar. Er könnte zwar durch geeignete Algorithmen (z. B. diejenigen aus Abschn. 9.2) „identifiziert", d. h. in eine operative Systemform gebracht werden. Das ist jedoch nur in seltenen Ausnahmefällen von Vorteil gegenüber der Alternative, das Regelstreckenmodell zu identifizieren. Der Grund dafür ist, dass der Regler stets höherer Ordnung als das Streckenmodell ist und typischerweise Nullstellen aufweist, was beim Streckenmodell in vielen

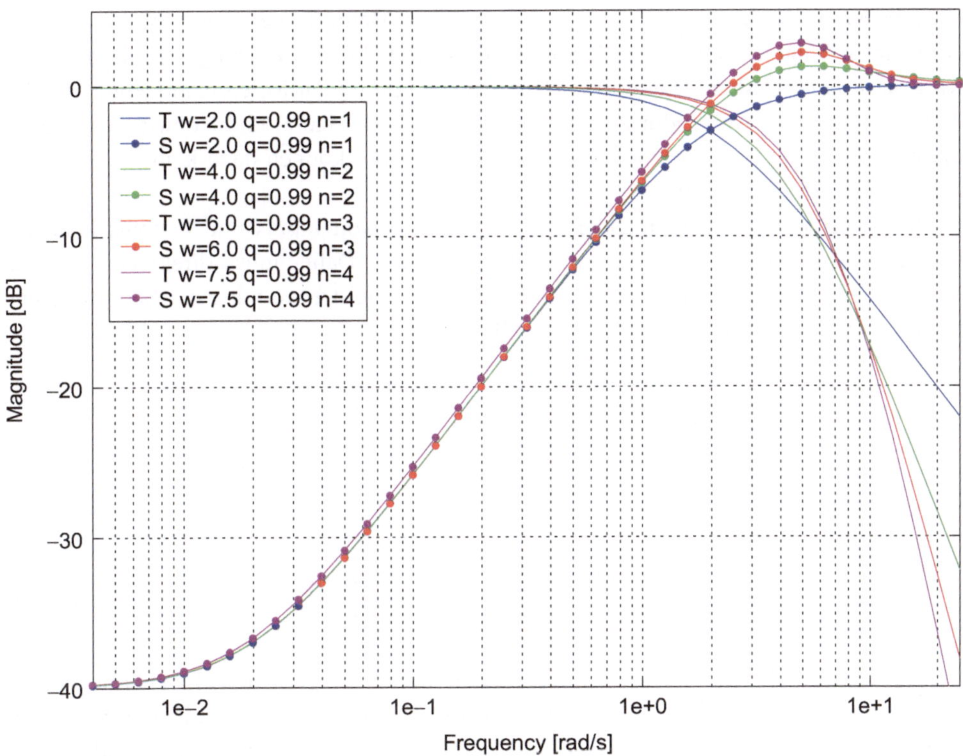

Abb. 13.3 Spezifikation durch ein Referenzmodell, Sensitivität und komplementäre Sensitivität: Varianten der Tiefpass-Ordnung

praktischen Anwendungen nicht der Fall ist. Und die Identifikation von Systemen mit Nullstellen ist schwieriger als diejenige von Systemen ohne Nullstellen.

Zuletzt ist noch anzumerken, dass die Gleichungen dieses Abschnitts gleichermaßen für zeitkontinuierliche und zeitdiskrete Systemdarstellungen gelten. Soll der Regler direkt in der zeitdiskreten Darstellung berechnet werden, muss auch ein Strecken- und ein Referenzmodell in zeitdiskreter Form beigesteuert werden.

13.1.3 Besonderheiten der Mehrgrößensysteme

Auch bei Mehrgrößensystemen (MIMO) können Gl. 13.8 und 13.9 sinngemäß verwendet werden. Bei einem System mit gleich vielen Inputs (Stellgrößen) und Outputs (Regelgrößen) entspricht das Referenzmodell einer quadratischen Matrix von Übertragungsfunktionen. Die algebraische Behandlung der Inversion kann man den regelungstechnischen Softwarepaketen überlassen. Dem Anwender bleibt die knifflige Aufgabe der Festlegung eines mehrdimensionalen Referenzmodells. Die Sensitivität und die komplementäre Sensitivität, die die Performanz und die Robustheit widerspiegeln, entsprechen für jede Frequenz statt des einfachen Betrags (bei SISO-Systemen) dem dominanten Singulärwert. Dieser kann ebenfalls mit Hilfe der regelungstechnischen Software bestimmt werden. Die Formulierung des Mehrgrößen-Referenzmodells, das den Anforderungen der Anwendung entspricht und die Performanz- und Robustheitskriterien mitdefiniert, hängt stark von der Regelstrecke ab. Daher können dazu keine allgemeinen Anleitungen gegeben werden.

Bei Systemen mit einer unterschiedlichen Anzahl von Inputs und Outputs kann die Inversion wie in Gl. 13.9 nicht durchgeführt werden. Daher muss direkt Gl. 13.8 berücksichtigt werden. Nehmen wir als Beispiel eine Regelstrecke mit einer Stellgröße und zwei Regelgrößen, erhalten wir folgende Gleichung:

$$GQ = \begin{bmatrix} G_1 \\ G_2 \end{bmatrix} [Q_1 \;\; Q_2] = T_{ref} = \begin{bmatrix} T_{11} & T_{12} \\ T_{21} & T_{22} \end{bmatrix} \tag{13.13}$$

Nach dem Ausmultiplizieren

$$\begin{bmatrix} G_1Q_1 & G_1Q_2 \\ G_2Q_1 & G_2Q_2 \end{bmatrix} = \begin{bmatrix} T_{11} & T_{12} \\ T_{21} & T_{22} \end{bmatrix} \tag{13.14}$$

wird offensichtlich, dass beim Referenzmodell Randbedingungen gelten, ohne die die Erfüllung von Gl. 13.14 nicht möglich ist. Das ist auch zu erwarten, da mit einer Stellgröße nicht zwei unabhängige Referenzen für die beiden Regelgrößen einzustellen sind.

Wegen dieser Probleme ist es bei Mehrgrößensystemen eine Überlegung wert, direkt die universelle H_∞-Methode (Abschn. 13.2) zu verwenden.

13.1.4 Q-Parametrierung für instabile Regelstrecken

Für instabile Regelstrecken sind Gl. 13.4, 13.8, und 13.9 nicht verwendbar. Hier muss ein allgemeinerer Ansatz benutzt werden ([3], Abschn. 4.8.2). Dieser Ansatz erfordert die Zerlegung der Regelstrecke in die sogenannte koprime Faktorisierung

$$G = M^{-1}N, \tag{13.15}$$

bei der die Terme M und N die Gleichung

$$NU_l + MV_l = I \tag{13.16}$$

erfüllen müssen.

Wird noch eine weitere Gleichung gelöst

$$UN_r + VM_r = I, \tag{13.17}$$

kann jeder die Regelstrecke stabilisierende Regler mittels eines frei wählbaren stabilen Parametersystems Q als

$$C = (V - QN)^{-1}(U + QM) \tag{13.18}$$

ausgedrückt werden. Der Term $V\text{-}QN$ darf auch asymptotisch nicht singulär werden. In dieser Gleichung sind alle Systemterme stabil, da die instabilen Pole in M^{-1} durch die Inversion zu M in (instabile) Nullstellen überführt werden.

Für die numerische Lösung der Gleichungen Gl. 13.16 und 13.17 sind Algorithmen (analog zur Zerlegung eines Bruchs in Partialbrüche) verfügbar. Ihre numerische Stabilität kann jedoch problematisch werden. Die Gleichungen sind dann nur „fast" erfüllt, und nach dem Wiedereinsetzen der jeweiligen Ergebnismatrizen kommt anstelle der Einheitsmatrix I ein System hoher Ordnung heraus, welches sich manchmal nicht kürzen lässt (z. B. mit der *Matlab*-Funktion *minreal()*). Dann ist man unter Umständen mit dem Versuch der Reglerberechnung gestrandet.

Daher empfiehlt es sich dringend, für stabile Systeme die Methode aus Abschn. 13.1.1 zu verwenden.

13.1.5 Vorgehensweise beim robusten Reglerentwurf durch Q-Parametrierung

Für den Reglerentwurf bei stabiler SISO-Regelstrecke ist folgende Abfolge zu empfehlen:

1. *Bestimmung des Modells G der Regelstrecke* (Abschn. 8.3).
2. *Bestimmung der Robustheitsanforderungen in der Form maximaler Perturbation* (Abschn. 5.3).
3. *Bestimmung der Eckpunkte von Performanzanforderungen.* Zu berücksichtigen ist gleichermaßen das Führungsverhalten und die Störgrößenunterdrückung. Beide fließen in die Sensitivität frequenzspezifisch ein: das Führungsverhalten als Amplitude der Regelabweichung im Verhältnis zur Amplitude der Referenzgröße, die Störgrößenunterdrückung als Faktor der Störgrößenreduktion oder -verstärkung. Wichtig sind im Allgemeinen: maximale bleibende Regelabweichung, Grenzfrequenz, ab der keine effektive Regelung stattfindet, und maximale Störgrößenverstärkung im mittleren Frequenzbereich.
4. *Wahl der Filterklasse für die Vorgabe der komplementären Sensitivität bzw. der Übertragung Referenzgröße => Regelgröße.* Es können z. B. einfache Potenzen des Tiefpasses 1. Ordnung, Bessel-, Butterworth- oder Tschebyscheff-Filter gewählt werden.
5. *Bestimmung der Filterparameter, um die Performanz- und Robustheitsanforderungen zu erfassen.* Die Parameter sind die Grenzfrequenz, die Ordnung des Filters und der

Skalierungsfaktor (Abschn. 13.1.2, Gl. 13.11). Der Skalierungsfaktor beeinflusst vor allem die bleibende und niederfrequente Regelabweichung. Die Grenzfrequenz ist nicht identisch mit der Regelkreis-Grenzfrequenz, aber bei gegebener Filterordnung und -form proportional dazu. Die Ordnung des Filters beeinflusst der Abfall der komplementären Sensitivität und dadurch der Anstieg der Robustheit bei höheren Frequenzen. Mit diesen Mitteln können die Robustheits- und Performanzanforderungen in ihrer Gesamtheit erfasst werden, indem der Filter T_{ref} (komplementäre Sensitivität) und sein Komplement $1-T_{ref}$ (Sensitivität) den Anforderungen gegenübergestellt werden.
6. *Berechnung des Reglers nach* Gl. 13.10.
7. *Berechnung der Sensitivität und der komplementären Sensitivität des Regelkreises aus Regler C und Streckenmodell G und deren Vergleich mit $1-T_{ref}$ und T_{ref}.* Die Unterschiede durch numerische Effekte sollten minimal sein.

13.2 Der robuste Reglerentwurf mit der H_∞-Methode

Der etwas anspruchsvollere Ansatz ist der H_∞-Entwurf. Die Möglichkeit der differenzierten Vorgabe von Performanz und Robustheit macht ihn zu einer wahren Luxusmethode. Statt wie bei der Q-Parametrierung eine Vorgabe in Form einer einzigen Übertragungsfunktion zu machen, aus der sich alle weiteren Charakteristiken ergeben, erwartet der H_∞-Entwurf die Angabe von Obergrenzen für einzelne Performanz- und Robustheitscharakteristiken. Diese Obergrenzen beziehen sich dann auf den Amplitudengang der jeweiligen Charakteristik, die Phase wird nicht betrachtet. Das ist auch für die bis jetzt vorgestellten Charakteristiken wie Sensitivität und komplementäre Sensitivität völlig adäquat: Für die Performanz- und Robustheitseigenschaften des Regelkreises ist allein die Amplitude (bzw. der Betrag, bei MIMO-Systemen die Norm) maßgeblich. Auch die Charakteristiken *CS* und *GS* aus Abschn. 6.4 passen in dieses Schema.

Eine Auflage für die Formulierung dieser Obergrenzen gibt es jedoch: Sie müssen die Form von Systemmodellen haben, bei denen auch nur der Amplitudengang zählt. An diese Art der Formulierung muss man sich bei der H_∞-Methode gewöhnen – für die gewonnene Flexibilität lohnt sich das in aller Regel.

Bei einer freien Vorgabe von Obergrenzen kann man nicht erwarten, dass sie immer erfüllt werden. Sie können ja zusammen objektiv unerfüllbar sein. Die H_∞-Methode findet bei Unerfüllbarkeit einen guten Kompromiss: Für jede einzelne Frequenz wird die kleinste quadratische Summe der relativen Verletzung bestimmt und über alle Frequenzen das Maximum dieser Summe minimiert.

Die Anwendung dieser Methode ist dank stabiler Implementierungen in regelungstechnischer Software nicht schwierig. Entwicklungsingenieure werden nur in Ausnahmefällen den Drang verspüren, die Implementierung der Optimierungsalgorithmen selbst vorzunehmen, obwohl man bei eventuellen seltsamen oder wenig nachvollziehbaren Ergebnissen aus Verzweiflung mit diesem Gedanken durchaus spielen könnte. Daher werden wir uns hier auf Aspekte beschränken, die für eine erfolgreiche Anwendung der bereits implementierten Algorithmen wichtig sind.

13.2.1 Verallgemeinerte Regelstrecke

Der Ausgangspunkt der Methode ist ein besonders formuliertes System, oft „verallgemeinerte Regelstrecke“ genannt, mit der typischen Bezeichnung P. Dieses System umfasst sowohl die Regelstrecke als auch sämtliche zu erfüllende Spezifikationen. Die Formulierung der verallgemeinerten Regelstrecke ist die Aufgabe des Entwicklers.

Alle Spezifikationen haben die Form einer Obergrenze für den Amplitudengang bestimmter für die Anwendung wichtiger Übertragungen. Daher müssen diese Übertragungen mit Hilfe der Ein- und Ausgänge der verallgemeinerten Regelstrecke beschreibbar sein. Der Standardfall verwendet Übertragungen von einer einzigen Eingangsgröße: der Referenzgröße r. Die Verwendung einer einzigen Eingangsgröße hat erhebliche konzeptuelle Vorteile und sollte im Rahmen der Möglichkeiten angestrebt werden.

Die Ein- und Ausgänge sind in Abb. 13.4 dargestellt. Sie stehen jeweils für eine Kategorie, deren Elemente in einem Vektor zusammengefasst sind.

Der Eingang w ist als „externe Störung“ bezeichnet. Er umfasst jedoch auch Referenzgrößen, die aus der Sicht der Regelungstheorie mit einer Störung gleichwertig sind. Der „Fehler“-Ausgang z schließt alle Größen ein, deren Übertragungen von den Eingängen durch den Algorithmus minimiert werden.

Die Verbindungen zum Regler, der selbst nicht zur verallgemeinerten Strecke gehört, sind die „Messgrößen“ v und die Stellgrößen u. Die Messgrößen sind in Wirklichkeit einfach die Reglereingänge, d. h. typischerweise die Regelabweichungen. Die genauen Definitionen sind im inneren Aufbau der Strecke P festgelegt. Damit wird gesagt, dass für den Aufbau der verallgemeinerten Regelstrecke der Entwickler verantwortlich ist. Das Ergebnis der Berechnung, der Regler C, hängt von nichts anderem als genau von dieser Regelstrecke mit allen ihren inneren Details ab.

Die Abstraktion von Abb. 13.4 ist nicht besonders anschaulich. Sehen wir uns daher eine Konkretisierung an. Die verallgemeinerte Regelstrecke P von Abb. 13.5 umfasst

- die SISO-Regelstrecke G,
- das Gewicht W_S für die Sensitivität,
- das Gewicht W_T für die komplementäre Sensitivität und
- das Gewicht W_{CS} für das Performanzmaß CS (Abschn. 6.4).

Das Performanzmaß CS ist äquivalent zu einer Übertragung von der Output-Störung oder von der Referenzgröße zur Stellgröße (Gl. 6.4). Im Schaltbild Abb. 13.5 ist die zweite Alternative realisiert.

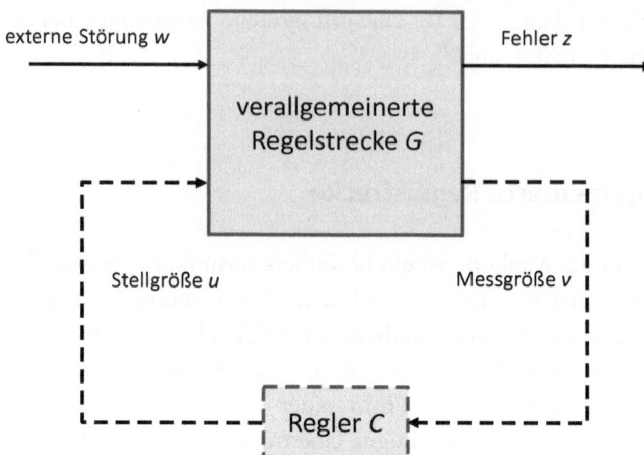

Abb. 13.4 Verallgemeinerte Regelstrecke P und ihre Verbindung mit dem zu optimierenden Regler

Die Gewichte sind, wie bereits erwähnt, selbst Systeme. Es können Übertragungsfunktionen oder Zustandsraumdarstellungen sein. Sie haben die Aufgabe, die Frequenzgänge der jeweiligen Charakteristiken gegeneinander frequenzspezifisch ins Verhältnis zu setzen. Ist beispielsweise der Betrag des Produkts $W_S S$ kleiner oder gleich 1, gilt:

$$|S| \leq \frac{1}{|W_S|} = S_{spec} \tag{13.19}$$

Der Betrag des Gewichts entspricht also dem Kehrwert der gewünschten spezifizierten Obergrenze des jeweiligen Performanzkriteriums. Aus Gl. 13.19 ergibt sich, dass es bei den Gewichtssystemen nur auf ihren Amplitudengang ankommt. Ihr Phasengang ist für die Spezifikation unerheblich. Sie und ihre Inversionen müssen lediglich für alle Frequenzen definiert sein, d. h. asymptotisch für $\omega \rightarrow 0$ und $\omega \rightarrow \infty$ endlich und verschieden von null sein.

Der Fehlerausgang z ist ein Vektor aus drei Einzelvariablen. Im Inneren der verallgemeinerten Regelstrecke P treten genau drei Variablen (y, e, u) auf, von welchen jede nach der jeweiligen Gewichtung zum Regelausgang wird. Je nach Anwendung kann ggf. auf einen der Ausgänge z_T oder z_{CS} verzichtet werden, da sie sich nur um den durch den Reglerentwurf nicht veränderlichen Faktor G (Regelstrecke) unterscheiden. Andererseits kann es trotzdem sinnvoll sein, für beide ihre spezifischen Obergrenzen zu definieren. Dass diese Obergrenzen für zwei Variablen gelten, die miteinander durch den Faktor G verbunden sind, macht der Optimierungsmethode nichts aus: Die minimale Verletzung im Sinne der Norm wird gefunden. Ohne z_S wäre die Optimierungsaufgabe nicht eindeutig definiert. Sie hätte auch keinen praktischen Sinn, da die Sensitivität als Hauptcharakteristik der Performanz nicht spezifiziert wäre. Daher wird der Fehlerausgang z nie skalar sein.

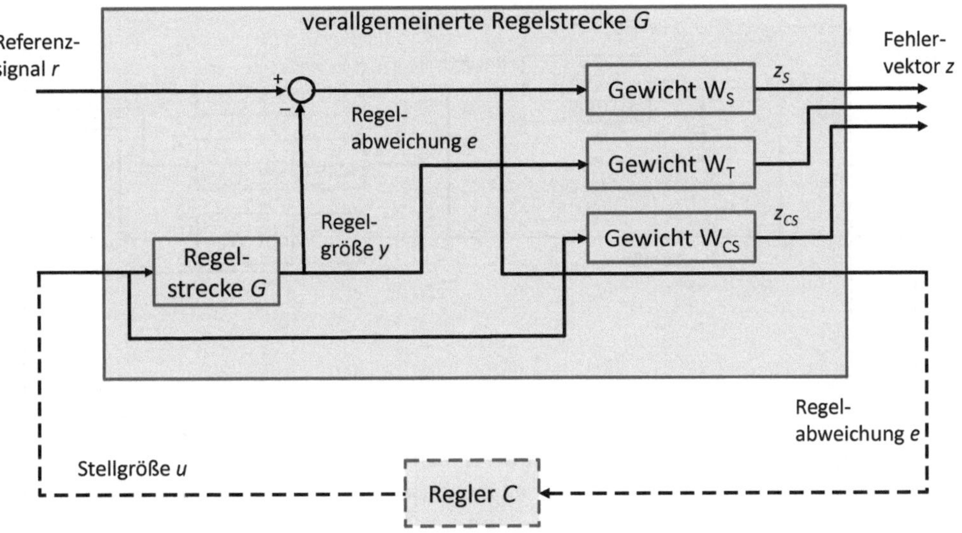

Abb. 13.5 Verallgemeinerte Regelstrecke P für eine SISO-Regelstrecke mit Optimierung von S, T und CS

Die Gesamtanordnung aus Abb. 6.1, die durch das Gleichungssystem Gl. 6.3 beschrieben wurde, floss in die verallgemeinerte Regelstrecke P (Abb. 13.5) durch die Wahl der externen Variablen r, der Referenzgröße, als Eingang von P ein.

Diese Form der verallgemeinerten Regelstrecke ist die gebräuchlichste und kann als Standard bezeichnet werden. Das bedeutet nicht, dass anwendungsabhängig keine anderen Alternativen möglich wären. Das Gleichungssystem

$$\begin{aligned} y &= G(u + d_I) + d_O \\ u &= Ce \\ e &= r - y \end{aligned} \tag{13.20}$$

und die Auflösungen nach y (Gl. 6.4) und u (Gl. 6.13)

$$\begin{aligned} y &= (1 + GC)^{-1}GCr + (1 + GC)^{-1}Gd_I + (1 + GC)^{-1}d_O \\ u &= CSr - CSGd_I - CSd_O \end{aligned} \tag{13.21}$$

suggerieren die Möglichkeit alternativer Anordnungen der verallgemeinerten Regelstrecke durch andere externe Störgrößen. Die Wahl der Output-Störung d_O wird zu keinem anderen Ergebnis führen als diejenige von r, da beide Größen an gleicher Stelle angreifen. Die Subtraktionsvariable $e = r\text{-}y$ wäre ersetzt durch die Addition

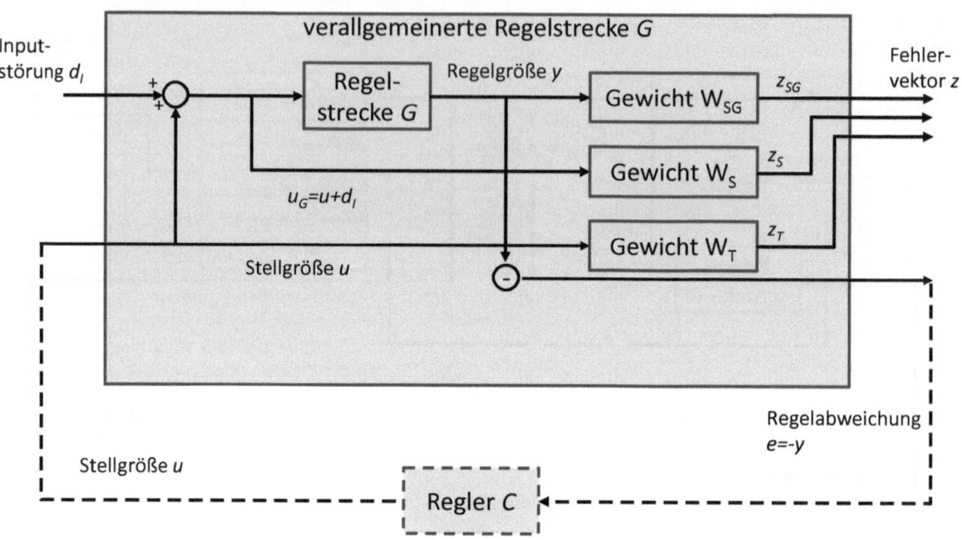

Abb. 13.6 Alternative verallgemeinerte Regelstrecke P mit externer Input-Störung als Eingang

$$y = G(u + d_I) + d_O = y_G + d_O \tag{13.22}$$

mit der zusätzlichen Variablen y_G. Die Regelabweichung $e = r - y$ würde dagegen als Variable verschwinden.

Wird hingegen die Input-Störung d_I als externer Störungseingang gewählt, verbleiben folgende Beziehungen:

$$\begin{aligned} y &= (1 + GC)^{-1} G d_I = SGd_I \\ u &= -CSGd_I = -T_I d_I \end{aligned} \tag{13.23}$$

Die erste Übertragung entspricht dem Performanzmaß SG aus Abschn. 6.4. Die zweite ist eine alternative Definition der komplementären Sensitivität – die „komplementäre Input-Störung-Sensitivität“ –, die jedoch im Fall von Eingrößensystemen (der hier vorliegt) mit der bis jetzt verwendeten Definition zusammenfällt.

Wird die Additionsstelle am Regelstreckeneingang zur Definition einer Variablen u_G verwendet, kommt zu Gl. 13.23 noch ein dritter Kandidat

$$u_G = u + d_I = -SCGd_I + d_I = (I - T_I)d_I = S_I d_I \tag{13.24}$$

für die Gewichtung und das Herausführen als Fehlerausgang z hinzu. Bei SISO-Regelstrecken erhalten wir also die gewichteten Performanz- und Robustheitscharakteristiken S, T und SG (vgl. Abschn. 6.4). Das entsprechende Schaltbild ist in Abb. 13.6 dargestellt.

Selbstverständlich ist man nicht auf einen einzigen Störungseingang angewiesen. Welchen Preis man zahlen muss, wenn man diese Freiheit genießen will, darauf wird weiter unten eingegangen.

13.2.2 Gewichte der verallgemeinerten Regelstrecke

Die verallgemeinerte Regelstrecke aus Abb. 13.5 umfasst drei zu optimierende Performanz- und Robustheitsmaße: die Sensitivität S, die komplementäre Sensitivität T und das Performanzmaß CS. Diese Maße sind typisch und werden oft als Standard für die H_∞-Optimierung angesehen. Ein Beispiel der erreichten Verläufe ist in Abb. 13.7 gegeben. Die dargestellten Spezifikationen sind nicht etwa diejenigen, die zum Entstehen des Reglers verwendet wurden, sondern zeigen nur den konkreten Spezifikationsbedarf einzelner Maße.

Von der Sensitivität wird typischerweise Folgendes erwartet:

- ein Minimalwert, welcher der niederfrequenten bzw. asymptotisch bleibenden Regelabweichung entspricht,
- eine Grenzfrequenz, bis zu der die Reglerleistung zumindest im Ansatz vorhanden ist, sowie
- ein Maximalwert, der die Störgrößenverstärkung begrenzt.

Diese Merkmale sind in Abb. 13.8 verdeutlicht.

Die Anforderungen an die komplementäre Sensitivität sind

- ein Maximalwert, der die Mindestrobustheit spezifiziert, sowie
- eine Grenzfrequenz, ab der die Robustheit ansteigt (d. h. die komplementäre Sensitivität sinkt).

Ein Minimalwert ist aus Sicht der Anwendung nicht erforderlich. Er wird jedoch benötigt, um eine Division durch null bei der Kehrwertbildung zu vermeiden. Jenseits von ca. 20–40 dB ist sein Vorhandensein für die Spezifikation nicht mehr relevant, da die komplementäre Sensitivität auch ohne unser Zutun weiter absinkt.

In beiden Fällen kann noch die Steilheit der Flanke wichtig sein. Darauf wird weiter unten eingegangen.

Das Performanzkriterium CS hat einen charakteristischen Gipfel bei relativ hohen Frequenzen, der sich vor allem akustisch auswirkt. Je nach akustischen Eigenschaften des Gesamtsystems kann der Bereich links oder rechts des Gipfels wichtig sein. Daher sind in Abb. 13.7 zwei alternative Spezifikationen eingezeichnet. Oft reicht auch eine triviale konstante Obergrenze aus.

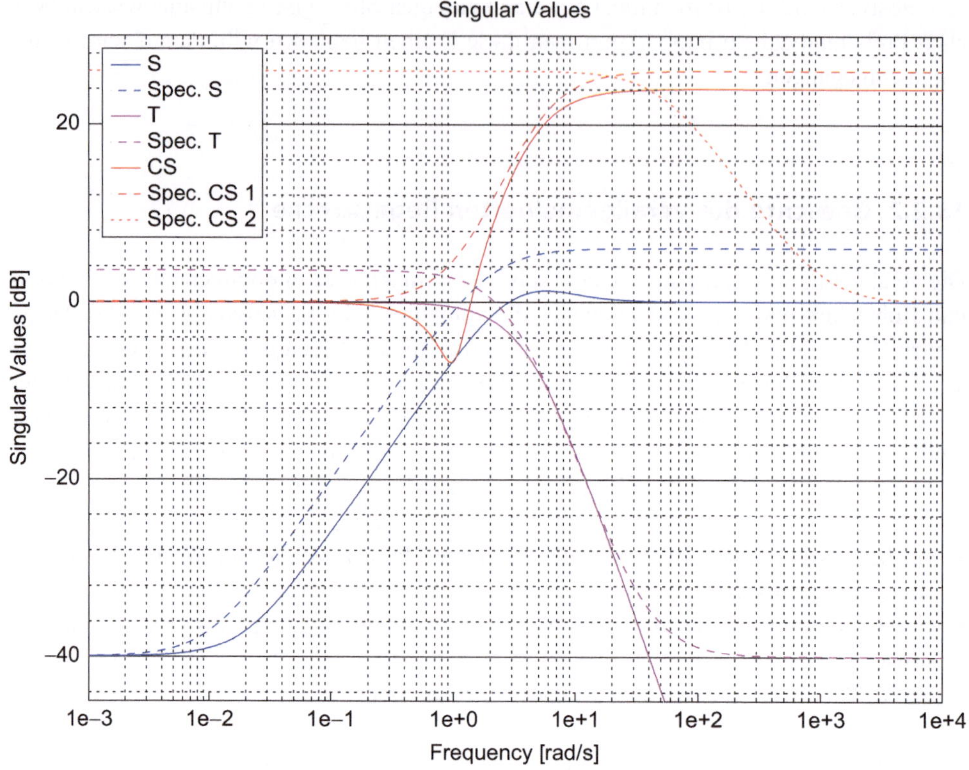

Abb. 13.7 Beispiel für Spezifikationsbedarf bei Performanz- und Robustheitsmaßen

Obwohl dem Erfindungsreichtum bei der Formulierung der Spezifikationen keine Grenzen gesetzt sind, kommt man meistens mit zwei Spezifikationsverläufen in Grundformen wie in Abb. 13.8 aus. Sie können *S*-Spezifikation (steigend) und *T*-Spezifikation (fallend) genannt werden. Beide Formen können auch bei *CS* Anwendung finden.

Diese beiden Formen besitzen zwei Biegungen: Die konvexe kann in einem Frequenzgang mit einer Nullstelle, die konkave mit einem Pol in Verbindung gebracht werden. Die einfachste Implementierung dieser Überlegung ist ein System 1. Ordnung mit einem Pol und einer Nullstelle.

$$X_{spec} = c\frac{\frac{s}{\omega_{ze}} + 1}{\frac{s}{\omega_{po}} + 1} = c\frac{\omega_{po}}{\omega_{ze}}\frac{s + \omega_{ze}}{s + \omega_{po}} \tag{13.25}$$

Dieser Darstellung sieht man an, dass es sich um das Produkt eines Tiefpasses mit dem Kehrwert eines anderen Tiefpasses handelt. Bei $\omega_{ze} > \omega_{po}$ liegt eine fallende Spezifikation

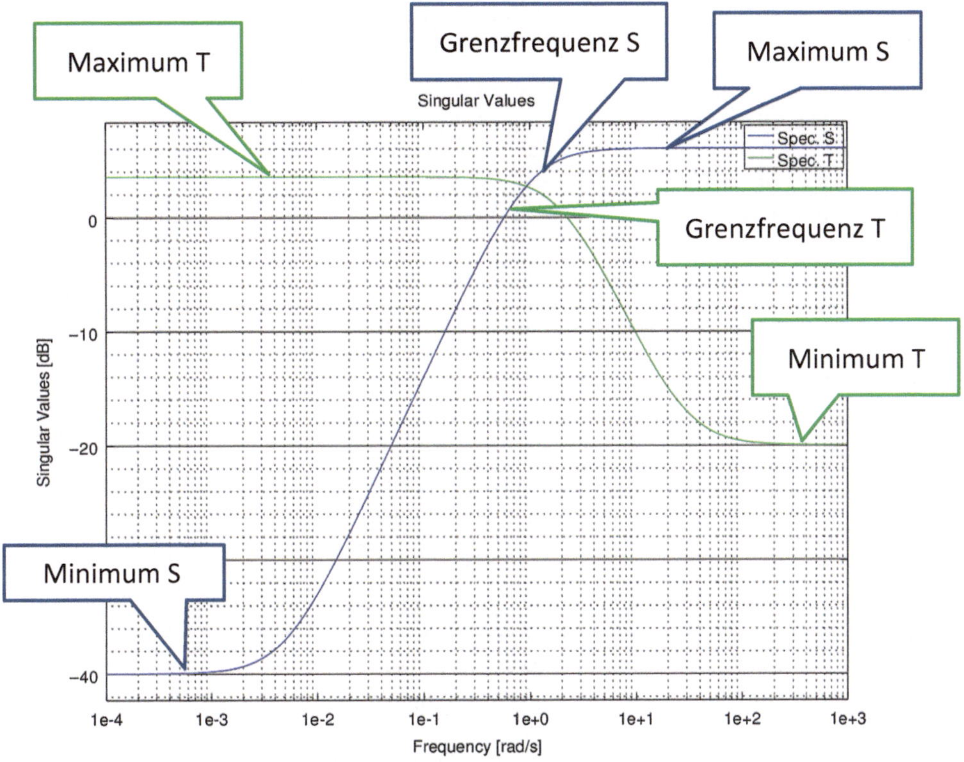

Abb. 13.8 Zwei einfache Spezifikationsformen mit einstellbaren Parametern

mit Maximum c vor, die sich als T-Spezifikation eignet. Die Umformung und Limes-Bildung für unendlich steigende Frequenz

$$\begin{aligned}
&c\frac{\frac{s}{\omega_{ze}}+1}{\frac{s}{\omega_{po}}+1}=c\,\frac{\frac{s}{\omega_{ze}}}{\frac{s}{\omega_{po}}+1}+c\frac{1}{\frac{s}{\omega_{po}}+1}=c\,\frac{\frac{1}{\omega_{ze}}}{\frac{1}{\omega_{po}}+\frac{1}{s}}+c\,\frac{1}{\frac{s}{\omega_{po}}+1}\\
&\lim_{s\to i\infty}\left(c\frac{\frac{1}{\omega_{ze}}}{\frac{1}{\omega_{po}}+\frac{1}{s}}+c\,\frac{1}{\frac{s}{\omega_{po}}+1}\right)=c\frac{\frac{1}{\omega_{ze}}}{\frac{1}{\omega_{po}}}=c\,\frac{\omega_{po}}{\omega_{ze}}
\end{aligned} \tag{13.26}$$

zeigt den Minimalwert. Die Grenzfrequenz, bei welcher der Abfall beginnt, ist ω_{po}. Den Wert von ω_{ze} verwendet man also, bei gegebener Frequenz ω_{po} und gegebener Konstante c, zum Einstellen des Minimums.

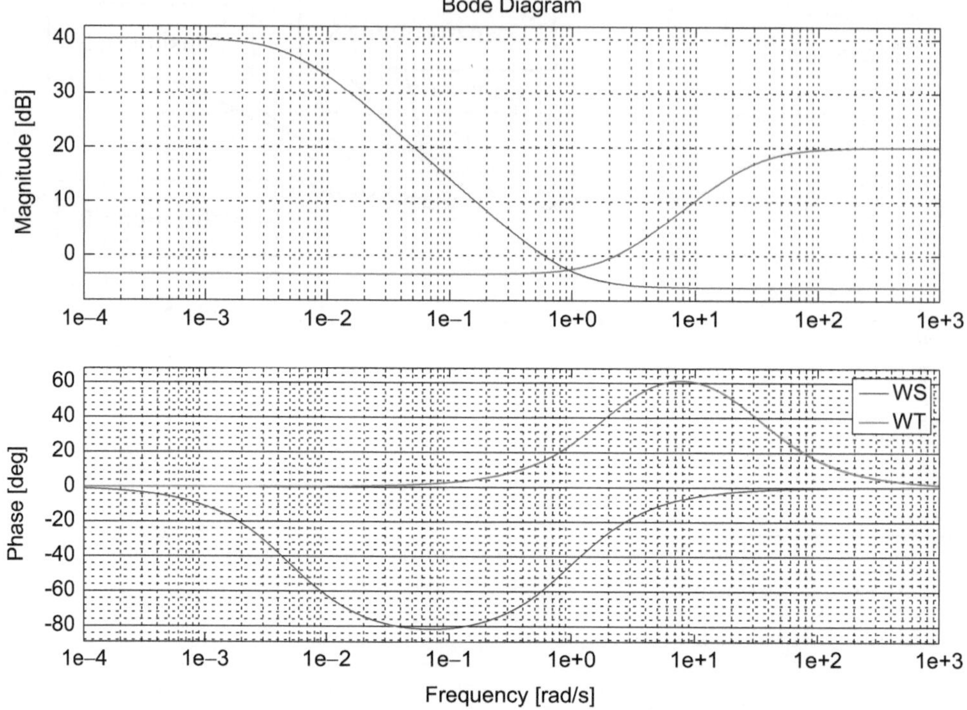

Abb. 13.9 Gewichte für S- und T-Spezifikation als Frequenzgänge von Systemen

Der Fall $\omega_{ze}<\omega_{po}$ entspricht einer steigenden Spezifikation mit Minimum c, die als S-Spezifikation infrage kommt. Die typischerweise relevante Grenzfrequenz (Einbiegung in das obere Plateau) wird ebenfalls durch ω_{po} bestimmt. Der Grenzwert in Gl. 13.26 bildet diesmal wegen $\omega_{ze}<\omega_{po}$ das Maximum, eingestellt mit Hilfe von ω_{ze}.

Die Gewichte in der verallgemeinerten Regelstrecke nach Gl. 13.19 sind der Kehrwert der Spezifikation X_{spec} aus Gl. 13.25:

$$W = \frac{1}{X_{spec}} = \frac{1}{c} \frac{\frac{s}{\omega_{po}} + 1}{\frac{s}{\omega_{ze}} + 1} \tag{13.27}$$

Diese Systeme kann man auf die übliche Art mit Verstärkung und Phase darstellen, wie in Abb. 13.9. Die Phase spielt jedoch beim H_∞-Entwurf keine Rolle.

Ist eine größere Steilheit der steigenden bzw. fallenden Flanke erwünscht, kann man eine höhere Potenz der Spezifikation aus Gl. 13.25 verwenden:

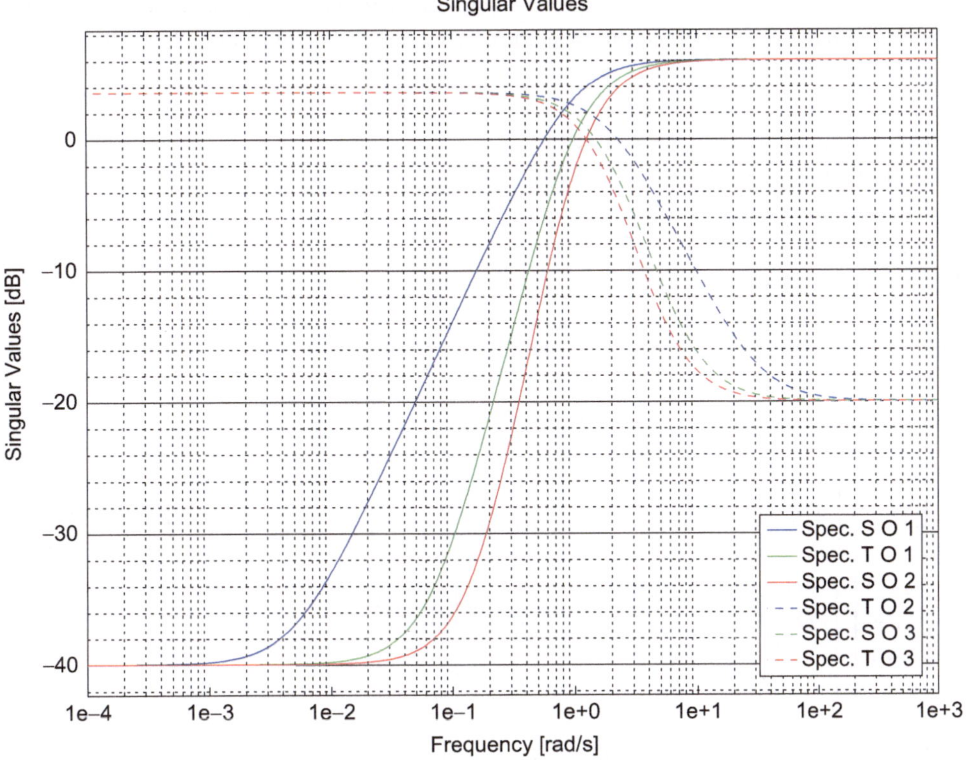

Abb. 13.10 Gewichte höherer Ordnung

$$X_{spec} = \left(c \frac{\frac{s}{\omega_{ze}} + 1}{\frac{s}{\omega_{po}} + 1} \right)^n \tag{13.28}$$

Der Effekt dieser Potenzbildung ist in Abb. 13.10 dargestellt. Die spezifizierten Maxima und Minima müssen vor der Bestimmung des Skalierungsparameters c nach Gl. 13.26 durch die Ziehung der n-ten Wurzel angepasst werden. Die Grenzfrequenzen, die beim System 1. Ordnung im Ort des Abfalls um 3 dB definiert sind, liegen hier bei $3n$ dB.

13.2.3 Konstruktion der verallgemeinerten Regelstrecke

Die verallgemeinerte Regelstrecke kann in *Matlab* und *Octave* im Standardfall (Abb. 13.5) durch die Funktion *augw()* einfach aus der Regelstrecke und den drei Gewichten erzeugt werden. Beliebig komplexe Verbindungen lassen sich in *Matlab* mit der Funktion *connect()* bequem realisieren. In *Octave* ist diese Funktion noch nicht implementiert.

Für solche Fälle und für ein besseres Verständnis wird hier eine „manuelle“ Verbindung gezeigt. Sind A_x, B_x, C_x und D_x die Systemmatrizen in der Zustandsdarstellung für Systeme und

- *P* die verallgemeinerte Regelstrecke,
- *G* die Regelstrecke,
- *WS* das *S*-Gewicht,
- *WT* das *T*-Gewicht und
- *WCS* das *CS*-Gewicht,

sieht das Zustandsraummodell der Zusammensetzung wie folgt aus:

$$\begin{bmatrix} \dot{x}_G \\ \dot{x}_{WS} \\ \dot{x}_{WT} \\ \dot{x}_{WCS} \end{bmatrix} = \begin{bmatrix} A_G & 0 & 0 & 0 \\ -B_{WS}C_G & A_{WS} & 0 & 0 \\ B_{WS}C_G & 0 & A_{WT} & 0 \\ 0 & 0 & 0 & A_{WCS} \end{bmatrix} \begin{bmatrix} x_G \\ x_{WS} \\ x_{WT} \\ x_{WCS} \end{bmatrix} + \begin{bmatrix} 0 & B_G \\ B_{WS} & 0 \\ 0 & 0 \\ 0 & B_{WCS} \end{bmatrix} \begin{bmatrix} r \\ u \end{bmatrix}$$
$$\begin{bmatrix} z_{WS} \\ z_{WT} \\ z_{WCS} \\ e \end{bmatrix} = \begin{bmatrix} -D_{WS}C_G & C_{WS} & 0 & 0 \\ D_{WT}C_G & 0 & C_{WT} & 0 \\ 0 & 0 & 0 & C_{WCS} \\ -C_G & 0 & 0 & 0 \end{bmatrix} \begin{bmatrix} x_G \\ x_{WS} \\ x_{WT} \\ x_{WCS} \end{bmatrix} + \begin{bmatrix} D_{WS} & 0 \\ 0 & 0 \\ 0 & D_{WCS} \\ 1 & -D_G \end{bmatrix} \begin{bmatrix} r \\ u \end{bmatrix} \tag{13.29}$$

Die hierbei zu verwendenden Prinzipien lauten:

- Die Zustandsmatrix *A* enthält die Zustandsmatrizen der Subsysteme als Diagonalblöcke.
- Die Input-Matrizen *B* der Subsysteme mit direktem externem Input erscheinen in der Gesamt-Input-Matrix.
- Die Output-Matrizen *C* der Subsysteme mit direktem externem Output erscheinen in der Gesamt-Output-Matrix.
- Die Durchgriffsmatrizen *D* der Subsysteme mit direktem externem Input und Output erscheinen in der Gesamt-Durchgriffsmatrix.
- Erhält Subsystem *X* den Output vom Subsystem *Y* als Input, erscheint in der Gesamt-Zustandsmatrix das Produkt B_xCy.
- Erhält Subsystem *X* mit direktem externem Output den Output vom Subsystem *Y* als Input, erscheint in der Gesamt-Output-Matrix das Produkt D_xCy.

13.2.4 H_∞-Lösungsansatz

Die verallgemeinerte Regelstrecke kann man als eine Matrix von vier Übertragungen umschreiben:

$$\begin{bmatrix} z \\ v \end{bmatrix} = \begin{bmatrix} P_{11} & P_{12} \\ P_{21} & P_{22} \end{bmatrix} \begin{bmatrix} w \\ u \end{bmatrix} \tag{13.30}$$

Zusammen mit dem Regler bilden sie das Gleichungssystem:

$$\begin{aligned} z &= P_{11}w + P_{12}u \\ v &= P_{21}w + P_{22}u \\ u &= Cv \end{aligned} \tag{13.31}$$

Aufgelöst für die Übertragung $w => z$:

$$z = \left(P_{11} + P_{12}C(I - P_{22}C)^{-1}P_{21}\right)w = Fw \tag{13.32}$$

Der Algorithmus leistet eine Minimierung der H_∞-Systemnorm des verallgemeinerten Regelkreises *F*, der auch als Funktion des zu optimierenden Reglers *C* gesehen werden kann. Minimiert wird also folgender Ausdruck:

$$\min_C(\|F(C)\|_\infty) = \min_C\left(\max_w \frac{\|z\|_2}{\|w\|_2}\right). \tag{13.33}$$

Für die Definitionen der System- und Signalnormen wird auf Abschn. 11.1 verwiesen. Dank der Frequenzbereichsinterpretation der H_∞-Systemnorm gilt auch:

$$\min_C(\|F(C)\|_\infty) = \min_C(\max_\omega \sigma(F(C)(i\omega))) \tag{13.34}$$

Der sperrige Ausdruck symbolisiert die Minimierung des Maximums des dominanten Singulärwerts über alle Frequenzen. Zum besseren Verständnis:

- Für einen gegebenen Regler *C* und gegebene Frequenz ω wird der größte (dominante) Singulärwert der Übertragungsmatrix $F(i\omega)$ berechnet.
- Über alle Frequenzen wird der größte Betrag dieser dominanten Singulärwerte gefunden.
- Dieses Maximum wird durch die Wahl des optimalen Reglers *C* minimiert.

Der Singulärwert wurde bereits in Kap. 11 am Rande erwähnt. Dort hat er nur eine Rolle bei Mehrgrößensystemen gespielt. Bei Eingrößensystemen gibt es nur einen einzigen Singulärwert, der identisch mit dem Betrag der komplexen Übertragungszahl ist.

Im Kontext von Gl. 13.34 liegt jedoch immer ein „Mehrgrößensystem" vor. Der Grund dafür ist, dass der Ausgang *z* auch bei einer Eingrößenstrecke *G* ein Vektor von mehreren (mindestens zwei) Performanzkriterien ist. Daher kommt man mit diesem trivialisierten Fall des Singulärwerts nicht aus. Im allgemeinen Fall eines MIMO-Systems (hier konkret des Systems F aus Gl. 13.34) ist die Input-Output-Übertragung für jede Frequenz eine komplexe Matrix der Dimension *(n,m)* bei n Output- und m Input-Variablen. Die Singulärwert-Dekomposition einer komplexen Matrix A ist

$$A = U\Sigma V^*. \tag{13.35}$$

Dabei sind die Matrizen U und V unitär (eine Verallgemeinerung von „orthonormal" für komplexe Matrizen). Die Matrix Σ, deren Dimension identisch mit derjenigen von A ist, besteht aus einer Diagonalmatrix der Singulärwerte und einer Nullmatrix. Der Stern (*) bezeichnet eine adjungierte („komplex transponierte") Matrix zu V. Die Singulärwert-Dekomposition ist eines der wichtigsten Konzepte der angewandten linearen Algebra, und dessen Erklärung kann in [3], Anhang A.3, aber auch in jedem Algebra- oder Numeriklehrbuch gefunden werden. Die Zerlegungsalgorithmen sind in den meisten Mathematik- und Regelungstechnik-Softwarepaketen (einschließlich *Matlab*) als Funktionen enthalten. Für unsere Betrachtung ist ein Spezialfall wichtig. Ist eine der Matrixdimensionen m und n gleich 1, d. h., handelt es sich um einen Zeilen- oder Spaltenvektor, hat die Matrix nur einen einzigen Singulärwert. Dieser Singulärwert ist gleich der Norm des Vektors, d. h.

$$\sigma = \sqrt{\sum_i a_i^2}. \tag{13.36}$$

Bei einer SISO-Regelstrecke ist die Übertragungsfunktion F aus Gl. 13.32 eine Übertragung von einem Skalar w (externe Störung) zu einem Vektor z (Fehlervektor aus Komponenten lt. Abb. 13.5 oder Abb. 13.6). Die Minimierung des über alle Frequenzen maximalen Singulärwerts in Gl. 13.34 ist also die Minimierung der maximalen quadratischen Summe aller definierten gewichteten Performanzkriterien z. Durch die Gewichtung sind die Werte der einzelnen Performanzkriterien relativ zu ihrem Gewicht bzw. zu ihrer Spezifikation (vgl. Gl. 13.19) skaliert. In der verallgemeinerten Regelstrecke aus Abb. 13.5 wird dann das über alle Frequenzen gebildete Maximum von

$$|S|^2|W_S|^2 + |T|^2|W_T|^2 + |CS|^2|W_{SC}|^2 = \frac{|S|^2}{S_{spec}^2} + \frac{|T|^2}{T_{spec}^2} + \frac{|CS|^2}{X_{CSspec}^2} \tag{13.37}$$

minimiert, wobei X_{CSspec} die Spezifikation des Produktkriteriums CS bezeichnet. Das Optimierungsziel ist also nicht etwa die geringste relative Überschreitung eines Performanzkriteriums, sondern die geringste quadratische Summe dieser relativen Überschreitungen. Mit „Überschreitung" ist hier ein Quotient des erreichten Wertes zum spezifizierten gemeint, der bei erfolgreicher Optimierung unter 1 liegen kann.

So ist es z. B. nicht möglich, das Kriterium der robusten Performanz (Gl. 6.17) genau abzubilden. Während es als

$$\frac{|S|}{S_{spec}} + \frac{|T|}{T_{spec}} \tag{13.38}$$

definiert ist, kann im norm-basierten Formalismus von Gl. 13.34 nur

$$\frac{|S|^2}{S^2_{spec}} + \frac{|T|^2}{T^2_{spec}} \tag{13.39}$$

abgebildet werden. Der Unterschied ist für die Praxis unter Umständen nicht unerheblich. Trotzdem werden auch bei der Substitution von Gl. 13.38 durch 13.39 gute Ergebnisse erzielt.

Die numerische Lösung von Gl. 13.34 geschieht mittels zweier Riccati-Gleichungen. Es handelt sich um nicht lineare Matrixgleichungen, deren Lösung iterativ gesucht wird. Die Algorithmen dafür sind ausgereift und in vielen regelungstechnischen Softwarepaketen enthalten. Wichtig ist anzumerken, dass die Riccati-Gleichungen für zeitkontinuierliche und zeitdiskrete Systeme unterschiedlich sind. In einer zeitdiskreten Formulierung muss die gesamte verallgemeinerte Regelstrecke aus zeitdiskreten Komponenten, d. h. der Regelstrecke und den Gewichten, bestehen.

13.2.5 Bedingungen für die Lösbarkeit der H_∞-Optimierung

Die Lösbarkeit der Riccati-Gleichungen ist an gewisse Bedingungen geknüpft, die nicht unmittelbar einleuchtend sind. Deshalb werden sie im folgenden Abschnitt diskutiert. Werden sie nicht erfüllt, wird das vom Lösungsalgorithmus nicht immer erkannt und teilweise durch kryptische Warnungen darauf reagiert. Der Benutzer erkennt es bestenfalls am seltsamen Ergebnis der Berechnung.

Die exakte Form aller Bedingungen ist in [3], Abschn. 9.3.1 dargestellt und erklärt. Ein Teil davon betrifft einleuchtende Bedingungen wie Beobachtbarkeit und Regelbarkeit aller Subsysteme (Regelstrecke und Gewichte) sowie Abwesenheit von grenzstabilen Nullstellen der Regelstrecke, die zu grenzstabilen Polen des Reglers führen würden.

Einige „knifflige" Regeln betreffen die Durchgriffsmatrix D_P der verallgemeinerten Regelstrecke P. Im Strukturbeispiel aus Abb. 13.5 und Gl. 13.29 ist dies folgende Matrix:

$$D_P = \begin{bmatrix} D_{WS} & 0 \\ 0 & 0 \\ 0 & D_{WSC} \\ 1 & -D_G \end{bmatrix} = \begin{bmatrix} D_{zw} & D_{zu} \\ D_{vw} & D_{vu} \end{bmatrix} \tag{13.40}$$

mit den Feldern:

$$\begin{aligned} D_{zw} &= \begin{bmatrix} D_{WS} \\ 0 \\ 0 \end{bmatrix} \\ D_{zu} &= \begin{bmatrix} 0 \\ 0 \\ D_{WSC} \end{bmatrix} \\ D_{vw} &= [1] \\ D_{vu} &= [-D_G] \end{aligned} \tag{13.41}$$

Die ersten beiden Bedingungen sind zwingend und fordern einen vollen Rang bei D_{zu} und D_{vw}. Das ist in Gl. 13.41 offenbar erfüllt, denn alle Gewichte, die nach den Prinzipien von Abschn. 13.2.2 definiert wurden, besitzen einen Durchgriff (d. h. keine Frequenz gleich null). Daher ist auch D_{WSC} verschieden von null, und die Matrix D_{zu} hat einen vollen Rang von eins.

Bei SISO-Regelstrecken bedeutet ein voller Rang von D_{zu}, dass mindestens ein Gewicht die Stellgröße u als Input haben muss. Das ist in diesem Fall das Gewicht W_{SC}. Dieses Gewicht ist also für den Algorithmus unabdingbar, auch wenn es aus der Anwendungssicht überflüssig sein sollte. Man kann aber jedes Gewicht beliebig groß skalieren, sodass es auf das Ergebnis praktisch keinen Einfluss hat. Bei der alternativen verallgemeinerten Regelstrecke aus Abb. 13.6 ist es das Gewicht W_T, welches dadurch unentbehrlich wird.

Voller Rang von D_{vw} ist durch einen Durchgriff der Störung auf den Reglereingang gewährleistet. Mit der Referenzgröße als Störung wie in Abb. 13.5 ist das der Fall. Nicht erfüllt ist diese Bedingung, falls die Input-Störung der einzige externe Input ist, und die Regelstrecke G, wie in unserem Fall, selbst keinen Durchgriff hat. (Durchgriff bei Regelstecken ist nicht typisch, er würde z. B. bei unendlich steifen mechanischen Systemen auftreten.) Daher verletzt die verallgemeinerte Regelstrecke aus Abb. 13.6 diese Bedingung, wodurch Schwierigkeiten bei der Lösung zu erwarten sind, falls die konkrete Implementierung des Lösungsalgorithmus keine Überbrückung für diesen Fall anbietet.

Die beiden anderen Bedingungen sind nicht zwingend, sondern werden nur für gewisse algorithmische Varianten verlangt: $D_{zw} = 0$ und $D_{vu} = 0$. Während sich die letztere aus der üblichen Abwesenheit des Durchgriffs der Regelstrecke ergibt, ist die erstere nicht immer einfach zu erfüllen. Sie würde erfordern, dass

- entweder die externe Störgröße in kein Gewicht direkt einfließt
- oder dieses Gewicht keinen Durchgriff hat, d. h. asymptotisch mit Frequenz zu null konvergiert.

Im Fall von Abb. 13.5 liegt also die Verletzung durch das unverzichtbare Gewicht W_S vor. Dieses Gewicht müsste dahingehend verändert werden, dass es kein Minimum besitzt und die Spezifikationsfunktion für S kein Maximum. Die maximale Störgrößenverstärkung wäre dann nicht spezifiziert.

Daher sollte die verwendete Implementierung möglichst von dieser Bedingung nicht abhängig sein.

13.2.6 Optimierungsbeispiel

Als Beispiel kann die Regelung des Feder-Dämpfer-Massen-Systems, wie bei der Q-Parametrierung (Abschn. 13.1.2) herangezogen werden. Die Spezifikationen von Sensitivität, komplementärer Sensitivität und Performanzmaß CS entsprechen denjenigen in Abb. 13.7, die verallgemeinerte Regelstrecke ist wie diejenige in Abb. 13.5, mit Konstruktion nach Gl. 13.29. Die Optimierung wurde mit dem *Octave*-Skript *hinfsyn()* durchgeführt, welches analog zum gleichnamigen *Matlab*-Skript funktioniert. Die Optimierung liefert außer dem Regler den erreichten Zielfunktionswert γ, der dem Verhältnis zwischen der erreichten und der spezifizierten H_∞-Systemnorm der Übertragung $w => z$ der verallgemeinerten Regelstrecke entspricht. Wie in Abschn. 13.2.4 erwähnt, gleicht diese Systemnorm dem Maximum der dominanten Singulärwerte über alle Frequenzen. In unserem Beispiel gleicht dieser Singulärwert der Wurzel aus der quadratischen Summe aller drei z-Komponenten S, T und CS, d. h. der 2-Norm des Vektors [S(iω), T(iω), S(iω)C (iω)]. Das Maximum dieser Vektornormen über alle ω ist die Systemnorm der Übertragung $w => z$. Der erreichte Zielfunktionswert war $\gamma = 1{,}2$, d. h., die erreichte Systemnorm war um 20 % größer als 1.

Die erzielten Performanz- und Robustheitsmaße sind in Abb. 13.11 dargestellt. Es fällt auf, dass alle Spezifikationen erfüllt sind, d. h., die erreichten Performanzmaße liegen bei allen Frequenzen unterhalb der Spezifikation. Dass das auch bei einer Systemnorm oberhalb von 1 möglich ist, ist der Konstruktion der Systemnorm geschuldet: Obwohl der Anwender die einzelnen Spezifikationen allein für sich betrachtet, kann der Algorithmus sie nur in ihrer „Zusammenfassung" (durch die 2-Norm) optimieren. Trotzdem gelingt es in der Regel, das gewünschte Ergebnis im Rahmen der faktischen Möglichkeit zu erreichen. Bei Bedarf können die Gewichte angepasst werden, um den Fokus der Optimierung auf eventuelle Engpässe zu richten.

Dabei kann die relative Darstellung der Performanz- und Robustheitsmaße aus Abb. 13.12 behilflich sein. Man sieht, dass das Performanzmaß CS bei Frequenzen bis 0,2 rad/s und um 60 rad/s den Engpass darstellt, die komplementäre Sensitivität hingegen um 1 rad/s und zwischen 10 und 20 rad/s.

Das Performanzmaß CS hat in der Regel zum Ziel, die akustischen Eigenschaften des Regelkreises bei höheren Frequenzen zu definieren. Die Obergrenze von CS bei 0,2 rad/s war daher möglicherweise nicht essenziell, sondern nur die Folge einer willkürlichen Wahl des Minimums der entsprechenden Spezifikationsfunktion bzw. des Maximums der Gewichtsfunktion W_{SC}. Dieses Spezifikationsminimum kann daher problemlos angehoben

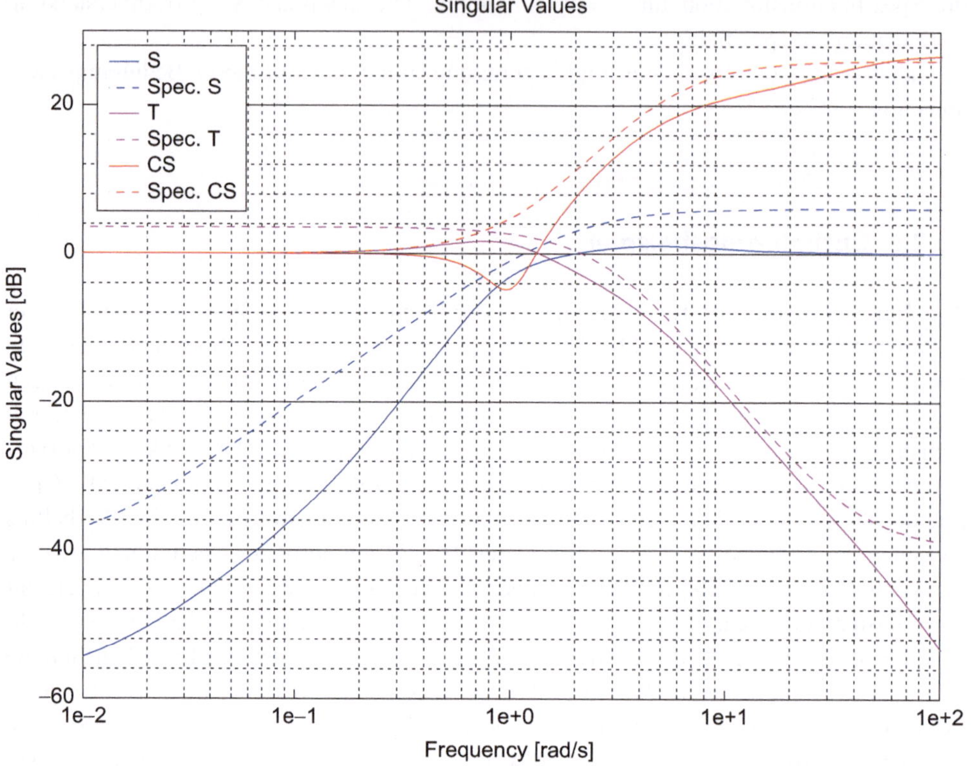

Abb. 13.11 Durch die Optimierung erreichte Performanz- und Robustheitsmaße

werden, um beispielsweise eine Verbesserung der Sensitivität zu ermöglichen. (Die komplementäre Sensitivität ist typischerweise in diesem Bereich unkritisch.)

13.2.7 Besonderheiten bei zeitdiskreten Systemen

Während die Q-Parametrierung aus einer algebraischen Operation auf Systemen besteht, wird die H_∞-Optimierung durch eine Lösung von Riccati-Gleichungen vollbracht. Diese Gleichungen werden mit Hilfe der Systemmatrizen A, B, C und D und ihrer Submatrizen formuliert. Die Matrizen A und B haben jedoch unterschiedliche Bedeutung bei zeitkontinuierlichen und bei zeitdiskreten Systemen. Daher sind auch die entsprechenden Riccati-Gleichungen selbst unterschiedlich.

In vielen regelungstechnischen Softwarepaketen ist lediglich der zeitkontinuierliche Lösungsweg implementiert. Die zeitdiskrete Optimierung geschieht folgendermaßen:

1. Umwandlung der verallgemeinerten Regelstrecke in die zeitkontinuierliche Form
2. Lösung des zeitkontinuierlichen Problems
3. Umwandlung des Reglers in zeitdiskrete Form

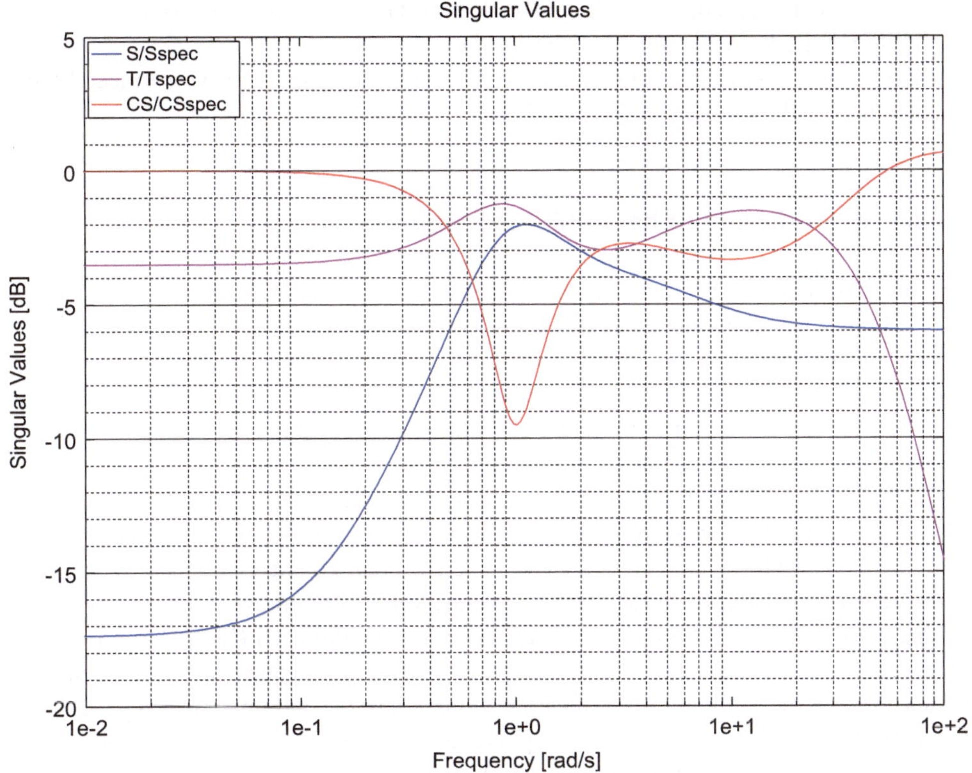

Abb. 13.12 Relative Darstellung der Performanz- und Robustheitsmaße

Obwohl die Umwandlung zwischen zeitdiskret und zeitkontinuierlich zu den Routineoperationen gehört und durch Funktionsskripte (z. B. *c2d()* und *d2c()* in *Matlab*) unterstützt wird, ist sie nicht ohne Tücken. Alternative Algorithmen haben ihre Vor- und Nachteile. So behalten die meisten (auch die verbreitete bilineare oder Tustin-Transformation) nicht die Stabilität der Pole und Nullstellen bei. Ein stabiler zeitkontinuierlicher Pol kann daher in der zeitdiskreten Umrechnung des Systems in den Instabilitätsbereich „rutschen" und umgekehrt. Nur die Methode *„matched"* in den *Matlab*-Funktionen garantiert die Korrespondenz der Pole, ist jedoch nur auf Eingrößensysteme anwendbar. Daher ist bei Systemen mit Polen in der Nähe der Stabilitätsgrenze Vorsicht und ständige Nachprüfung der Ergebnisse angebracht.

Sollte die Nähe der zeitdiskreten Pole zur Stabilitätsgrenze das Problem sein, kann eine niedrigere Abtastrate (d. h. längere Abtastschritte) Abhilfe schaffen, sofern es die Anwendung erlaubt. Sie bewirkt eine numerisch größere Entfernung vom grenzstabilen Zustand mit Pol-Betrag gleich 1.

Die aufwändige Alternative ist die eigene Formulierung der zeitdiskreten Riccati-Gleichungen. Eine gute Quelle dafür ist beispielsweise [4]. Dort wird auch die relativ hohe

Komplexität der Aufgabe ersichtlich. Die Riccati-Gleichungen selbst können dann in *Matlab* durch die Funktion *dare()* gelöst werden.

Eine andere nichttriviale Alternative ist die Darstellung in Form von Linear Matrix Inequalities (LMI), vgl. beispielsweise [5].

13.2.8 Besonderheiten bei MIMO-Systemen

Die bis jetzt konkret betrachteten Beispiele liefen auf eine Übertragung $z = Fw$ aus Gl. 13.32 hinaus, bei der der Störungs-Input w skalar war. Es handelte sich also um einen Übertragungsvektor. Die Optimierung dieser Übertragung nach Gl. 13.34 war einigermaßen transparent: Minimiert wurde (pro Frequenz) die quadratische Summe (Gl. 13.36) bzw. deren Wurzel, was auf dasselbe hinausläuft. Die einzelnen Performanzmaße wurden also in Form von deren quadratischer Summe minimiert.

Auch bei einer SISO-Regelstrecke würde sich anbieten, mehrere externe Eingänge in die verallgemeinerte Regelstrecke zu betrachten. Will man beispielsweise nicht nur *S, T* und *CS*, sondern gleichzeitig auch noch *SG* spezifizieren, könnte eine Fusion von verallgemeinerten Regelstrecken aus Abb. 13.5 und Abb. 13.6 infrage kommen. Von den Lösbarkeitsproblemen (Abschn. 13.2.5) abgesehen, wäre der nach Gl. 13.34 zu minimierende Singulärwert von einer Übertragungsmatrix mit vier Spalten und zwei Zeilen zu bilden. Obwohl die Minimierung unumstritten sinnvoll ist (sie minimiert nach Gl. 13.33 die quadratische Signalnorm des Fehler-Outputs z für gegebene maximale quadratische Signalnorm des Störungs-Inputs w), ist aus dem Ergebnis nicht einfach zu schließen, wie weit die einzelnen Spezifikationen erfüllt wurden. Ein Problem ist dabei die Skalierung der Inputs. Die Referenzgröße r aus der verallgemeinerten Regelstrecke nach Abb. 13.5 ist nicht direkt vergleichbar mit der Input-Störung d_I aus Abb. 13.6. Sie sind gegeneinander durch die Regelstrecke G skaliert. Hat die Regelstrecke eine zahlenmäßig große Verstärkung, werden in der Übertragungsmatrix $F(i\omega)$ alle Elemente der Spalte, die der Referenzgröße r entspricht, bei der Minimierung relativ unbedeutend. Sie erreichen daher deutlich schlechtere Werte als diejenigen in der d_I –Spalte. Aus diesem Grund ist eine sorgfältige Skalierung der Eingangsgrößen notwendig.

Die geringe Transparenz bleibt uns trotzdem erhalten. Bereits bei einer 2x2-Matrix F, bei der eine analytische Singulärwert-Lösung vorliegt, gilt für den dominanten Singulärwert Folgendes:

$$
\begin{aligned}
b &= \sum_{i,j} |f_{ij}|^2 \\
c &= (\det F)^2 \\
\sigma &= \sqrt{\frac{b + \sqrt{b^2 - 4c}}{2}}
\end{aligned}
\tag{13.42}
$$

Übersichtlich ist dieser Term nur im Diagonalfall. Der Zähler des Bruchs unter der äußeren Wurzel, dessen Minimierung äquivalent ist zur Minimierung des gesamten Terms, ist:

$$
\begin{aligned}
& b+\sqrt{b^2-4c}=|a_{11}|^2+|a_{22}|^2+\sqrt{\left(|a_{11}|^2+|a_{22}|^2\right)^2-4|a_{11}|^2|a_{22}|^2} \\
& =|a_{11}|^2+|a_{22}|^2+\sqrt{\left(|a_{11}|^2-|a_{22}|^2\right)^2}=|a_{11}|^2+|a_{22}|^2+\left||a_{11}|^2-|a_{22}|^2\right|
\end{aligned}
\tag{13.43}
$$

Bei einer Diagonalbeziehung (die auf eine Separation von Input-Output-Beziehungen $w=>z$ hinausläuft) werden also einerseits die Diagonalübertragungen wie in einer Vektornorm minimiert, gleichzeitig aber auch deren Betragsunterschied. Es wird also eine Art „Gerechtigkeit" angestrebt.

Bei einer nichtdiagonalen Struktur der Matrix F und bei höheren Matrixdimensionen ist kein analytischer Ansatz möglich.

Die praktische Vorgehensweise ist folgende:

1. Die Inputs und Outputs gegenseitig möglichst gut skalieren, um vergleichbare Größenordnungen zu erreichen.
2. Die Optimierung durchführen und die Erfüllung der Spezifikationen absolut (wie in Abb. 13.11) und relativ (wie in Abb. 13.12) betrachten.
3. Insbesondere aus der relativen Darstellung eventuelle Ungleichgewichte in den Prioritäten ablesen.
4. Gewichtung anpassen.

Bei Zielkonflikten können und sollen die Gewichtungen frequenzspezifisch gestaltet werden.

Dieselbe Problematik entsteht bei Mehrgrößen-Regelstrecken. Die Gewichtungsmöglichkeiten und -notwendigkeiten sind vielfältig und entziehen sich allgemeinen Ratschlägen.

13.2.9 Vorgehensweise beim H_∞-Reglerentwurf

1. *Bestimmung des Modells G der Reglerstrecke* (Abschn. 8.3).
2. *Bestimmung der Robustheitsanforderungen in Form von maximaler Perturbation* (Abschn. 5.3).
3. *Bestimmung der Eckpunkte von Performanzanforderungen.* Zu berücksichtigen sind gleichermaßen das Führungsverhalten und die Störgrößenunterdrückung. Beide fließen in die Sensitivität frequenzspezifisch ein: das Führungsverhalten als Amplitude der Regelabweichung im Verhältnis zur Amplitude der Referenzgröße, die Störgrößenunterdrückung als Faktor der Störgrößenreduktion oder -verstärkung. Wichtig sind im Allgemeinen: maximale bleibende Regelabweichung, Grenzfrequenz, ab der

keine effektive Regelung mehr stattfindet, und maximale Störgrößenverstärkung im mittleren Frequenzbereich.

4. *Bestimmung zusätzlicher Anforderungen an die Performanz.* Es handelt sich z. B. um die Performanzmaße *CS* (akustische Anforderungen) und *SG* (Einfluss einer Input-Störung auf die Regelgröße). (Sollten keine solchen Anforderungen bestehen, könnte der einfachere Reglerentwurf durch Q-Parametrierung nach Abschn. 13.1 ausreichend und besser beherrschbar sein.)
5. *Wahl und Parametrierung der Spezifikationsfunktionen.* Die Spezifikationsfunktionen der Gl. 13.28, aber auch andere Gewichtssysteme können verwendet werden. Die Parameter (a) Typ (S- oder T-Spezifikation) (b) Maximalwert, (c) Minimalwert, (d) Grenzfrequenz und (e) Ordnung sind zu wählen, um die Obergrenzen der Performanzmaße am besten abzudecken und gleichzeitig am geringsten einzuschränken.
6. *Bestimmung der Gewichte als Kehrwerte der Spezifikationsfunktionen.*
7. *Die Zusammensetzung der verallgemeinerten Regelstrecke.* Bei Verfügbarkeit von eingebauten Funktionen wie *ausw()* (*Matlab, Octave*) und *connect()* (*Matlab*) sind diese Funktionen zu verwenden. Sonst ist die manuelle Konstruktion aus einzelnen Zustandsraummodellen nach Abschn. 13.2.3 die einzige Alternative. Die Lösbarkeitsbedingungen (ggf. spezifisch für die verwendeten Optimierungsalgorithmen) aus Abschn. 13.2.5 sind zu beachten.
8. *Optimierung des Reglers.* Als einfache Möglichkeit bietet sich die Nutzung von implementierten Algorithmen wie *hinfsyn()* in *Matlab* oder *Octave* an. Die Risiken einer impliziten und nicht transparenten Umwandlung zwischen zeitdiskreten und zeitkontinuierlichen Modellen (Abschn. 13.2.7) sind zu beachten. Alternativ könnten direkt die Lösungsfunktionen für Riccati-Gleichungen (*Matlab: are(), dare()*) verwendet werden.
9. *Berechnung der Sensitivität, der komplementären Sensitivität und weiterer Performanzmaße des Regelkreises aus Regler C und Streckenmodell G sowie deren Vergleich mit Spezifikationsfunktionen* (*wie in* Abb. 13.11). Der Quotient γ aus dem Optimierungslauf gibt nur groben Aufschluss über den Erfüllungsgrad der einzelnen Spezifikationen. Bei Nichterfüllung gibt die Darstellung der relativen Performanzmaße (wie in Abb. 13.12) Hinweise auf Engpässe und eventuelle Korrekturen von Spezifikationsfunktionen in kritischen und unkritischen Frequenzbereichen.

Literatur

1. Föllinger, O.: Regelungstechnik. Hüthig Buch Verlag, Heidelberg (1994)
2. Doyle, J., Francis, B., Tannenbaum, A.: Feedback Control Theory. Macmillan Publishing Co., New York (1990)
3. Skogestad, S., Postlethwaite, I.: Multivariable Feedback Control. Wiley, New York (2005)
4. Walker, D.J.: Robust Control of Discrete Time Systems. PhD Thesis, University of London, Imperial College of Science, Technology and Medicine (1992)
5. Scherer, C., Weiland, S.: Linear Matrix Inequalities in Control. Delft University, Delft (2005)

14 Redesign bei Instabilität

Zusammenfassung

Jeden Entwickler holt eines Tages ein unerwartetes Verhalten des Regelkreises ein, trotz aller Sorgfalt beim Entwurf. Zu den unerfreulichsten Phänomenen gehört sicherlich die Instabilität des Regelkreises: die Neigung zu Oszillationen in gewissen Betriebspunkten des Gesamtsystem. Auch in dieser Situation ist strukturiertes Vorgehen möglich, durch das die Instabilität behoben wird. Dieses Vorgehen erfordert nur eine Messaufnahme der Oszillationen an der Ein- und Ausgangsseite der Regelstrecke. Im optimalen Fall handelt es sich um zumindest kurze Zeit bestehende ungedämpfte Oszillationen ohne wesentliche externe Anregung. Durch deren Analyse kann die Abweichung des betroffenen Betriebspunkts vom bisherigen Nominalmodell der Regelstrecke festgestellt und der Regler angepasst werden. Hierzu stehen zwei Alternativen zur Verfügung: die Anpassung der Robustheitsspezifikation und die Anpassung des Nominalmodells. Beide werden anhand eines Beispiels gezeigt.

Auch bei sorgfältigstem Reglerentwurf können im Betrieb Abweichungen vom gewünschten und spezifizierten Verhalten auftreten. Sie ergeben sich aus Ungenauigkeiten bei der Modellerfassung oder aus der Linearisierung nicht linearer Effekte. Besonders gefährlich können ungewöhnliche Betriebspunkte sein, bei denen sich die Regelstrecke über das vermutete Maß hinaus verändert hat. Daher bleibt kaum einem Entwickler die Situation erspart, etwas ratlos vor einem ratternden, stockenden oder sonst unzulänglich wirkenden Regler zu stehen. Man schätzt sich glücklich (wird aber ab und zu von diesem Glück verlassen), wenn man dabei gerade nicht vor dem versammelten oberen Management steht.

Nach einem solchen Erlebnis ist die Versuchung groß, den Pfad des strukturierten Reglerentwurfs zu verlassen und in hektisches Herumexperimentieren zu verfallen. Man greift dann nach dem ersten Regler, der sich in dieser Situation zivilisiert verhält. Jedoch

T. Hrycej, *Robuste Regelung*,
https://doi.org/10.1007/978-3-662-54168-5_14

sollte man sich immer vor Augen führen, dass der nächste ungewöhnliche Betriebspunkt bereits in der Lauerstellung wartet, um die nachfolgende Vorführung zu vermiesen. Man kommt also nicht an einem besonnenen, gezielten Vorgehen vorbei.

Ein richtiger Sorgenfall ist charakterisiert durch auftretende Instabilitäten. Auch wenn sie lediglich als Oszillationen begrenzter Amplitude in Erscheinung treten, stören sie die eigentliche Funktion des Regelkreises. Sie äußern sich im Allgemeinen als mehr oder weniger stationäre Sinusschwingungen. Ist das der Fall, kann durch ihre messtechnische Erfassung und ein nachfolgendes Redesign des Reglers das Problem behoben werden.

Die Vorgehensweise besteht darin, den empirischen Frequenzgang der Regelstrecke durch die spontan auftretenden Oszillationen zu ergänzen. Dann kann auch die Robustheitsanforderung angepasst und der Regelkreis stabilisiert werden.

Die grundlegenden Voraussetzungen für diese Vorgehensweise sind, dass

- tatsächlich Oszillationen auftreten, die zumindest über einige Perioden andauern,
- während dieser Oszillationen keine wesentliche externe Anregung stattfindet (es sei denn, diese Anregung ist messbar),
- die Frequenz und Amplitude der Oszillationen über diese Perioden weitgehend konstant ist und
- die Form der Oszillationen zumindest grob der Sinusform entspricht.

Die Abwesenheit der externen Anregung ist wichtig – sonst kann es sich um eine Antwort auf einen periodischen Input handeln, und nicht um eine Instabilität des Regelkreises. Nehmen wir einen typischen Fall einer SISO-Regelstrecke und einer externen Input-Störung d. Der Regelkreis ist durch die Gleichungen

$$\begin{aligned} y &= G(u + d) \\ u &= C(r - y) \end{aligned} \tag{14.1}$$

beschrieben. Die Regelstrecke G ist in unserem Fall die vermeintliche Unbekannte, denn in der mangelnden Übereinstimmung des Modells mit der Realität des betroffenen Betriebspunkts vermuten wir die Ursache der Instabilität. Dann ist die Variable d eine Unbekannte zu viel. Bei bekannter, messbarer Störung d entfällt dieses Problem. Das wird aber nicht allzu oft der Fall sein – beispielsweise sind periodische Straßenanregungen der Fahrzeugachse nur indirekt und mit aufwändiger Messtechnik zu erfassen. Da die vollständige Abwesenheit externer Anregung (z. B. durch Reibungseffekte oder Welligkeiten der Mechanik) selten garantiert werden kann, muss mindestens von ihrem relativ geringen Umfang ausgegangen werden können, im Falle von Gl. 14.1 relativ zur Oszillationsamplitude der Stellgröße u.

Wir gehen im Weiteren davon aus, dass die Variablen u, r und y messtechnisch erfasst werden können und dass der Frequenzgang des Reglers C bekannt ist. Letzteres klingt nach einer Selbstverständlichkeit, da man ihn selbst entworfen hat. In der industriellen Praxis bedeutet „selbst" aber oft die Weitergabe an einen Systemprogrammierer, mit entsprechenden Kommunikationsrisiken, oder sogar die Arbeit mit einem Regler, den ein bereits ausgeschiedener Mitarbeiter entworfen hat. In solchen Fällen ist die Berechnung der Reglerübertragung

$$C = \frac{u}{r - y} \tag{14.2}$$

empfehlenswert (in allen anderen Fällen zur Kontrolle ebenfalls).

14.1 Wahl und Bearbeitung des zu analysierenden Messabschnitts

Die Oszillation stellt eine wichtige Informationsquelle für die Analyse der Stabilität des Regelkreises dar. Sie wird selten besonders beständig sein, sondern in einem kurzen Zeitabschnitt des Regelungsbetriebs eintreten und aus einer gewissen Anzahl von mehr oder weniger ausgeprägten Oszillationsperioden bestehen, die anschließend wieder abklingen. Um die Ergebnisse der Analyse eindeutig zu machen, muss ein geeigneter Unterabschnitt ausgewählt werden. Die Anzahl der in die Analyse einfließenden Oszillationsperioden sollte so gewählt werden, dass

- sie es erlauben, den Verlauf als periodisch zu bezeichnen,
- sie jedoch eine konstante Frequenz aufweisen.

Oszillationen mit wirklich konstanter Frequenz über einen längeren Zeitabschnitt sind in der Realität selten zu finden. Nichtlineare Effekte wie Reibungen führen zu geringen, aber zufällig auftretenden Verzögerungen, die die Oszillationsperiode driften lassen. Daher ist es empfehlenswert, eine minimale Anzahl der Perioden heranzuziehen, die noch die Bezeichnung „periodisch" rechtfertigen. Die Forderung einer konstanten Amplitude wird diese Empfehlung noch weiter stützen.

Die Analyse wird jeweils für eine bestimmte beobachtete Frequenz durchgeführt. Die erwähnten Nichtlinearitäten werden oft dazu führen, dass die Form einer Periode nicht streng sinusoidal ist, sondern davon mehr oder weniger abweicht. Solange es sich um ein periodisches Signal handelt (d. h. die Verläufe innerhalb einer Periode weitgehend identisch sind), kann es als eine bestimmte Zusammensetzung von Harmonischen der gewählten Grundfrequenz betrachtet werden. Harmonische Oberfrequenzen sind ganzzahlige Mehrfache der Grundfrequenz. Gerade Harmonische führen zu asymmetrischen Periodenformen, ungerade zu symmetrischen. Die Zusammensetzung von zwei Harmonischen (das Zwei- und Dreifache der Grundfrequenz) ist in Abb. 14.1 als gepunktete Kurve „harm" beispielhaft dargestellt, ihre Fusion mit der Grundfrequenz durchgezogen als „U+harm" abgebildet. Man sieht die leichte Asymmetrie der resultierenden Periode.

Eine andere störende Modifikation der sinusoidalen Grundform ist der in Abschn. 8.2.5 erwähnte Trend, ebenfalls eingezeichnet in Abb. 14.1. Er kann durch langsame Integration

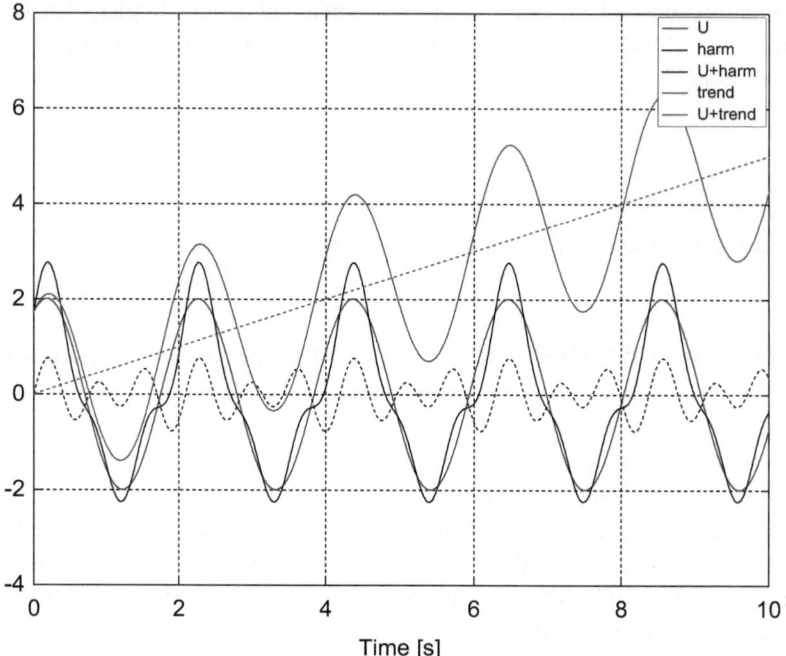

Abb. 14.1 Störende Komponenten einer Oszillation: höhere Harmonische und Trend

von aufgeschalteten niederfrequenten Komponenten oder asymmetrischen Störungen entstehen.

Da die nachfolgende Analyse auf der Fourier-Transformation basiert, muss als zu analysierender Zeitabschnitt eine **ganze** Anzahl von Perioden gewählt werden.

Für die Grundfrequenz ω wird durch das diskrete Fourier-Integral nach Gl. 8.8 ihr Fourier-Koeffizient berechnet:

$$a(\omega) = \frac{2}{N} \sum_{j=0}^{N-1} e^{-i\omega j \Delta t} x_j \qquad (14.3)$$

Dieser Koeffizient entspricht dem Anteil dieser Frequenz im Signal x. Durch die Fourier-Rücktransformation erhalten wir ein bereinigtes Signal, welches lediglich diese Frequenz enthält:

$$\hat{x}_j = a(\omega) e^{i\omega j \Delta t} = |a(\omega)| \cos(\omega j \Delta t + \omega_0) \qquad (14.4)$$

mit Phase ω_0 entsprechend dem Winkel der komplexen Zahl $a(\omega)$ und der Amplitude gleich dem Betrag $|a(\omega)|$. Das bereinigte Signal enthält keine harmonischen Ober-

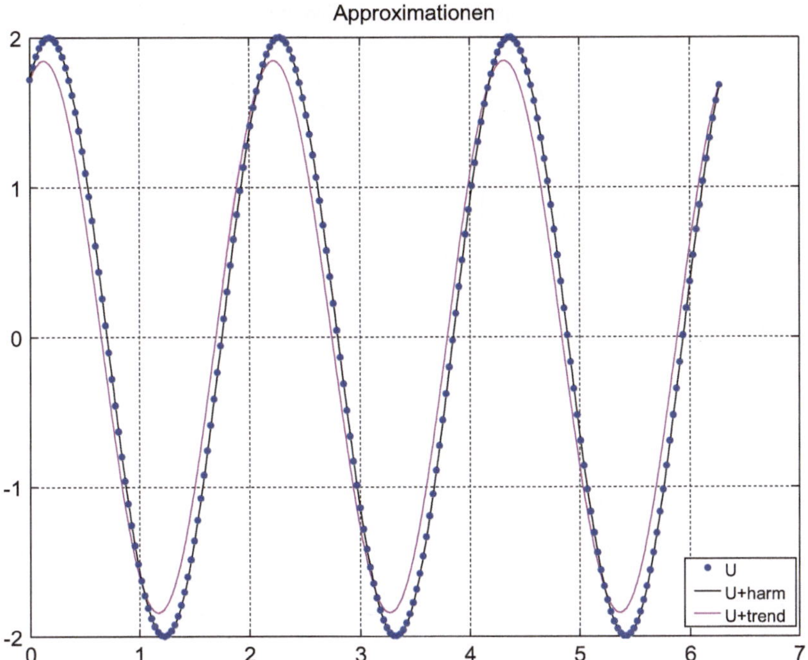

Abb. 14.2 Sinus-Approximation mit Störungen: höhere Harmonische und Trend

frequenzen. In Abb. 14.2 kann man beobachten, dass das bereinigte Signal von „U+harm" praktisch identisch mit dem Grundsignal „U" ist. Der Trend kann jedoch, wie in Abschn. 8.2.5 diskutiert, sowohl die Amplitude als auch die Phase verschieben, was ebenfalls in Abb. 14.2 deutlich wird: Das bereinigte Signal von „U+trend" unterscheidet sich deutlich von „U". Hier wird die Amplitude um 8 % verringert und die Phase um ca. 9° verschoben. Das kann bei der Robustheitsanalyse bereits bedeutsam sein.

Daher ist bei einer ausgeprägten Trendkomponente, wie in Abb. 14.1, eine Glättung mit Hilfe eines gleitenden Mittels mit Fensterlänge gleich einer Oszillationsperiode wichtig. Das gleitende Mittel wird vom eigentlichen Signal abgezogen. Die Sinus-Approximation aus einem so behandelten Signal wird dadurch deutlich genauer: Der Amplitudenunterschied sinkt von 8 % auf 5 % und der Phasenunterschied von 9° auf unter 1° (Abb. 14.3).

Die Oszillationsfrequenz ist a priori nicht bekannt und muss aus der Messung bestimmt werden. Es gibt keine exakte Methode, die Frequenz eines periodischen Signals zu bestimmen. Numerisch ist die Frequenz jedoch relativ einfach zu finden. Berechnet man das diskretisierte Fourier-Integral (Gl. 14.3) mit verschiedenen Frequenzen ω (über einen Zeitabschnitt, der bei der jeweiligen Frequenz einer ganzen Zahl ihrer Perioden entspricht!), ist die Frequenz mit dem maximalen Betrag des Fourier-Koeffizienten $a(\omega)$ die richtige. Man muss also die Frequenzen mit ausreichend kleiner Schrittweite ausprobieren.

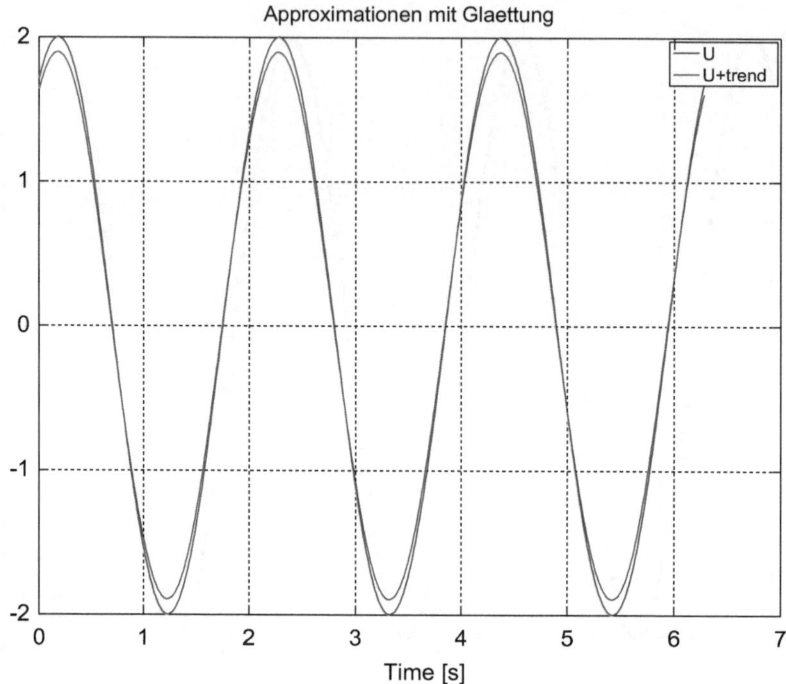

Abb. 14.3 Sinus-Approximation mit Störungen, Signal geglättet: höhere Harmonische und Trend

Die Fehler in der Amplitude und insbesondere bei der Phase sind bei einer Fourier-Frequenz, die von der tatsächlichen Frequenz des Oszillationssignals abweicht, erheblich. Die Größenordnung ist in Abb. 14.4 und 14.5 aufgezeigt. Demnach ist ein spürbarer Phasenfehler von 10° bereits bei einem Frequenzfehler von 1 % zu verzeichnen. Daher muss die Genauigkeit der Frequenzbestimmung deutlich unter 1 % liegen. Da es sich um eine eindimensionale Suche handelt, kommt auch eine reine Enumeration der Frequenzen mit kleiner Schrittweite (deutlich unter 1 %) infrage. Der Startwert kann durch Ansicht des Signals manuell bestimmt werden.

14.2 Analyse der Oszillation

Nachdem der Zeitabschnitt für die Analyse ausgewählt, die Messdaten bereinigt, die Oszillationsfrequenz bestimmt und die Fourier-Koeffizienten a_u und a_y für Regelstrecken-Input und -Output berechnet wurden, kann die Analyse durchgeführt werden.

Die Übertragung der Regelstrecke für die gefundene Oszillationsfrequenz ist die komplexe Zahl

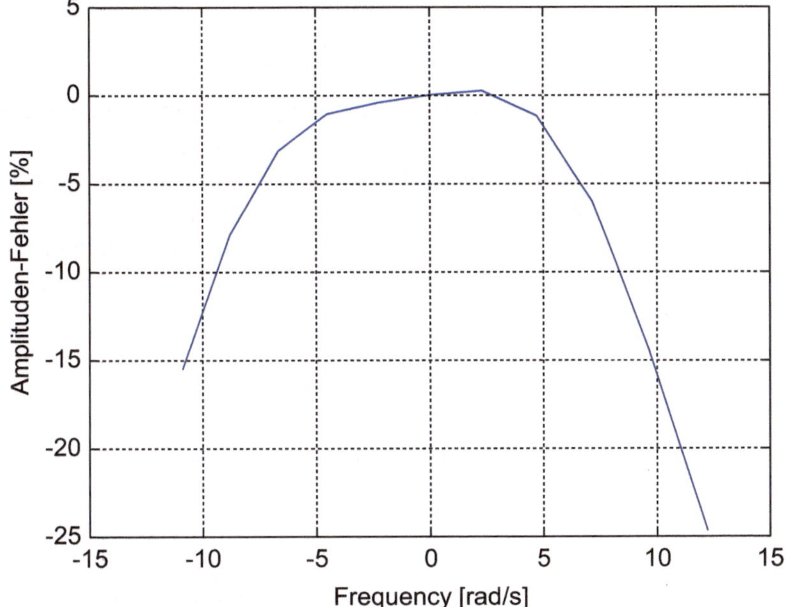

Abb. 14.4 Amplitudenfehler in Abhängigkeit von der Frequenzabweichung

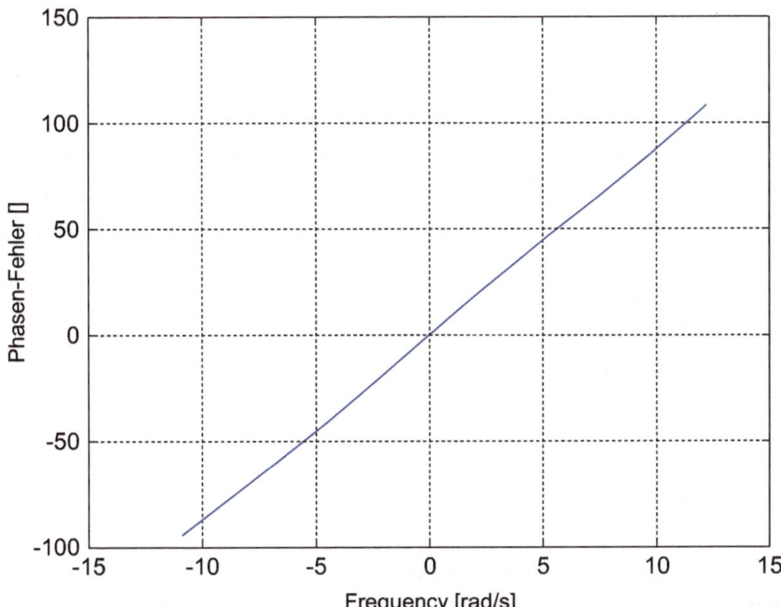

Abb. 14.5 Phasenfehler in Abhängigkeit von der Frequenzabweichung

$$G_{osc}(\omega) = \frac{a_y(\omega)}{a_u(\omega)}. \tag{14.5}$$

(Hier und im Weiteren wird auf die Angabe der imaginären Einheit i im Argument der Übertragungsfunktionen wegen der Übersichtlichkeit verzichtet.)

Da diese Übertragung zusammen mit der Übertragung des Reglers C zu einer stehenden, ungedämpften Oszillation geführt hat, ist zweierlei anzunehmen:

Erstens erfüllt die Übertragung der offenen Schleife die Bedingung für stehende, ungedämpfte Oszillation des Regelkreises, wie sie im Nyquist-Plot im Punkt $(-1{,}0)$ stattfindet:

$$L_{osc}(\omega) = G_{osc}(\omega)C(\omega) = -1 \tag{14.6}$$

Darüber hinaus muss die Robustheitsbedingung bei der Nominalregelstrecke G_0 verletzt werden:

$$P(\omega) = \left|\frac{G_{osc}(\omega)}{G_0(\omega)} - 1\right| \geq |T(\omega)| = \left|\frac{G_{osc}(\omega)C(\omega)}{1 + G_{osc}(\omega)C(\omega)}\right| \tag{14.7}$$

Gl. 14.6 bietet offensichtlich eine alternative Bestimmung der Übertragung der realen Regelstrecke für Frequenz ω:

$$G_{osc}(\omega) = -\frac{1}{C(\omega)} \tag{14.8}$$

Die Übertragung kann also entweder aus Gl. 14.5 oder aus 14.8 bestimmt werden. Dass beide komplexen Werte in der Praxis nicht identisch sein werden, liegt an numerischen Aspekten bei der Erfassung der Oszillation. Die Übertragung in Gl. 14.5 kann durch

- Nichtlinearitäten der Regelstrecke,
- einen nicht linearen Trend,
- Fehler bei der Frequenzbestimmung und
- Messrauschen

verzerrt werden.

Bei Gl. 14.8 sind es

- ebenfalls Fehler bei der Frequenzbestimmung,
- unvollständige Kenntnis der Übertragung des Reglers, verursacht durch die Implementierung, sowie
- eine Oszillation, die nicht genau stehend ist (z. B. leicht abklingend).

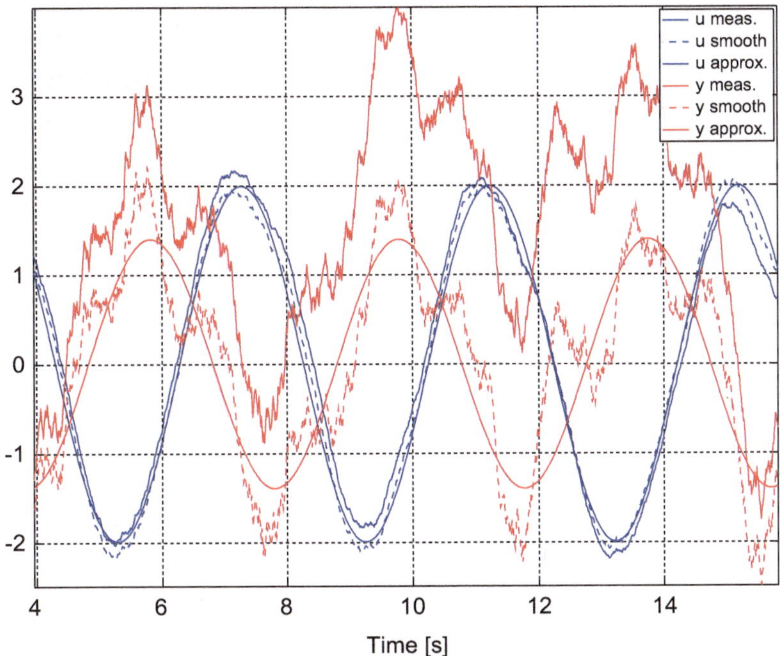

Abb. 14.6 Gemessener Input und Output vom Oszillationsabschnitt: Messdaten, Trendbereinigung und Sinus-Approximation

Daher gibt es immer zwei Kandidaten für die Übertragung der realen Regelstrecke, mit denen die nachfolgende Analyse durchgeführt werden kann. Es ist empfehlenswert, beide Varianten parallel durchzurechnen, um abgesicherte Maßnahmen treffen zu können.

Ein Beispiel einer zu analysierenden Oszillationsmessreihe ist in Abb. 14.6 gezeigt. Die rohen Messdaten sind durch harmonische Oberfrequenzen, Messrauschen und Trend verzerrt. Die Oszillationsfrequenz wurde als $\omega_{osc} = 1{,}58\ rad/s$ identifiziert. Sie wurden daher vor der Berechnung des Fourier-Koeffizienten durch den Abzug des gleitenden Mittels über ein Zeitfenster der Länge $2\pi/\omega_{osc} = 3{,}96\ s$ trendbereinigt (Bezeichnung des bereinigten Signals: „smooth"). Aus dem Fourier-Integral (Gl. 14.3) ergibt sich beim Input-Signal u der komplexe Koeffizient $1{,}003 + i1{,}770$ und beim Output-Signal $-1{,}513 - i0{,}136$. Das entspricht nach Gl. 14.4 beim Input dem Cosinusverlauf mit Amplitude 2,035 und Phase 60,5°, beim Output 1,519 und −174,9°. Die Cosinusverläufe sind in Abb. 14.6 dargestellt und mit „approx" gekennzeichnet.

Der Quotient (Output/Input) ist $-0{,}425 + i0{,}614$, was der durch die Oszillationszeitreihe gemessenen Übertragung der Regelstrecke bei der Frequenz ω_{osc} entspricht. Die Verstärkung der Übertragung beträgt $0{,}746 = -2{,}54$ dB, die Phase 124,7°. Diese Bestimmung der Übertragung bei der Oszillationsfrequenz entspricht Gl. 14.5.

Die alternative Methode der Übertragungsbestimmung geht vom bekannten Frequenzgang des Reglers und der Annahme einer stehenden Oszillation aus. Die Übertragung des

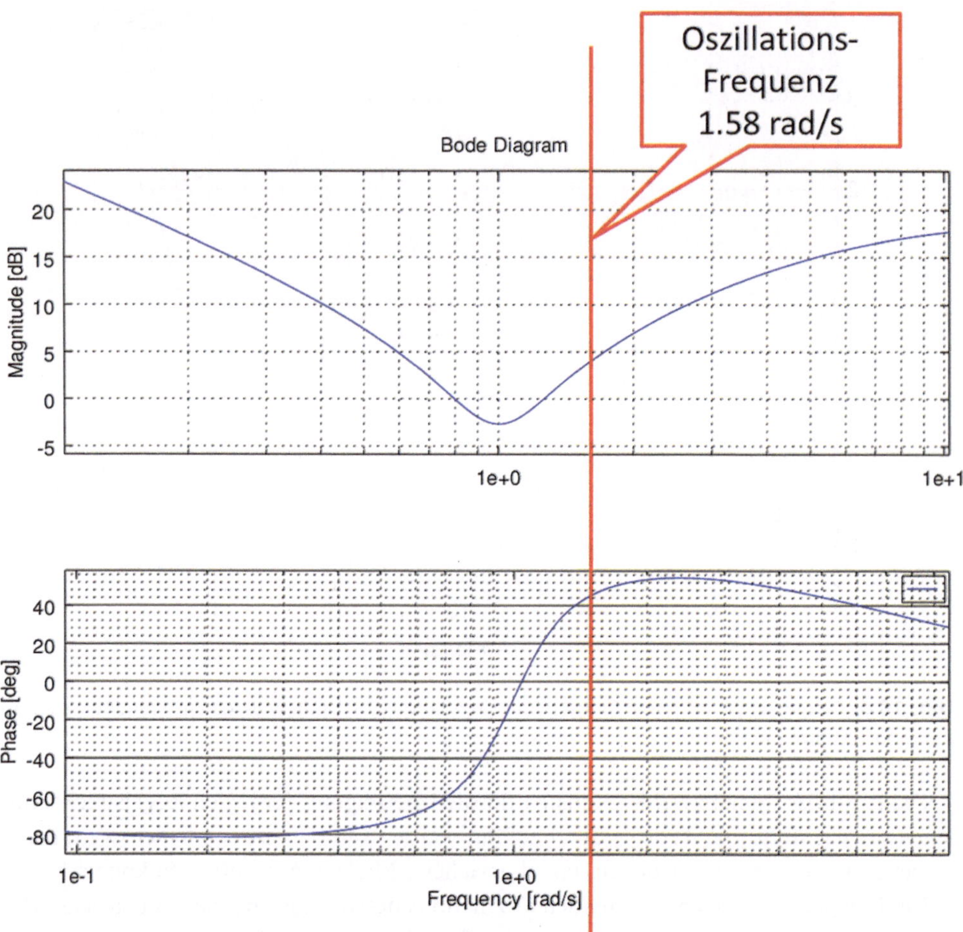

Abb. 14.7 Bode-Diagramm des verwendeten Reglers mit hervorgehobener Oszillationsfrequenz

Reglers bei der Oszillationsfrequenz $\omega_{osc} = 1{,}58\ rad/s$ ist durch die komplexe Zahl 1,036 + i1,153 beschrieben. Das entspricht der im Bode-Diagramm (Abb. 14.7) hervorgehobenen Verstärkung von 1,55 = 3,81 dB und Phase 48,1°. Die Streckenübertragung durch Kehrwertbildung nach Gl. 14.8 ist −0,431 + i0,480, mit Verstärkung 0,645 = −3,81 dB und Phase 132,0°. Diese Werte sind nicht identisch, jedoch sehr nah an denjenigen aus der Approximation der gemessenen Daten.

Die ermittelten Übertragungen der Regelstrecke sind in Abb. 14.8 (Verstärkung) und Abb. 14.9 (Phase) der angenommenen Übertragung der Nominalstrecke gegenübergestellt.

Während die gemessene Streckenverstärkung der Oszillation nach beiden Methoden nahe bei der Nominalstrecke liegt, ist der Unterschied in der Phase erheblich: Es liegt eine Phasenverzögerung von ca. 70° vor. Als Perturbation zur Nominalstrecke liegt sie an der

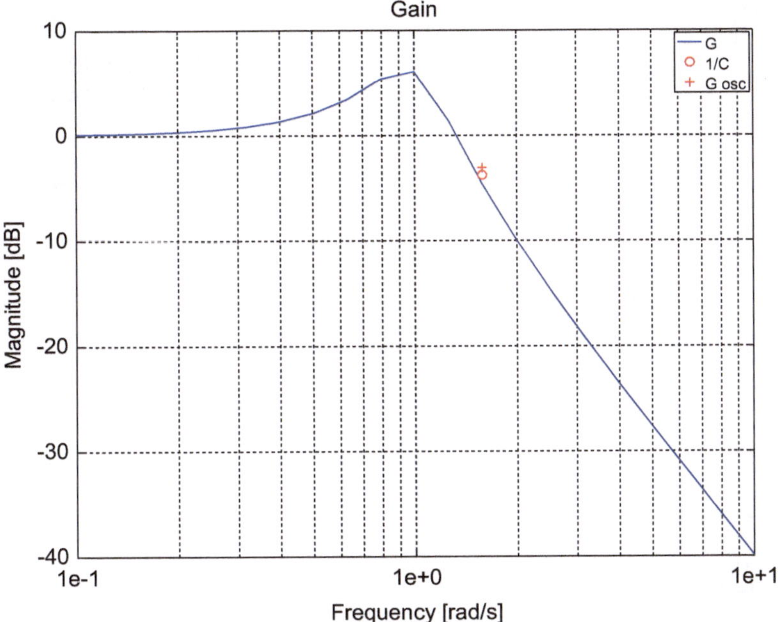

Abb. 14.8 Gemessene Übertragung der Regelstrecke bei der gemessenen Oszillation – Verstärkung

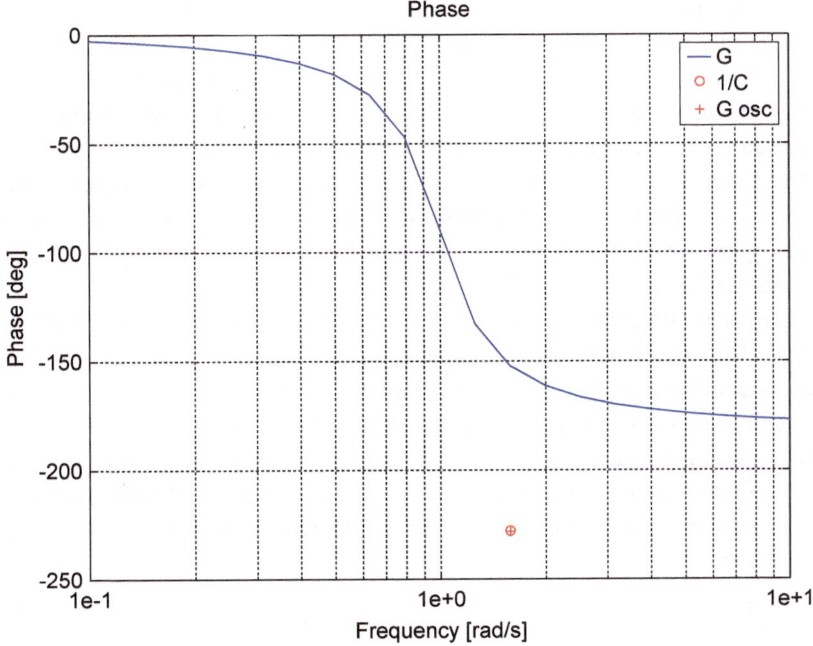

Abb. 14.9 Gemessene Übertragung der Regelstrecke bei der gemessenen Oszillation – Phase

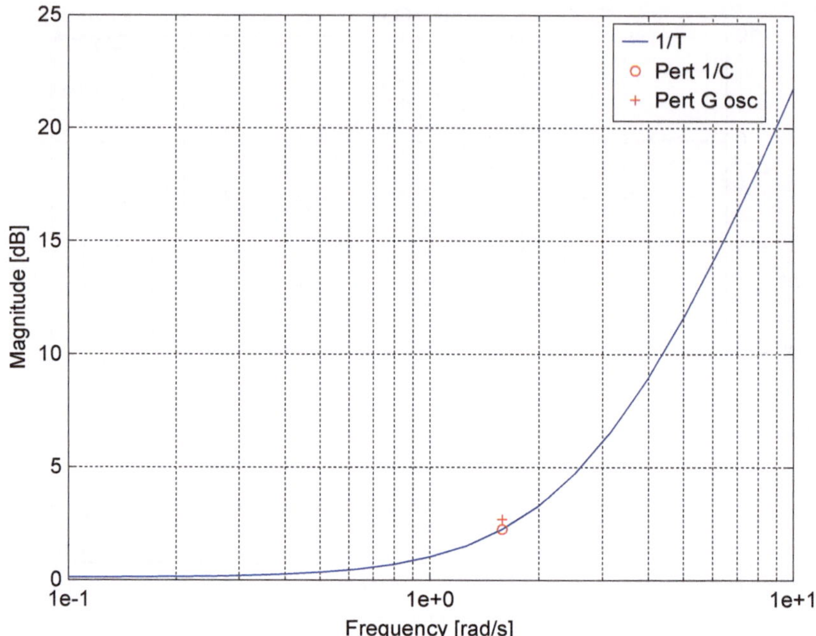

Abb. 14.10 Gemessene Übertragung bei Oszillation als Perturbation zur Nominalstrecke

Grenze der Robustheit, die durch den Kehrwert der komplementären Sensitivität in Abb. 14.10 ausgedrückt ist. Die Ermittlungsmethode nach Gl. 14.8 ist mit „1/C", diejenige nach Gl. 14.5 mit „G osc" gekennzeichnet (diese Bezeichnungen werden auch in weiteren Abbildungen unten verwendet). Das Oszillationsverhalten ist nicht unerwartet: Die Stabilität für die durch die Messung erfasste Streckenmodifikation ist nicht garantiert.

Im Nyquist-Plot in Abb. 14.11 ist die Stabilitätssituation eingezeichnet. Die Übertragung „1/C" liegt per Definition im Instabilitätspunkt (−1,0), „G osc" in der Nähe davon, mit geringer Stabilitätsreserve, die auf die numerischen Ungenauigkeiten des Berechnungsverfahrens zurückzuführen ist.

Als zusätzliche Illustration kann die Störgrößenverstärkung herangezogen werden (Abb. 14.12). Bei einer stehenden Oszillation ist die Störgrößenverstärkung theoretisch unendlich, in der Praxis ist sie oft lediglich sehr hoch. Der letztere Fall ist in der Praxis aber genauso schädlich wie der erstere: Eine beliebig kleine Anregung mit dieser Frequenz bringt die Regelschleife zur erheblichen Schwingung. Während die Störgrößenverstärkung bei „1/C" definitionsgemäß unendlich ist, erreicht sie bei „G osc" tatsächlich sehr hohe Werte, d. h., eine angeregte Oszillation mit der ermittelten Frequenz wird erwartungsgemäß extrem verstärkt.

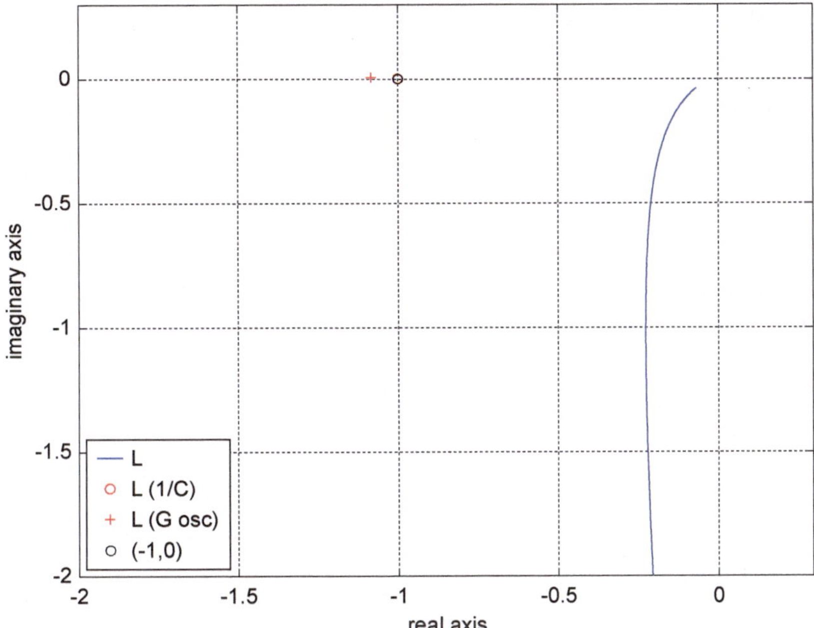

Abb. 14.11 Nyquist-Plot der Übertragung bei Oszillation

14.3 Redesign des Reglers

Den wichtigsten Ansatz bildet Gl. 14.7. Es sollte nachgeprüft werden, dass die Robustheitsbedingung für beide Varianten der Regelstreckenübertragung (nach Gl. 14.5 und nach 14.8) verletzt ist. Sollte sie in einem der beiden Fälle nicht verletzt sein, liegt ein Hinweis auf Ungenauigkeiten bei der Oszillationserfassung vor, denn die Tatsache einer Instabilität ist mit der Erfüllung der Robustheitsbedingung unvereinbar.

Nach dieser Prüfung steht die Ursache für das oszillatorische Verhalten fest: Die Übertragung der realen Regelstrecke weicht von derjenigen der Nominalstrecke so stark ab, dass die Robustheitsreserve nicht ausreicht. Es bestehen offenbar zwei Lösungswege:

- die Robustheit des Regelkreises durch eine modifizierte Robustheitsspezifikation zu erhöhen oder
- das Nominalmodell so anzupassen, dass eine geringere Regelstreckenperturbation daraus resultiert und die gleiche Robustheitsspezifikation ausreicht.

Die erste Variante ist einfacher, führt jedoch möglicherweise durch ihre erhöhten Robustheitsanforderungen zu Performanzeinbußen. Die zweite hingegen umfasst die schwierige

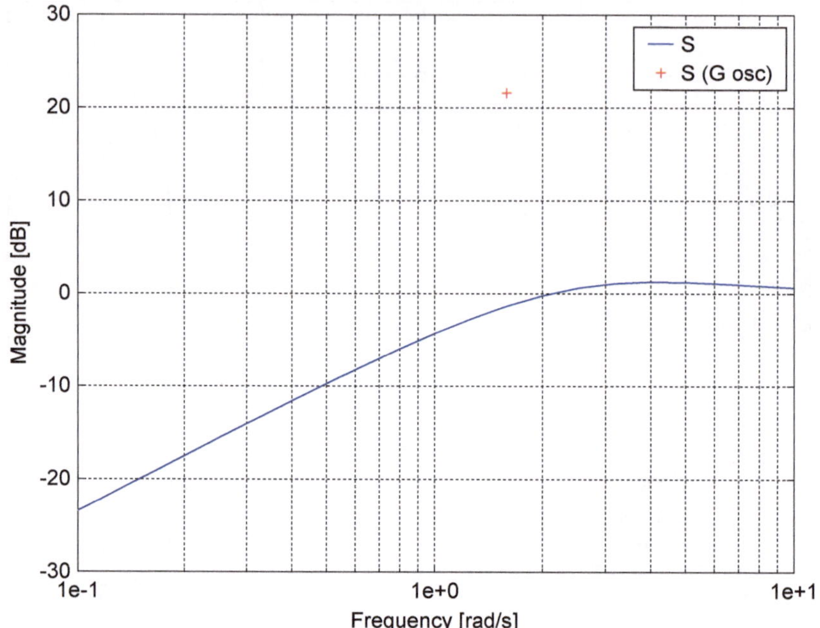

Abb. 14.12 Störgrößenverstärkung, die der gemessenen Oszillation entspricht

Frage, welches Modell sowohl mit dem festgestellten oszillatorischen Verhalten als auch mit früheren Messungen und Überlegungen, die zum ursprünglichen Nominalmodell geführt haben, vereinbar ist. Beide Ansätze werden anhand des oben verwendeten Beispiels illustriert.

14.3.1 Redesign durch Erhöhung der Robustheitsspezifikation

Durch die Oszillationsanalyse wird zusätzliche Information über die Regelstrecke, oder zumindest über einen ihrer Betriebspunkte, gewonnen. Bei dem hier diskutierten Ansatz wird diese Zusatzinformation nicht dazu verwendet, das Streckenmodell anzupassen. Die Vorstellung dahinter ist, dass es sich bei dem Oszillationsphänomen um eine Ausnahmeerscheinung handelt, während das typische Verhalten weiterhin durch das Nominalmodell gut beschrieben ist. Die erwähnte Zusatzinformation wird also zur Anpassung der Robustheitsspezifikation verwendet, indem man die Menge der Betriebspunkte, gegen die die Robustheit gefordert wird, erweitert.

Durch die Erhöhung der Robustheitsspezifikation erhöht sich die Toleranz gegenüber den Perturbationen. Die nominelle Regelstrecke, die als Basis für die Perturbationsbestimmung dient, bleibt unberührt. Daher bleiben auch die Perturbationen, die den aus der Oszillation ermittelten Übertragungen entsprechen, unverändert. Ein Beispiel der

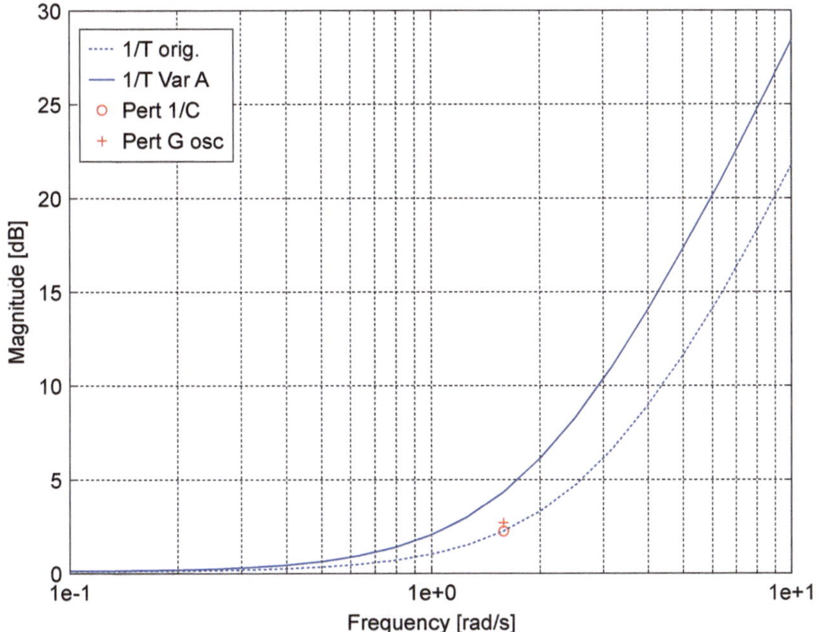

Abb. 14.13 Erhöhung der Robustheitsspezifikation

erhöhten Robustheit wird in Abb. 14.13 gezeigt. Die nach beiden Methoden ermittelten Perturbationen, die die ursprüngliche Robustheitskurve „1/T orig." überstiegen, liegen nun unterhalb der neuen Robustheitskurve „1/T VarA".

Wird diese Spezifikation für einen Entwurf des Reglers (z. B. durch Q-Parametrierung) verwendet und erfüllt, erhöht sich die Stabilitätsreserve des Regelkreises im Nyquist-Plot (Abb. 14.14), erkennbar an der Entfernung der Punkte „L varA" vom Instabilitätspunkt (−1,0).

Die Störgrößenverstärkung (Abb. 14.15) für die gemessene kritische Übertragungsfrequenz sinkt erheblich. Das geht jedoch zu Lasten der durch die Sensitivität des neuen Regelkreises ausgedrückten Performanz – die Reglerleistung bei niedrigen Frequenzen ist etwas schlechter. Eine weitere Verbesserung des Verhaltens in der oszillierenden Konfiguration würde auch eine weitere Verschlechterung der Performanz nach sich ziehen.

14.3.2 Redesign durch Anpassung des Streckenmodells

Der Ansatz, der eine Anpassung des Streckenmodells verwendet, geht von der Annahme aus, dass das Oszillationsphänomen für das Verhalten der realen Regelstrecke typisch ist. Daher ist es notwendig, diese Facette des Verhaltens in das Nominalmodell aufzunehmen. Dabei sind Modellierungskonflikte unvermeidbar: Die Gründe (Messungen, physikalische

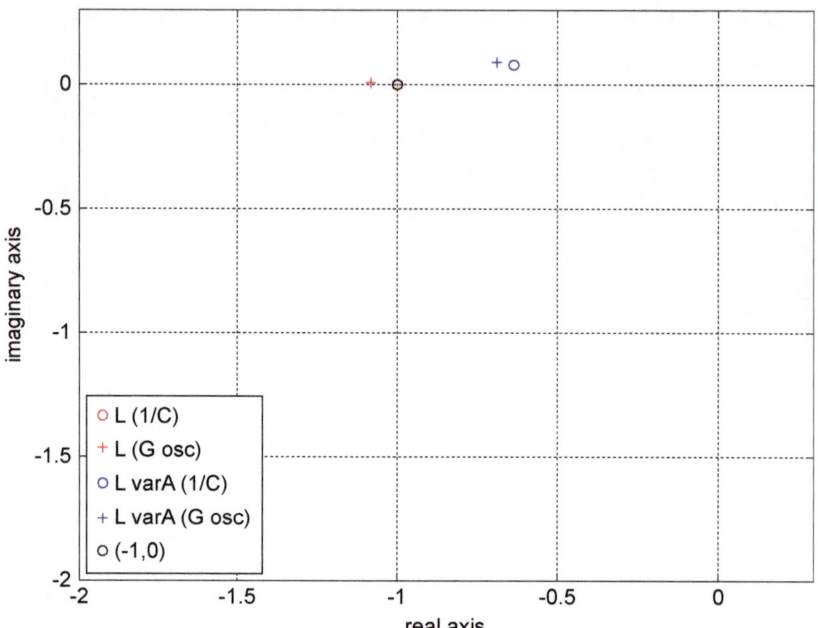

Abb. 14.14 Stabilitätsreserve im Nyquist-Plot nach Erhöhung der Robustheit

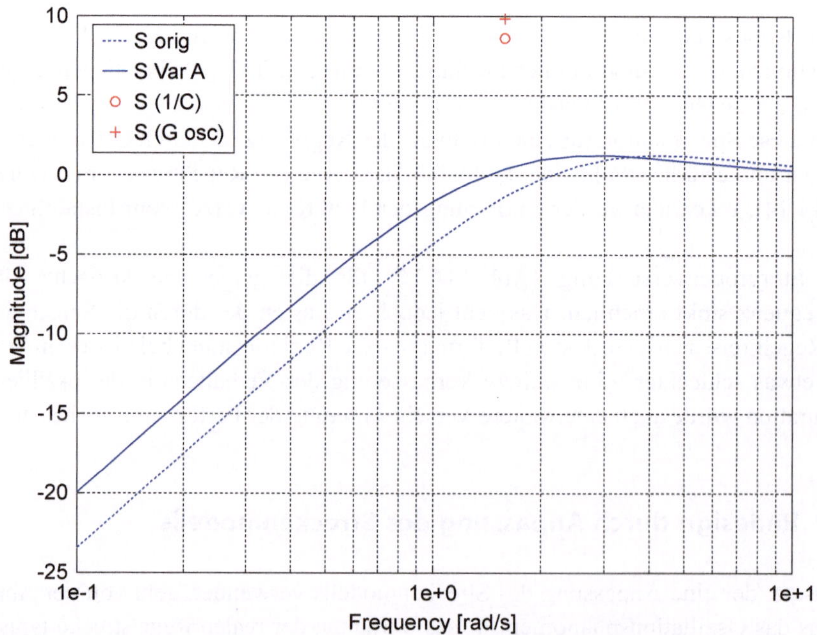

Abb. 14.15 Störgrößenverstärkung nach Erhöhung der Robustheit führt zur Verschiebung der Performanz

Überlegungen), die zur Formulierung des ursprünglichen Nominalmodells geführt haben, werden nun infrage gestellt. In einigen Fällen kann es sein, dass das Nominalmodell vor allem in einem bestimmten Frequenzbereich definiert wurde und die Oszillationen in einem anderen. Dann müsste eine Synthese beider Informationsquellen stattfinden.

Der Spezialfall von Abschn. 14.2, wo bei der Oszillationsfrequenz die Verstärkung des Nominalmodells weiterhin gültig war, die Phase sich jedoch deutlich unterschied, kann formal durch die Verwendung eines Allpassfilters gelöst werden. Ein Allpass 1. Ordnung hat die Form

$$F_{AP} = \frac{1 - \frac{s}{\omega_{AP}}}{1 + \frac{s}{\omega_{AP}} = \frac{\omega_{AP} - 1}{\omega_{AP} + 1}} \tag{14.9}$$

mit gewählter Frequenz ω_{AP}. Der Allpassfilter hat eine durchgehende Verstärkung von 1, aber eine ab einer gewissen Frequenz drehende Phase.

Eine Möglichkeit, Allpässe höherer Ordnung zu erzeugen, besteht durch die Bildung einer Potenz von Gl. 14.9:

$$F_{AP} = \left(\frac{\omega_{AP} - 1}{\omega_{AP} + 1} \right)^n \tag{14.10}$$

Die Bode-Diagramme der Allpässe 1., 2. und 3. Ordnung sind in Abb. 14.16 dargestellt.

Ein solcher Allpassfilter kann mit dem ursprünglichen Nominalmodell verkettet werden, wodurch eine Phasenverschiebung ab einer geeigneten Frequenz erreicht wird. Der Nachteil von Allpass ist seine instabile Nullstelle (reeller Wert ω_{AP}), die durch unvermeidbare Performanzeinbußen (Abschn. 6.2) erkauft werden muss. Er kann auch nicht im Reglerentwurf durch Q-Parametrierung verwendet werden, weil die instabilen Nullstellen der nominellen Regelstrecke durch die Streckeninversion zu instabilen Polen werden, was dem Prinzip der Q-Parametrierung widerspricht.

Ansonsten sind die Anpassungsmöglichkeiten unbegrenzt, jedoch oft schwierig. Die Anpassung bei einer bestimmten Frequenz kann nur um den Preis einer Verschiebung bei einer anderen erreicht werden. Sind die empirischen Übertragungen untereinander widersprüchlich, muss eine gründliche Analyse der Regelstrecke auf ihre Linearität und mögliche Betriebspunktspezifika erfolgen – das ist eine knifflige, teilweise interdisziplinäre Aufgabe und kann die Bildung einer Arbeitsgruppe wert sein.

Eine mögliche Modellanpassung ist in Abb. 14.17 (Verstärkung) und Abb. 14.18 (Phase) dargestellt, die nur als Beispiel dient: Die Anpassung an die gemessene Oszillationsübertragung ist durch eine deutliche Erhöhung der niederfrequenten Verstärkung erkauft.

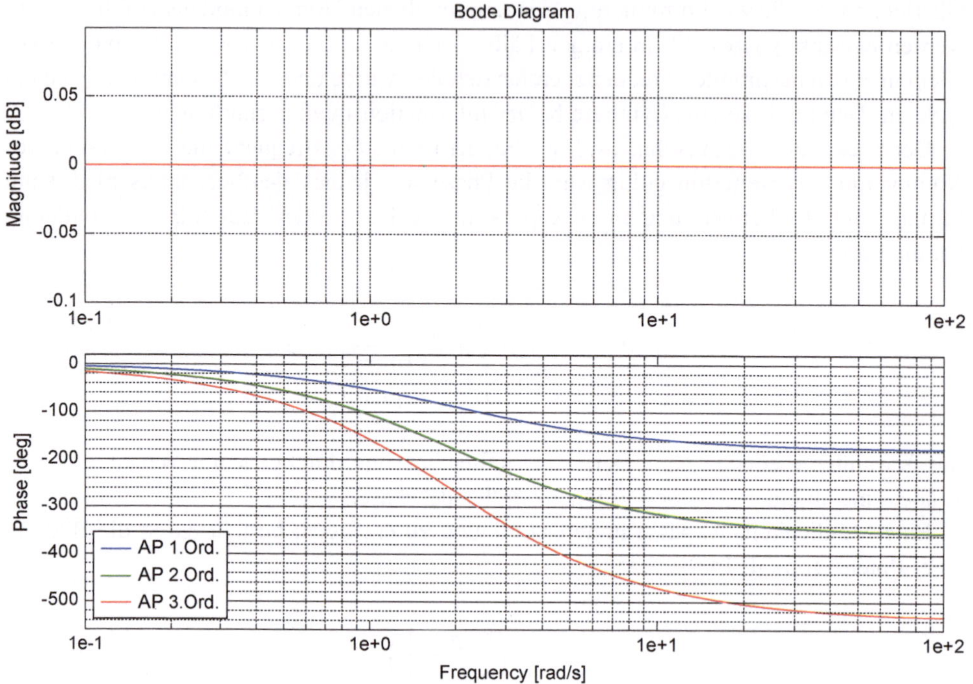

Abb. 14.16 Allpassfilter 1., 2. und 3. Ordnung

Die Perturbation in Bezug auf dieses angepasste Modell ist wie erwartet gering (Abb. 14.19), genauso wie die hohe Robustheitsreserve im Nyquist-Plot (Abb. 14.20) und die niedrige Störgrößenverstärkung (Abb. 14.21).

Die Performanzspezifikation konnte wie diejenige der Robustheit zum ursprünglichen Entwurf gleich bleiben. Daher sind trotz des veränderten Modells die Senstivitätsverläufe „S" und „S varB" in Abb. 14.21 identisch.

Zu beachten ist jedoch, dass hier mit einem anderen Streckenmodell gerechnet wird. Mit dem ursprünglichen Modell wären die Robustheits- und Performanzmaße deutlich schlechter, sogar eine Instabilität wäre möglich.

14.4 Vorgehensweise beim Regler-Redesign nach auftretenden Instabilitäten

Bei einer auftretenden Instabilität ist der in diesem Kapitel beschriebene Ansatz nur anwendbar, wenn eine stehende Oszillation vorliegt. Die Verfahrensschritte sind dann die folgenden:

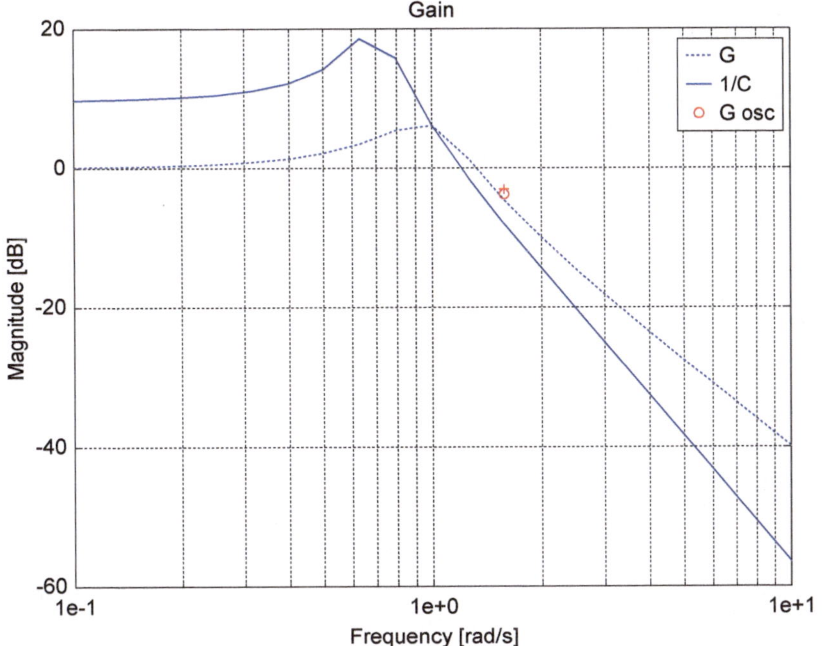

Abb. 14.17 Anpassung des Streckenmodells an das gemessene Oszillationsverhalten – Verstärkung

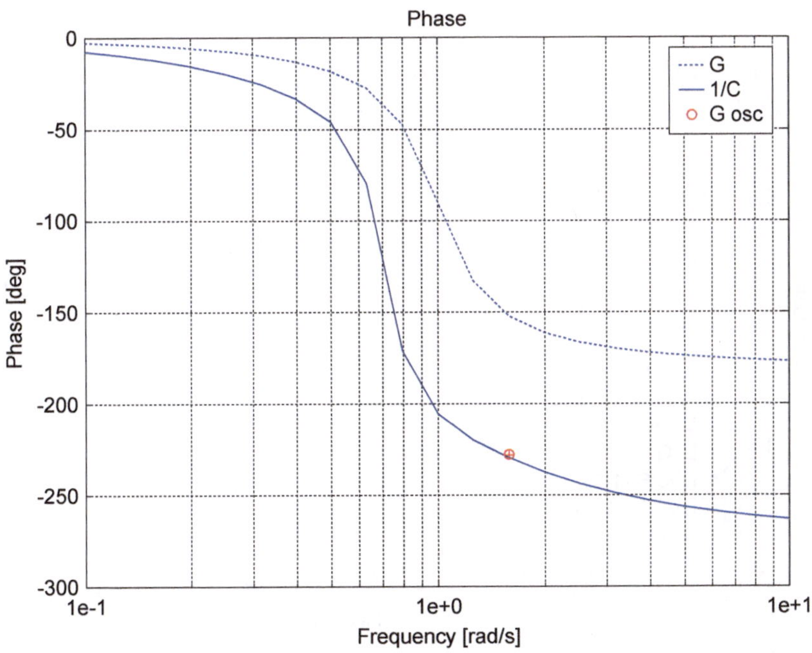

Abb. 14.18 Anpassung des Streckenmodells an das gemessene Oszillationsverhalten – Phase

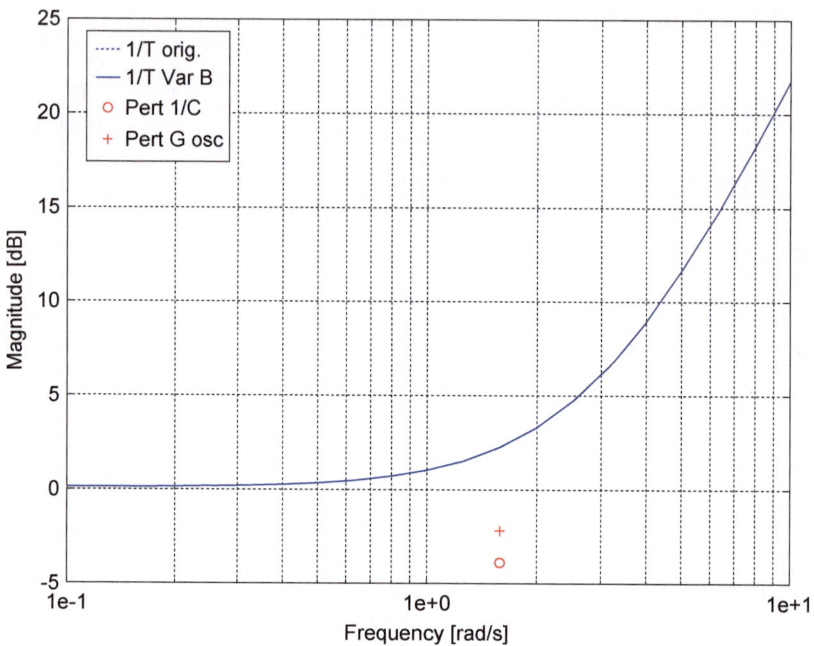

Abb. 14.19 Perturbation der oszillierenden Übertragung in Bezug auf das angepasste nominelle Streckenmodell

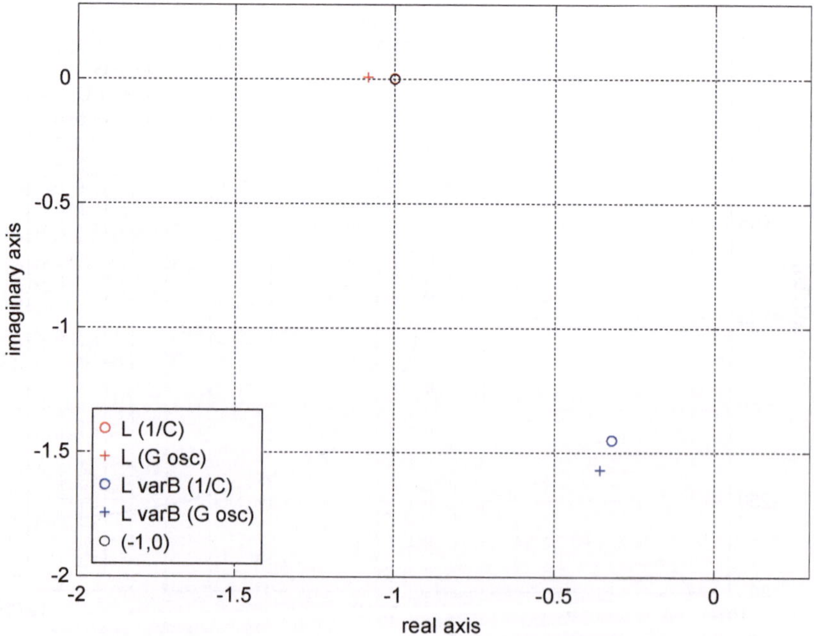

Abb. 14.20 Robustheitsreserve der oszillierenden Übertragung bei angepasstem nominellem Streckenmodell

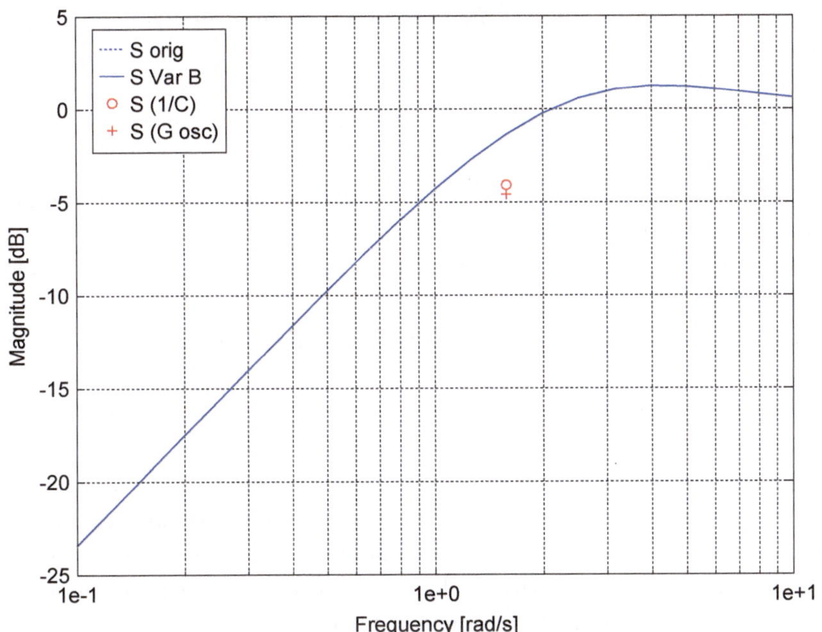

Abb. 14.21 Störgrößenverstärkung der oszillierenden Übertragung bei angepasstem nominellem Streckenmodell

1. *Prüfung der Voraussetzungen für eine stehende Oszillation.* Diese Voraussetzungen sind: (a) Vorliegen eines periodischen Verlaufs beim Regelstrecken-Input und -Output, (b) konstante Frequenz und Amplitude über mindestens drei Perioden und (c) keine oder minimale externe Anregung zumindest über einen gewissen Zeitabschnitt dieser Oszillation. Sind diese Voraussetzungen verletzt, kann die nachfolgende Methodik nicht verwendet werden.
2. *Auswahl des Zeitabschnitts für die Analyse.* Drei bis fünf Perioden mit konstanter Frequenz und Amplitude und minimaler externer Anregung sind auszuwählen.
3. *Iterative Bestimmung der Oszillationsfrequenz* ω_{osc}. Sie besteht in der Berechnung des Fourier-Koeffizienten für eine ausgewählte „Kandidatenfrequenz“, der die Trendbereinigung vorausgeht, damit die Koeffizienten korrekt sind. Als Oszillationsfrequenz wird diejenige bestimmt, die den größten Betrag des Fourier-Koeffizienten aufweist.
   a. *Wahl der Frequenz.* Sie folgt einem Optimierungsalgorithmus, dessen einfachste Form die Enumeration von Frequenzen aus einem bestimmten plausiblen Intervall mit einem gewählten Variationsschritt ist.
   b. *Trendbereinigung beider Signale.* Die Trendbereinigung ist immer notwendig, wenn die Oszillationsperioden mit der Zeit wegdriften. Sie geschieht durch den Abzug des gleitenden Mittels vom Input- bzw. Output-Signal. Das Zeitfenster des gleitenden Mittels muss gleich einer Periode der aktuell gewählten Frequenz sein.

c. *Bestimmung der komplexen Fourier-Koeffizienten $a_u(\omega_{osc})$ und $a_y(\omega_{osc})$ nach* Gl. 14.3.

4. *Berechnung der bereinigten, sinusoidalen Input- und Output-Signale aus den Fourier-Koeffizienten nach* Gl. 14.4 *und deren Vergleich mit den gemessenen Signalen auf Plausibilität.*
5. *Berechnung der Übertragung der Regelstrecke für die Oszillationsfrequenz ω_{osc} aus der Übertragung des eingesetzten Reglers.* Die Übertragung wird als $G(\omega_{osc}) = -1/C(\omega_{osc})$ bestimmt. Sie gilt unter der Voraussetzung der perfekten stehenden Oszillation ohne externe Anregung.
6. *Berechnung der gemessenen Übertragung der Regelstrecke $G(\omega_{osc}) = a_y(\omega_{osc})/a_u(\omega_{osc})$.*
7. *Vergleich beider Übertragungen auf kleine Abweichung.* Bei großer Abweichung sind die numerischen Berechnungen zu überprüfen.
8. *Berechnung der Perturbationen beider Übertragungsvarianten in Bezug auf die Nominalstrecke für Frequenz ω_{osc} und Vergleich mit der Robustheit des Regelkreises, charakterisiert durch $1/|T|$.* Liegen die Perturbationen an der Robustheitsgrenze oder darüber, ist die Oszillation plausibel durch eine zu schwache Robustheitsspezifikation erklärt. Falls nicht, sind die Berechnungen zu überprüfen.
9. *Berechnung der offenen Schleife $L(\omega_{osc}) = G(\omega_{osc})C(\omega_{osc})$ der gemessenen Übertragungsvariante und deren Abbildung im Nyquist-Plot.* Liegt der Übertragungspunkt in der Nähe des Instabilitätspunktes $(-1{,}0)$, ist die Oszillation plausibel durch eine zu schwache Robustheitsspezifikation erklärt. Falls nicht, sind die Berechnungen zu überprüfen.
10. *Wahl des Redesign-Verfahrens zwischen (A) Anpassung der Robustheitsspezifikation oder (B) Anpassung des nominellen Regelstreckenmodells.* Variante A ist einfacher zu realisieren, bedeutet aber im Allgemeinen einen gewissen in Kauf zu nehmenden Performanzverlust. Ist dieser Verlust aus der Sicht der Anwendung nicht kritisch, ist diese Variante vorzuziehen. Variante B erfordert einen Austausch des Nominalmodells mit allen Konsequenzen: Es muss erwogen werden, ob die Änderung mit anderen Messergebnissen oder physikalisch-analytischen Überlegungen vereinbar ist. Ist das der Fall, können die bestehenden Robustheits- und Performanzspezifikationen beibehalten werden.
11. *Redesign des Reglers für die veränderte Spezifikation (Variante A) bzw. das veränderte Nominalmodell (Variante B).*
12. *Berechnung der aktualisierten Robustheits- und Performanzmaße (mindestens der Sensitivität S und der komplementären Sensitivität T).*
13. *Prüfung, ob die Perturbation der Oszillationsübertragung zum nun aktuellen Nominalmodell durch die aktuelle Robustheit $1/|T|$ gedeckt ist.*
14. *Prüfung, ob die Robustheitsreserve der durch den neu entworfenen Regler aktualisierten offenen Schleife $L(\omega_{osc}) = G(\omega_{osc})C(\omega_{osc})$ im Nyquist-Plot ausreichend ist.*
15. *Prüfung, ob die Störgrößenverstärkung $1/(1 + L(\omega_{osc}))$ nun unkritisch ist.*